日本海軍ノ戦艦

主力艦の系譜 1868-1945

ネイビーヤード編集部編

The Battleship of The Japanese Imperial Navy

まえがき

　本書はその名の通り、明治元年に建軍されて以来、昭和20年8月の太平洋戦争終戦にいたるまでの間に日本海軍が保有した戦艦とそれに類似する定義を持った主力艦を紹介するものである。

　ここでいう主力艦とは、戦艦、巡洋戦艦はもちろんのこと、装甲巡洋艦や防護巡洋艦、コルベットにスループなど、それぞれの時代で近代海軍の基幹となって活躍した艦艇のことである。

　例えば、日清戦争時、黄海海戦で連合艦隊旗艦を務めた「松島」は防護巡洋艦という艦種、呼称であったが、これは当時としては押しも押されぬ「主力艦」であった。

　同様に、明治2年に就役の「甲鉄艦」（のちの「東」）も、後年登場する戦艦や巡洋艦とは比べるべくもないものだが、これも当時の基準では鋼鉄で覆われた、れっきとした主力艦である。

　こうした視点で幕末維新期から日本海軍が存在した時代の艦艇を点検し、時代ごとに主力艦と呼ぶにふさわしかった艦艇を列挙し、まとめたのが本書である。

　日本に到着することなく行方不明となった「畝傍」、残念ながらほとんど活躍しなかった大和型戦艦も、日本海軍が主力として期待した艦艇ということでは変わりはない。

　もっとも、太平洋戦争で事実上の主力艦であった航空母艦については割愛してある。これらについては『日本海軍の航空母艦』（弊社刊）をご参照いただきたい。

　なお、本書に収録した艦艇のうち、艦名が先述の「甲鉄艦」のように何度か変わっている艦もある。こうしたものに関してはその艦が「主力艦だった時代」の艦名を表記した。

　また、明治時代後期以降の主な艦艇には1/1000スケールで統一した図面を配してある。明治〜大正〜昭和の戦艦を比較し、船体がいかに巨大化していったかが視覚的にもご理解いただけると思う。

　各種の記述や数値に関しては、資料によってはばらつきもあるため、あえて統一していない箇所もある。あらかじめご了承いただきたい。

　本書を通読することで、日本海軍の栄枯盛衰もみえてくると思う。歴史の彼方に消えた日本海軍の艨艟たちに、思いを馳せよう。

編集部

日本海軍の戦艦
主力艦の系譜 1868-1945
目次

第一章◉日本海軍のあけぼの
- コルベット「電流丸」……………………6
- 運送船「萬里丸」…………………………7
- 蒸気船「千歳丸」…………………………8
- 砲艦「乾行丸」……………………………12
- 鉄船「一番八雲丸」………………………13
- 蒸気船「二番八雲丸」……………………14

第二章◉日本海軍の誕生
- フリゲート「開陽丸」……………………16
- 「和泉丸」…………………………………17

- 砲艦「陽春丸」……………………………18
- スクーナー「春日丸」……………………19
- スループ「富士山艦」……………………20
- スクーナー「武蔵艦」……………………21
- 砲艦「摂津丸」……………………………22
- 砲艦「延年丸」……………………………23
- 装甲艦「甲鉄艦」…………………………24
- 砲艦「千代田形」…………………………25
- 装甲コルベット「龍驤」…………………26
- スループ「日進艦」………………………27
- 丁卯型砲艦…………………………………28
- 砲艦「鳳翔」………………………………30

- 砲艦「孟春」………………………………31
- 砲艦「雲揚」………………………………32
- コルベット「筑波」………………………33
- 砲艦「浅間」………………………………34
- スループ「清輝」…………………………35
- 蒸気船「雷電」……………………………36
- 金剛型コルベット…………………………37
- 装甲コルベット「扶桑」…………………38

第三章◉日清・日露戦争の時代
- 磐城型砲艦…………………………………40
- 巡洋艦「筑紫」……………………………41

巡洋艦「海門」…………42	一等戦艦「肥前」…………72	天城型巡洋戦艦…………116
巡洋艦「天龍」…………43	戦艦「石見」…………73	紀伊型戦艦…………118
浪速型防護巡洋艦…………44	戦艦「見島」…………74	十三号型巡洋戦艦…………120
巡洋艦「畝傍」…………45	戦艦「沖島」…………75	
摩耶型砲艦…………46		**第七章◉最強の主力艦登場**
巡洋艦「高雄」…………47	**第四章◉ドレッドノート前後**	
葛城型巡洋艦…………48	香取型戦艦…………78	大和型戦艦…………124
通報艦「八重山」…………49	戦艦「薩摩」…………80	改大和型戦艦…………130
防護巡洋艦「千代田」…………50	戦艦「安芸」…………81	超大和型戦艦…………131
防護巡洋艦「和泉」…………51	筑波型装甲巡洋艦…………82	金剛代艦…………132
松島型防護巡洋艦…………52	鞍馬型装甲巡洋艦…………84	
吉野型防護巡洋艦…………54	河内型戦艦…………86	日本海軍主力艦の系譜…………134
防護巡洋艦「秋津洲」…………55		
富士型戦艦…………56	**第五章◉超弩級戦艦の誕生**	**コラム**
戦艦「三笠」…………58	金剛型戦艦…………90	最初の観艦式、挙行される…………9
敷島型戦艦…………60	扶桑型戦艦…………96	観艦式に参加した明治初期の艦艇…………10
浅間型装甲巡洋艦…………62	伊勢型戦艦／航空戦艦…………100	帆船から現在まで、艦艇の分類進化…………11
装甲巡洋艦「八雲」…………63	戦艦「トルグート・レイス」…………106	太平洋戦争時の明治軍艦…………76
装甲巡洋艦「吾妻」…………64	戦艦「ナッソー」…………107	幻となった艦隊計画…………88
出雲型装甲巡洋艦…………65	戦艦「オルデンブルク」…………108	幻の水雷戦隊旗艦、超甲巡…………122
春日型装甲巡洋艦…………66		
二等戦艦「鎮遠」…………67	**第六章◉八八艦隊計画**	日本海軍の戦艦
二等戦艦「壱岐」…………68	長門型戦艦…………110	主力艦の系譜 1868-1945
戦艦「丹後」…………69	加賀型戦艦…………114	目次
一等戦艦「相模」…………70		
一等戦艦「周防」…………71		

第一章

日本海軍のあけぼの

開国により迎えた幕末の動乱期。徳川幕府や諸藩は列強から購入した艦艇を運用していた。
その洋式軍艦たちは、やがて東西に分かれて戦うことになる。

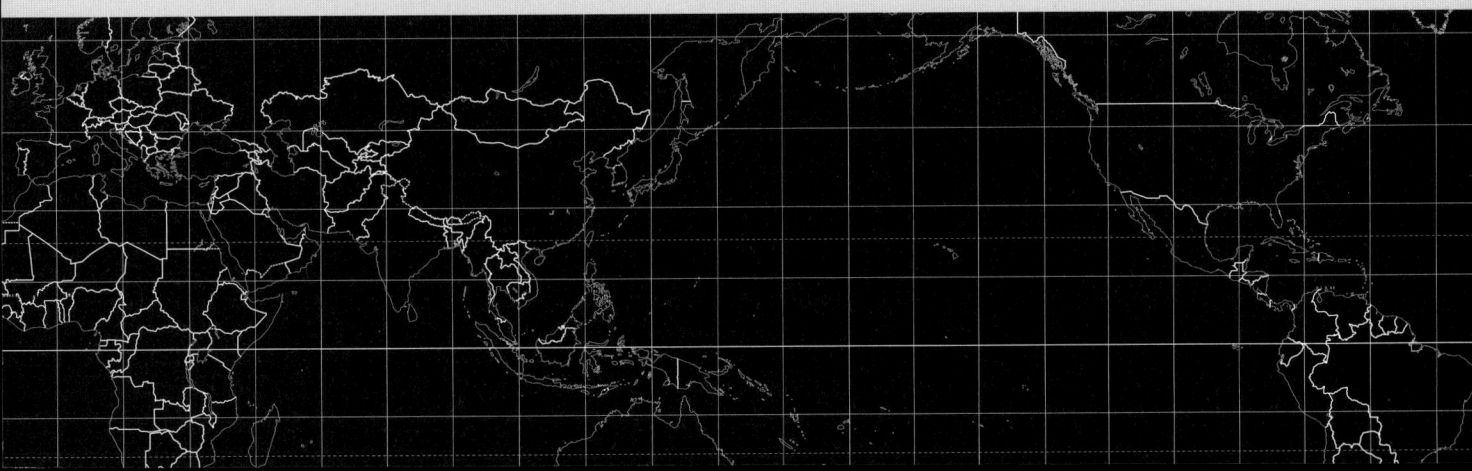

佐賀藩の軍港、三重津海軍所に停泊する「電流丸」。この三重津海軍所が近代日本の産業革命を推進し、佐賀藩の技術は近代海軍に引き継がれていくこととなる。

肥前佐賀藩が保有した洋式軍艦
その蓄積技術は近代海軍の礎となる

コルベット「電流丸」

日本初の観艦式旗艦

　幕末から明治維新の時期、日本国内に存在した戦闘艦艇は徳川幕府と国内の諸藩が保有したが、その多くは海外で建造された艦船を輸入したものであった。
　「電流丸」もその一隻であり、佐賀藩が安政5年（1858年）にオランダのアムステルダムにあったシーヒプス・アンド・サンズ造船所より輸入した。排水量300トンほどの小さな蒸気船で旧艦名は「Nagasaki」といい、佐賀藩到着後に「電流丸」と改名された。
　武装は砲10門と伝えられているが船体の規模からみて、かなり小口径の砲であったと思われる。
　佐賀藩で約10年に渡って運用された「電流丸」は慶応4年（1868年）、戊辰戦争の最中に政府軍に徴発されて戦いに加わることになる。
　この年の3月26日、大阪湾の天保山（日本一低い山として知られている）沖合いにて日本初の観艦式が実施された。「電流丸」には旗艦として、新設された日本海軍の総督聖護院宮嘉言親王が座乗した。観艦式は明治天皇親閲、「電流丸」は6隻の艦艇を従えて湾内を航行している。
　その後、明治4年（1871年）の廃藩置県を前に佐賀藩より日本海軍に献納の申し出がなされたが、海軍側は船体の老朽化などを理由に搭載砲などの装備品のみを受け取って「電流丸」は売却解体された。

「電流丸」のもたらしたもの

　生涯を閉じるまで際立った戦歴とは縁のない「電流丸」だったが、実は技術分野で多大な貢献をしている。
　佐賀藩はほかに「日進丸」「孟春丸」「甲子丸」などをオランダやイギリスから輸入するのみならず、自力で艦艇を維持整備できる体制を構築しようとしていた。
　当時の日本国内の機械技術レベルでは、輸入した艦艇の蒸気機関の整備は手を出せる代物ではなかった。
　しかし天の采配か、ここで「からくり儀右衛門」「東洋のエジソン」の異名を持つ技術者、田中久重が登場する。田中は佐賀藩の軍港でもある三重津海軍所の蒸気機関製作場で佐賀藩艦艇の蒸気機関を担当し、交換用ボイラーの製造に挑戦するなど、海外の技術を習得していった。
　そして「電流丸」輸入から7年目の慶応元年（1865年）、佐賀藩が独自に建造した西洋式の小さな外輪蒸気船「凌風丸」には出力10馬力ではあるが国産蒸気機関が搭載され、日本で最初に建造され実用化した蒸気船となった。
　その後も佐賀藩では幕府軍船（軍艦）の機関部に使用される部品類の受託製造を行なうことになり、また幕府よりオランダ製の蒸気船「観光丸」を預かって運用する。「電流丸」から始まった技術蓄積の一部は佐賀藩から日本海軍に引き継がれ、連合艦隊の活躍を支える基礎となっていくのであった。

コルベット「電流丸」要目

艦名	電流丸
建造	シーヒプス・アンド・サンズ造船所（オランダ）
計画	不明
起工	不明
進水	不明
竣工	安政5年
就役	明治元年（徴用）
売却	明治4年6月
解体	明治4年6月

コルベット「電流丸」要目

新造時			
常備排水量	300t	速力	不明
全長	49.1 m	航続力	不明
最大幅	8.2 m	兵装	砲×10（詳細不明）
平均吃水	不明	乗員数	不明
主機	不明		
主缶	不明		
出力	100hp		
軸数	不明		

第一章 ● 日本海軍のあけぼの

「明治維新当時諸藩艦船図」(東京大学駒場図書館蔵)に描かれた「萬里丸」。3本バーク型の帆装(最後尾のマストのみが縦帆、あとは横帆を有する帆船の型式)に機走用の煙突を備えた本船の形態がよくわかり、舷側には備砲までが描き込まれるこりよう。所有者はなぜか佐賀藩と記入されている。右から3行目に書かれている「スクルーフ」とは、スクリュープロペラ式の蒸気船の意味だと思われる。

**幕末の隠れた雄藩である肥後熊本藩の軍船、
戊辰戦争で後方支援任務に就く**

運送船「萬里丸」

■熊本藩最大の輸送船
■観艦式に参加す

幕末期に熊本藩が「萬里丸」として購入した貨物船「コスモポライト」は、フランスで建造された。

排水量447トンで、3本マストにバーク型の帆装を持った蒸気船で機関出力は120馬力と伝えられている。

この時期の艦船は帆装の航行が基本で、機関は補助動力であり入出港時や、軍艦ならば戦闘時に使用されるだけであった。

「萬里丸」の武装に関しては、残念ながら資料は少なく、推測も混じるが若干の備砲は搭載していたと思われる。

熊本藩は「萬里丸」のほかに「泰運丸」「神風丸」「凌雲丸」「奮迅丸」の4隻を保有していたが、そのいずれもが排水量500トンに満たない貨物船であり(「奮迅丸」はわずかに50トンである)、また「泰運丸」「神風丸」の2隻は機関を持たない純帆船であった。

熊本藩が保有した純粋な軍艦は、慶応元年に藩主の細川護久が英国に発注した「龍驤」のみであった。

しかし、戊辰戦争で熊本藩は後方任務ながら陸兵や物資の輸送などの支援を積極的に行なっている。

この戊辰戦争中、明治天皇の行幸を得て実施された日本で初めての艦観式が慶応4年(1868年)3月26日に大阪湾の天保山沖で挙行され、「萬里丸」も式典に参加する幸運を得た。

諸藩の艦艇とフランス軍艦「デュープレックス」の7隻が天覧のもとに大阪湾を往復して整列、皇礼砲21発の発射を行なった。ちなみに21発の礼砲発射は、最高ランクの敬意を表する万国共通の国際儀礼である。

「萬里丸」が最も輝いていたのがこの日だったのかもしれない。

余談ではあるが、明治5年(1872年)にも「萬里丸」という名前が記録に登場する。

こちらはもと徳川幕府の軍艦「長鯨丸」が、旧幕府艦隊に同調して品川沖から箱館に向かったものの、政府軍艦艇に捕獲され、郵便蒸汽船会社に払い下げられた際「萬里丸」と改名したものである。

このように日本国内で同名の船舶が存在する例は、わずかながらも確認できる。特に幕末期、幕府と各地の諸藩が独自に艦船の命名を行なう場合は顕著だ。

これは平成の世の中でも、同じ事象が発生している。

防衛省に属する海上自衛隊の艦艇と、国土交通省に属する海上保安庁の船舶で、両者が独自の基準で命名を行なっているため、政府管轄組織の中に同名の艦艇と船舶が同時に存在するという、諸外国にとっては理解し難い状況を生んでいるのもまた事実である。

運送船「萬里丸」要目

艦名	萬里丸
建造	造船所不明(フランス)
計画	不明
起工	不明
進水	不明
竣工	安政6年
就役	不明
沈没	不明
除籍	不明
売却	不明
解体	不明

運送船「萬里丸」要目

新造時

常備排水量	447t	兵装	施条砲4門
全長	72m	装甲	不明
最大幅	9m	乗員数	不明
平均吃水	不明		
主機	不明		
主缶	不明		
出力	120hp		
軸数	不明		
速力	不明		
航続力	不明		

英国生まれの武装商船
海なき久留米藩海軍の1隻となる

蒸気船「千歳丸」

■ 裏方任務ながら
■ 観艦式に参列

「千歳丸」は慶応3年（1867年）にイギリス北部、スコットランドの工業都市グラスゴーで建造された武装商船「Coquette（コケット）」を、同年年末に久留米藩が買い取ったものである。

459トンの蒸気船だが、当時は商船であっても自衛のため武装することは珍しくなかった。

長崎にてアメリカ人の商人ウォールスから「千歳丸」を買い取った久留米藩は、これ以前にも「雄飛丸」「晨風丸」「玄鳥丸」「翔風丸」「神雀丸」「遼鶴丸」の6隻を外国人商人を通じて入手している。

しかし、精錬方という技術研究の専門部署で、購入した艦艇を研究した佐賀藩と異なり、従来より藩に属する水軍に運用を委ねたため、洋式艦船の扱いには不安があったという。

慶応4年に始まった戊辰戦争で、久留米藩は新政府側に付き、所属する艦船もこれに協力した。

「千歳丸」以下久留米藩の艦船は、前線に出撃して戦闘を行なうことはなかったものの、後方での輸送任務に使用されている。

とはいえ当時の陸上戦力は歩兵が主体であり、移動手段は徒歩であったため移動速度が極めて遅く、これを海上輸送することによって移動力が画期的に向上するのだから、貢献度は非常に高かったといえよう。

また戊辰戦争の最中ではありながらも、「千歳丸」は慶応4年3月26日、明治天皇の行幸を得て挙行された日本初の艦観艦式の受閲艦となる栄誉に浴している。

戊辰戦争終了後、「千歳丸」は久留米藩から政府に献納されたが民間に払い下げられる。ここで「青龍丸」と名を改められ、以降は複数の海運業者に使われていた。

喪失は大正2年（1927年）、柏崎海岸にて座礁沈没している。艦齢46年という長寿船であった。

■ 千歳丸あれこれ

久留米藩が「千歳丸」を購入する5年前の文久2年（1862年）、同名の輸入船「千歳丸」が国内に存在していた。

この「千歳丸」は、徳川幕府の御用船として幕府役人と長州藩の高杉晋作、佐賀藩の中牟田倉之助、薩摩藩の五代友厚らが乗り組み、清国との貿易の可能性を探るべく上海を訪れている。

貿易については清国の海禁政策の影響もあって不調に終わったが、当時の清国はアヘン戦争、アロー戦争に敗れて各国の半植民地状態となり荒廃していた。

この状況を見た一行は国防の重要性を認識し、これが幕末まで続く幕府、各藩の海軍力増強の一因となったことは間違いない。

この「千歳丸」は文久3年に幕府の手を離れるが、幕府は慶応2年に二代目の「千歳丸」を購入している。

久留米藩の「千歳丸」（これが本稿で記した三代目「千歳丸」だ）が日本に到着した時、同じ名前の「千歳丸」が2隻日本にあったことになるのだ。

蒸気船「千歳丸」要目

艦名	千歳丸
建造	造船所不明（イギリス）
計画	不明
起工	不明
進水	不明
竣工	不明
就役	明治元年
沈没	大正2年
除籍	明治4年
売却	不明
解体	不明

蒸気船「千歳丸」要目

新造時			
常備排水量	459t	兵装	12ポンド砲×2、9ポンド砲×4
全長	38.2m	装甲	なし
最大幅	7.9m	乗員数	50名
平均吃水	4.2m		
主機	不明		
主缶	不明		
出力	不明		
軸数	不明		
速力	不明		
航続力	不明		

column ①

最初の観艦式、挙行される

日本海軍同様、現代の海上自衛隊も挙行している観艦式。
しかし、最初の観艦式は意外にも「寄せ集め」の艦艇で挙行された。

昭和期の観艦式。三段甲板の空母は手前から「加賀」「赤城」、その奥が「鳳翔」。「加賀」の右上、ただ1隻逆行する戦艦はお召艦「比叡」。

初回は後方支援艦ばかりが集結

慶応4年（1868年）3月26日。戊辰戦争中の大阪湾に、国内各藩の軍船が集結していた。この日は日本国で初めて執り行なわれる海軍天覧（今で言う観艦式である）であった。

慶応2年の孝明天皇崩御を受け、明治天皇が慶応3年に即位されて以降、初めて京都から離れて行幸する行事でもあったため、同行する供奉の人員は655名と記録されている。

摂津国大坂の沿岸、天保山（今の大阪府大阪市港区築港）に設けられた行在所に、今上天皇を載せた車両が到着すると受閲艦隊旗艦の「電流丸」が21発の皇礼砲を発射して最高指揮官を迎えたあとに、海軍天覧が挙行された。

参加した艦艇は佐賀藩（肥前藩）の「電流丸」、熊本藩（肥後藩）の「萬里丸」、久留米藩の「千歳丸」、鹿児島藩（薩摩藩）の「三邦丸」、山口藩（長州藩）の「華陽丸」、広島藩（安芸藩）の「万年丸」の6隻に加え、フランス海軍の帆走コルベット艦「デュープレックス」の7隻であった。

皇礼砲と同時に天保山至近に停泊していた各艦は一斉に抜錨、先頭に位置する旗艦「電流丸」に座乗の海軍総督、聖護院宮嘉言親王指揮のもと、往路は単縦陣で大阪湾の沖合いに向けて航行を行なう。

よき位置と判断を下した親王の指令により各艦は順次反転し、復路は2列の縦陣として航行、明治天皇の観閲を受けた。

この隊形で停止したあと、艦隊は天保山至近の泊地に投錨。ここで旗艦の「電流丸」が海軍最上位の儀礼として祝砲21発を発射、同じくフランス海軍の「デュープレックス」も満艦飾としたあとに礼砲発射を行ない、海軍天覧は終了した。

御年15歳であった明治天皇は、初めて見る軍艦の機動と祝砲の砲声に、驚かれながらも満足された様子であったと伝えられている。

やがて行在所より「還幸」の信号が発せられると、「電流丸」と「デュープレックス」は再び21発の皇礼砲を発射して今上天皇を送って式典は無事に終了したのだった。

本来ならば国内の精鋭艦を集めて行なわれるのが観艦式であるが、慶応4年の海軍天覧は戊辰戦争の最中であり、一線級の艦艇を集結することは不可能であった。

しかし、後方支援の艦艇を集めてまで観艦式を実施した事情は、幕末を経て生まれ変わりつつある日本国とその海軍の実情を、わずかでも天覧のかたちで目にかけて理解をいただくことが目的であったのではないかと思える。

昭和まで継続された一大式典

戊辰戦争終了後も、国内各地で発生した士族の乱、台湾出兵や西南戦争、朝鮮半島の動乱などの紛争が国内外で頻発した。

日本国の植民地化を企む列強各国の干渉もある中で、ようやく周辺の状況が落ち着き、次の海軍艦艇の主力艦を集める観艦式を実施できたのは、最初の海軍天覧から実に22年が経過した明治23年であった。

以後も観艦式は続き、明治38年には横浜沖で日露戦争の凱旋観艦式が行なわれる。しかし、日本海海戦で連合艦隊旗艦となった「三笠」は爆発事故で損傷しており、この観艦式には参加していない。

日本海軍最後の観艦式が、昭和15年（1940年）の紀元2600年特別観艦式である。

100隻近い参加艦艇のうち、大改装を経て艦容が一変した「赤城」「加賀」などは国民を驚かせた。参加した艦艇の多くが、国民の前に姿を見せた最後ということになる。

観艦式は海上自衛隊にも受け継がれ、艦艇への乗艦や音楽隊の演奏など、イベントとしても楽しいものになって現在に至っている。

column ②
観艦式に参加した明治初期の艦艇

最初の観艦式に参加した艦艇は、必ずしも「主力艦」ばかりではなかった。
しかし当時の明治海軍において、いずれも大切な艦艇ばかりであったのも事実だ。

現在の天保山公園を見下ろす。左上、小さく屹立した明治天皇行幸記念碑付近が天保山の山頂である。

慶応4年（1868年）3月26日の観艦式には「電流丸」「萬里丸」「千歳丸」「華陽丸」「萬年丸」「三邦丸」の6隻と、フランス艦「デュープレックス」が参加している。

「華陽丸」「萬年丸」「三邦丸」の3隻は当時の基準としても主力艦と呼びがたいが、明治初期の艦艇を知るためにも、ここで「デュープレックス」とともに紹介しよう。

まず「華陽丸」は、誕生に悲劇的な背景がある。

慶応2年6月、第二次長州征討が起きるが、ここで松山藩兵による山口県屋代島（周防大島）の住民に対する暴行略奪事件が発生した。

その後、慶応4年1月に勃発した戊辰戦争で、長州藩は官軍となって松山郊外の三津浜に上陸する。以前の事件が忘れられない長州藩士だったが、土佐藩の小笠原唯八が間に入って説得、戦闘は回避された。

この時に、長州藩が松山藩所有の「小芙蓉丸」を接収し、これを「華陽丸」と改名し、使用したのである。

「華陽丸」は排水量434トン、出力80馬力の機関を持つ鉄製の蒸気船であった。

「萬年丸」は元治元年にイギリスで建造された「Kinlin（キンリン）」を、薩摩藩が慶応元年に購入して「萬年丸」と命名、翌年にこれを広島藩が買い取って使用した。

排水量270トンと小さいが、性能は良好であったという。

慶応3年の末、長州藩の艦船7隻とともに1200名の陸兵を乗せて神戸に向かっている。

その後も主に輸送任務に活動しながら、観艦式に並ぶという栄誉を得ている。

7月には膠着状態であった北越戦線の新潟周辺に移動、日本初の上陸作戦として幕府軍の後方に陸兵を揚陸させている。このあと北海道方面への進出を命じられた「萬年丸」であったが柏崎の沖合いで荒天によって沈没してしまった。

「三邦丸」は、イギリスで文久2年（1862年）に建造された「Gererd（ゼラード）」を薩摩藩が慶応元年に長崎で購入したものである。

排水量410トン、機関出力110馬力の蒸気船である。

この「三邦丸」は、坂本龍馬とも縁がある。慶応2年5月の寺田屋事件で負傷した龍馬は、妻のお龍とともに「三邦丸」に乗って鹿児島に向かい、霧島温泉で刀傷を癒しており、日本初の新婚旅行とされている。

その後、慶応4年の戊辰戦争で「三邦丸」は太平洋側に配置され品川と福島の間を往復して陸兵の輸送に当たっている。

唯一の外国艦となる「デュープレックス」は、文久2年に就役したフランス海軍の木造コルベット艦で、3本マストにバーク型の帆装を備えている。

排水量1773トン、機関出力は340馬力、備砲は16センチ砲10門であった。

元治元年（1864年）、下関戦争にフランス海軍の一艦として参加、下関周辺の沿岸砲台に艦砲射撃を浴びせている。

その後いったん帰国するが、再び来日。慶応4年2月に、堺に上陸した「デュープレックス」の水兵と、警備にあたっていた土佐藩の藩士との間で戦闘が発生し11名が殺害される事件が起きている。

フランス公使ロッシュは優勢な軍事力を背景に日本側に陳謝、賠償を求めた。

当時は戊辰戦争が始まっており、日本側の主力艦は不在であったため、15万ドルという大金を賠償として支払い、土佐藩士20名の処罰（切腹）が決定された。

フランス海軍の軍人が同席する中で切腹の儀は進められ、その凄惨な光景に11名の切腹が行なわれたところで、フランス側から執行の中止を要請されている。

この事件の1ヵ月後に「デュープレックス」は艦観式に参加、翌年の箱館海戦時には自国の権益保護のため箱館湾に停泊していた。

column ③
帆船から現在まで、艦艇の分類進化

「戦列艦」を端緒とする軍艦は、時代の節目ごとに進化するとともに、細分化されていった。
現在ではあまり耳にしない「フリゲート」も、当時は立派な主力艦だったのだ。

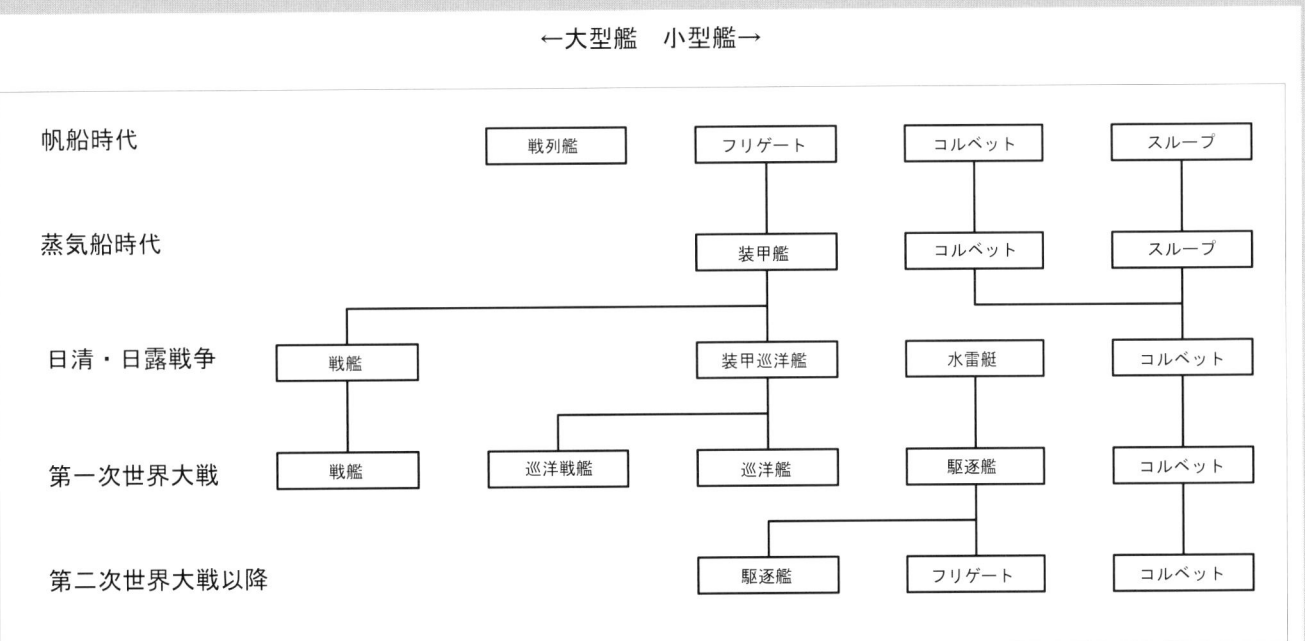

　古今東西、軍艦の種類は数限りなくあるが、帆船時代からの軍艦分類はよほどの軍艦ファンでもないと、なじみが薄いだろう。

　その昔、蒸気機関が発明される前時代の軍艦は帆船であった。

　大砲という兵器が開発されて軍艦に搭載されるようになると、より多くの砲を積んだ軍艦が主力と見なされ、「戦列艦」という大型の帆船が発達していった。

　それ以下の艦は大きさの順に「フリゲート」「コルベット」「スループ」と分類され、小さな艦ほど速力と機動性に優れていた。

　各国が主力艦と考えていた帆船時代の戦列艦は、多数の砲を積むため何層にもわたる複数の甲板に分散して搭載したが、実際の戦闘になると大型艦ゆえに被弾しやすく木造の船体は防御も不十分であった。

　そこで、戦列艦よりも小型のフリゲートに鉄の装甲を施して防御力を強化した艦が建造されるようになった。大型艦に装甲を施すと、速力がさらに低下して使い物にならないというのも理由の一つだ。

　その「装甲艦」と呼ばれた新型のフリゲートは、攻撃力と防御力をさらに増強して戦艦へと発達して、戦列艦を時代遅れの存在にすることになる。

　その一方で、攻撃力を抑えて速度を追求した「装甲巡洋艦」という艦種も発生させている。

　またフリゲートよりも小型のコルベットとスループは植民地地域への派遣や、艦隊戦での偵察、通報任務に依然として使用されていた。

　この時期までの海軍艦艇は帆装航行が主体で、機関航行は補助であった。しかし艦艇の搭載機関も劇的に進歩して、のちには天候と風向きに左右されない、機関航行主体に変化していく。

　日本国が明治維新を乗り越えて日清・日露の戦争に突入する時期、諸外国では近代化された艦艇による戦闘が発生しなかった。

　そこで列強各国は、日本海軍に観戦武官を多数送り込んで友好的な交流を名目に、各海戦ごとの実戦データを取得し本国に送っていった。

　この結果、低速の戦艦に劣らない機動戦力としての装甲巡洋艦と、小艦ながらも破壊力の大きい新兵器、魚雷を持つ「水雷艇」の活躍が注目されることになる。

　また、日露戦争の時期に実用化されつつあった無線通信は艦隊戦での偵察艦、通報艦の存在を低下させ、これ以降の各国艦艇に装甲巡洋艦が大型化した「巡洋戦艦」と、「水雷艇」を駆逐する軽快な艦艇である「駆逐艦」が登場して新しい時代の軍艦分類が確立していった。

　第一次世界大戦では「潜水艦」と「航空機」が戦力に加わるが、海軍の主力は依然として「戦艦」であった。「巡洋戦艦」は「戦艦」そのものが高速化して徐々に姿を消し、「駆逐艦」は汎用艦として「フリゲート」などの任務も受け持つようになっていく。

　その後、第二次世界大戦で「航空母艦」に搭載される「航空機」が、「戦艦」の攻撃力を超えることが実証され、「戦艦」は歴史の舞台から退場することになるのである。

薩摩藩所有のバーク型機帆船、
北越戦争で強襲用陸作戦を実施す

砲艦「乾行丸」

船尾から見た「乾行丸」。船体後部の日の丸が目を引くが、これが日本船の標識として採用されたのは明治3年1月のことであった。

明治維新時代の敵前揚陸作戦

「乾行丸」は、薩摩藩が元治元年（1864年）5月に長崎在住の英国商人グラバーより買い上げた砲艦である。グラバーといえば現在では、長崎の観光名所グラバー邸の元所有者として有名であろう。

3本マスト、バーク型（最後部のマストのみ縦帆の帆船）で排水量は552トンと、グラバーが販売した船舶の中でもかなりの大型艦であった。備砲は15センチ砲、8センチ砲など大口径だが砲身が短いため、威力はさほどでもない。

建造はイギリスのリバプールで、安政6年（1859年）に竣工している。旧船名は「Stoyk（ストーク）」であるが、長崎で薩摩藩に引き渡された際に「乾行丸」と改名された。「乾行丸」は、19世紀の生物学会に衝撃を与えた『種の起源』を執筆したイギリスの博物学者チャールズ・ダーウィンが、各地の探検に使用した「ビーグル号」の後身とする話もあったが、近年の調査で事実ではないとの結論に至っている。

明治維新、そして戊辰戦争と動乱の時代、薩摩藩は政府軍における海上戦力の中核となり、所有する艦艇を各地の戦線に投入。「乾行丸」は日本海方面での行動とされ、機関の故障に悩まされながらも長州などの軍艦とともに奥羽越列藩同盟の拠点攻撃を実施した。

当時は江戸城が無血開城され、これを不服とした勢力が抵抗を繰り返しつつ東北へ引き下がっていた。

さらに外国船に向けて開港した新潟港では、日本政府の自粛要請を無視したイタリアとプロイセンが、自国の商人を使って武器弾薬の販売を開始し、反政府軍を支援していた。

こうした情勢下、北陸地方で陸路進軍する政府軍と呼応するように「乾行丸」と長州の軍艦「第一丁卯」も日本海を北上。新潟港手前の寺泊港沖で反政府軍の輸送船「順動丸」を砲戦で撃破した。続いて阿賀野川東岸太夫浜へ兵員を揚陸させ、新潟港周辺を占拠掌握し、反政府軍の武器供給を絶ち敗走させるという戦略的な戦果をあげている。

ちなみにこの作戦は海軍艦艇からの強襲上陸作戦として、日本で最初に行なわれたものとなった。また、戦闘時の砲弾が陸上にまで届いたという逸話も残っている。

戊辰戦争が終結し、廃藩置県が施行される時期、薩摩藩は「乾行丸」を日本政府に献納し、「乾行」と改名して日本海軍の軍艦となった。

幕末から維新の経験を経て海軍力の重要性を認識した日本は、艦艇の整備に力点を置く方針を採るが、同時に艦艇を運用する人員教育も重視する。つまり船乗りではなく、海軍軍人の養育をめざしたのだ。

この教育に使用する艦として選ばれたのが機関が不調であった「乾行」であった。停泊状態での訓練艦となった本艦は、明治14年（1881年）に除籍されるまで海軍将兵を育てる任務をまっとうしている。

砲艦「乾行丸」要目

艦名	乾行丸
建造	建造所不明（イギリス）
計画	不明
起工	不明
進水	不明
竣工	安政6年7月23日
就役	明治3年4月
除籍	明治14年9月12日
売却	明治22年
解体	明治22年

砲艦「乾行丸」要目

新造時

常備排水量	552t	航続力	不明
全長	55.3m	兵装	砲×9（詳細不明）
最大幅	7.2m	装甲	なし
平均吃水	3.1m	乗員数	不明
主機	不明		
主缶	不明		
出力	150hp		
軸数	不明		
速力	不明		

第一章 ● 日本海軍のあけぼの

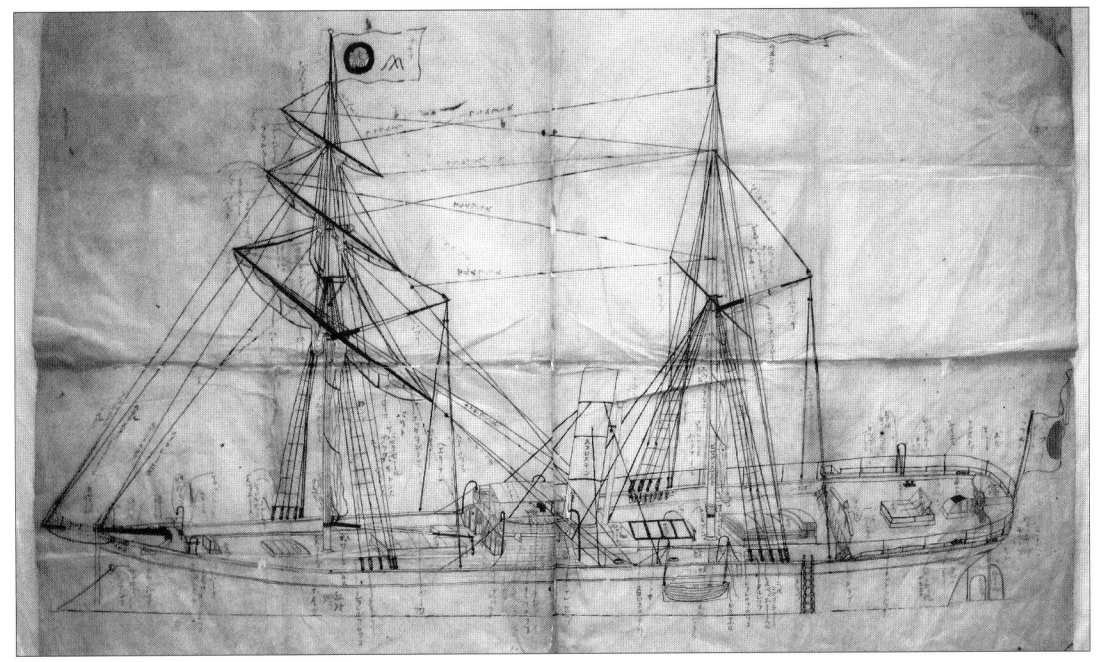

松江藩の隠れた名船「一番八雲丸」。図はその乗組員の子孫である堀家に伝わるもので、艤装部の名称などを整理したいわばマニュアルのようなものと思われる。（資料提供/堀 昭夫）

第二次長州征伐を体験した松江藩の鉄船
戊辰戦争では陸兵輸送に活躍

鉄船「一番八雲丸」

■ 将軍の供奉艦

文久3年（1863年）12月28日。遠州沖の太平洋沿岸を西へ向かう、多数の帆船があった。

14代将軍、徳川家茂が229年ぶりとなる京都上洛のため海路で移動、それに供奉すべく幕府と諸藩の艦船が品川沖から同航していたのだ。

幕府の艦船は「翔鶴丸」（家茂が座乗）「朝陽丸」「蟠竜丸」「一番長崎丸」「千秋丸」の5隻に加えて、「観光丸」「黒竜丸」「大鵬丸」「広運丸」「安行丸」「錫懐丸」「一番八雲丸」の7隻が従っていた。

この時、若き家茂（当時17歳）が望んで、紀州半島までの航路で各船の速さ比べを行なうことになり、一着となったのは薩摩藩所属の「安行丸」と、最後まで競り合った松江藩所属の「一番八雲丸」であった。

この「一番八雲丸」は文久2年11月15日に、イギリス船「Gazelle（ガゼル）」を松江藩が長崎で購入したもので、排水量337トン、機関出力80馬力、2本のマストを持ち備砲6門を備える鉄船であった。

小型艦ではあるものの、木造艦が多かった当時では一目置かれる存在であった。

慶応2年（1866年）2月、「一番八雲丸」は徳川幕府が借り上げ、幕府役人と陸兵を大阪から広島まで7回に分けて輸送した。

これは第二次長州征討の準備であり、山陽道から長州を攻める陸兵の輸送であった。

6月7日、「一番八雲丸」は幕府軍船「翔鶴丸」「朝日丸」「富士山丸」とともに、山口県の屋代島（周防大島）の北岸にある久賀の集落に艦砲射撃を行なう。このあと陸兵を揚陸させ、同島の占領を果たした。

しかしここで、松山藩兵が住民に暴行・略奪・虐殺を行なったことが長州の態度を一変させてしまう。

6月12日深夜、高杉晋作率いる長州藩の軍船「丙寅丸」が久賀沖に停泊中だった「一番八雲丸」ほか3隻に忍び寄り、至近距離からの砲撃で幕府側艦船を混乱に陥れて急速離脱。翌日は、長州藩の世良修造率いる第二奇兵隊が、急流で知られる大畠瀬戸を渡って屋代島に上陸し、同島を奪還する。

一連の戦闘で幕府の艦船は久我沖から敗走することになり、この遺恨はのちの戊辰戦争で、長州の陸兵が松山藩が所有していた唯一の軍船「小芙蓉丸」を奪う原因となった。

「小芙蓉丸」は「華陽丸」と改名、明治天皇の天覧となった日本初の観艦式に列することになるのである。

第二次長州征討が終了し、幕府から松江藩に戻された「一番八雲丸」は慶応4年、同藩所属の「二番八雲丸」とともに松江藩の物資輸送を行なっていた。

しかし同年7月、能登沖で座礁沈没、その短い生涯を閉じている。

鉄船「一番八雲丸」要目

艦名	一番八雲丸
建造	造船所不明（アメリカ）
計画	不明
起工	不明
進水	不明
竣工	不明
就役	文久2年11月15日
沈没	慶応4年7月
除籍	不明
売却	不明
解体	不明

鉄船「一番八雲丸」要目

新造時

常備排水量	337t	兵装	不明
全長	54m	装甲	不明
最大幅	8.1m	乗員数	不明
平均吃水	不明		
主機	不明		
主缶	不明		
出力	80hp		
軸数	不明		
速力	不明		
航続力	不明		

P.7の「萬里丸」と同じく「明治維新当時諸藩艦船図」(東京大学駒場図書館蔵)に描かれた松前藩所有の「二番八雲丸」。ブリガンテイン型(2本マストのバーク型)の帆装が丁寧に再現されているほか、船首旗竿には松江藩を表す山形印を付した藩旗を掲げている様子が描かれている。

機関故障に翻弄された蒸気船
松江藩存続の帰趨に関与す
蒸気船「二番八雲丸」

■機関故障による
■不運がつきまとう

松江藩は文久2年(1862年)11月15日、藩主である松平定安の命によって、長崎港で2隻の軍艦を購入し、それぞれ「一番八雲丸」「二番八雲丸」と命名した。本稿で取り上げる「二番八雲丸」はアメリカ船「Taoutae(タウティ)」が前身である。

2本のマストを備えた「二番八雲丸」は木造の蒸気船で、機関出力70馬力、排水量162トン、備砲は形式不明であるが4門と記録されている。

同時に松江藩が購入した「一番八雲丸」は、文久3年に14代将軍・徳川家茂の京都上洛に供奉艦として参加したが、「二番八雲丸」は機関不調のため参加していない。

以降、地道に松江藩の御用船として行動していた「二番八雲丸」は、幕末に思わぬ事態に巻き込まれ、松江藩の命運を左右しかねない状況に追い込まれることになる。

慶応2年(1866年)、「一番八雲丸」が第二次長州征討で幕府に借り上げられ瀬戸内で戦闘していた時期のこと。

長州の陸兵を率いる大村益次郎は山陰道を東に進み、のちに15代将軍となる徳川慶喜の実弟・松平武聰が藩主であった浜田藩へ侵攻、6月18日に浜田城を陥落させた。

松平武聰は漁船で浜田藩から脱出したところを「二番八雲丸」に救助され、松江藩に保護された。

そして慶応4年1月2日に勃発した戊辰戦争では薩摩藩と長州藩の連合軍と、幕府歩兵隊、会津藩、桑名藩の軍勢が鳥羽・伏見で激突。

1月4日に朝廷が薩摩と長州を官軍として認定、これを受けて薩長は翌日、西園寺公望を山陰道鎮撫総督として山陰方面の諸藩の意思確認を促進させるべく京都から送り出した。

この頃、松江の中港に停泊していた「二番八雲丸」は京都に駐留する自藩の藩士の糧食を定期輸送すべく出航したが、荒天により宮津港に避難しようとしたところ、山陰道鎮撫一行が接近して微妙な立場となっていた宮津藩から即刻退去を求められてしまう。

やむなく「二番八雲丸」は荒れる海へと反転して敦賀港に入港、ようやく藩士への物資補給を行なった。

そして松江に向けた帰路、またも「二番八雲丸」の機関は故障し、緊急避難のため再び宮津港に入港するが、これを見た山陰道鎮撫一行は松江藩に反逆の意思ありと、「二番八雲丸」は拘束される。

のちの事情調査の結果、誤解は解かれるが松江藩は「二番八雲丸」の売却を決定した。以降、本船の消息は定かではなくなる。

不運な船であった。

蒸気船「二番八雲丸」要目

艦名	二番八雲丸
建造	造船所不明(アメリカ)
計画	不明
起工	不明
進水	不明
竣工	不明
就役	文久2年11月15日
沈没	慶応4年
除籍	不明
売却	不明
解体	不明

蒸気船「二番八雲丸」要目

新造時			
常備排水量	167t	兵装	(小銃12挺)
全長	45m		「明治維新当時諸藩艦船図」より
最大幅	8.1m	装甲	不明
平均吃水	不明	乗員数	不明
主機	不明		
主缶	不明		
出力	60hp		
軸数	不明		
速力	不明		
航続力	不明		

第二章

日本海軍の誕生

明治4年に産声をあげた日本海軍。
手探りの状況ながら、ついに装甲艦を保有するに至る。

「開陽丸」の回航の際には榎本武揚らが同行したが、実際の操船にあたったのはオランダ軍人であり、艦長はデイノー大尉が務めた。

フリゲート「開陽丸」

北海に消えた
日本海軍幻の主力艦

■幕府艦隊期待の星
■最大の軍艦

　黒船来航により、日本は長い鎖国の眠りから目覚まされ、幕府を打倒して新しい国家を建設しようという動きが急激に高まっていった。

　一方で、幕府はなんとか政権を維持しようと、必死で延命策を講じる。その一環として、軍隊の近代化を推し進めるが、その中には幕府海軍の建設も含まれており、諸外国に対して軍艦の建造を依頼し、また時には中古船の購入を行なった。

　文久元年（1861年）にはアメリカから軍艦を購入しようとハリス公使に打診したものの、間もなく始まった米南北戦争の影響によってこの事案は棚上げにされてしまった。

　そこで幕府は代替案としてオランダにフリゲート艦1隻の建造を依頼する。これが「開陽丸」であった。「開陽丸」は文久3年8月4日（旧暦）にオランダのヒップス・エン・ゾーネン造船所において起工され、慶応2年（1866年）8月2日、幕府との仲介を取り持っていた貿易商社に引き渡された。その後「開陽丸」は、当時オランダに留学していた榎本武揚らを乗せ、試運転を兼ねて日本へ回航され、慶応3年3月26日に横浜に到着した。

　「開陽丸」は16センチ前装式のクルップ砲18門と30ポンド滑空砲8門の合計26門の砲を備えている。ただしこれは新造時の規定数であり、最終的にはさらに多くの砲を搭載していた可能性がある。実際、引き揚げられた開陽丸からは要目に記載されていない砲が見つかっている。

　搭載機関はレシプロで横置きトランクピストン型の蒸気機関である。出力は1200馬力で速力は約10ノットとなっている。

　なお、「開陽丸」の推進装置はマンギン・プロペラといい、通常のプロペラの翼幅の半分程度のものである。このプロペラは帆走時に吃水線上に引きあげることができ、抵抗を抑える効果があった。

　「開陽丸」が日本へ到着した時、すでに国内は内戦一歩手前という状態であり、引き渡しが行なわれるとすぐに大阪方面へ出動した。

　そして年が明け、鳥羽伏見の戦いの最中の慶応4年1月3日、「開陽丸」は阿波沖で薩摩藩の「春日丸」と砲撃戦を行なっている。この戦いは阿波沖海戦と呼ばれ、日本における初めての近代海戦となった。

　この鳥羽伏見の戦いで幕府軍が敗れると、「開陽丸」は徳川慶喜を乗せて江戸に戻る。そして薩長軍が江戸に迫ると、榎本武揚は「開陽丸」を旗艦として8隻の軍艦を引き連れて品川沖を脱走、東北戦争を経て蝦夷に渡った。

　新政府軍の「甲鉄」と渡り合える軍艦として期待された本艦だったが、明治元年（1868年）11月15日、江差の沖合いで暴風雨にあい座礁、沈没した。

　健在であれば明治海軍の基幹となる存在といえ、幻の主力艦といっても過言ではない。

フリゲート「開陽丸」要目

艦名	開陽丸
建造	ヒップス・エン・ゾーネン造船所（オランダ）
計画	不明
起工	文久3年8月4日
進水	慶応元年9月14日
竣工	慶応2年9月15日
沈没	明治元年11月15日
除籍	不明
売却	不明
解体	不明

フリゲート「開陽丸」要目

新造時

常備排水量	2,590t	航続力	不明
全長	72.08m	兵装	16cmクルップ砲×18、30ポンド前装砲×8、30ポンドカロナーデ砲×1、12cm榴弾砲×2、7cm前装砲×1、5cm前装砲×2、12cm臼砲×2
最大幅	13.04m		
平均吃水	6m		
主機	横置トランク・ピストン型×1		
主缶	角型円缶式×4		
出力	1,200Ihp	装甲	不明
軸数	1	乗員数	429名（幕府の定めた定員）
速力	10kt		

第二章 ● 日本海軍の誕生

坂本龍馬も巻き込んだ
土佐藩のイギリス水兵殺害疑惑

「和泉丸」

■出生にイギリス水兵殺害事件

慶応3年（1867年）7月6日、未明。長崎港の東岸に近い花街、丸山で2名のイギリス海軍水兵が殺害されているのが発見された。

長崎奉行所はただちに捜査を始めて犯人を追ったが、事件を解決するには至らなかった。

この時、長崎に滞在中であったイギリス公使ハリー・パークスは独自に調査を行ない、長崎の街中で「犯人は海援隊の隊士に似ていた」という噂を聞き出した。

また、事件当日に海援隊の帆船「横笛丸」と土佐藩の砲艦「若紫丸」が長崎を出航した事実を突き止める。

激怒したパークスは幕府側に抗議、8月7日には自国軍艦で土佐藩に乗り込んだが、事態は進展しなかった。

だが、明治元年（1868年）における再調査の結果、犯人である筑前福岡藩の藩士は事件直後に自害していたと判明する。これで明治政府は、筑前福岡藩に保障を確約させて決着となった。土佐藩の砲艦「若紫丸」はタイミングが悪いとはいえ、濡れ衣とでもいうべき災難であった。

この事件では、坂本龍馬も巻き込まれて土佐に向かっている。

この「若紫丸」は、土佐藩が唯一保有した軍艦であった。排水量は140トン、武装ほかの要目は不明だが慶応2年に上海で建造され「Nankai（ナンカイ）」と命名された。

これを土佐藩が長崎在住の商人グラバーから慶応3年に購入、「若紫丸」と改名している。

翌年1月、成立したばかりの明治政府が「若紫丸」を土佐藩より買い上げた。同年6月に艦名を「和泉丸」と改め、明治2年に久留米藩へ移管して運用を委ねた。

■謎に包まれた「和泉丸」の歴史

海に面していない久留米藩は、以前から外国より7隻の艦船を購入していたが、自力での外国船運用に困難を感じていた。

そのため、薩摩藩から木村宗之丞以下の乗組員と技術者が、佐賀藩からは中牟田倉之助が久留米藩に派遣され、基礎教育が開始された。

しかし残念なことに、日本政府所有となった「和泉丸」の記録はここで途絶えてしまっている。

小さな軍艦ではあるがそれなりの戦力となったであろう「和泉丸」の歴史は謎に包まれたままである。

ここで、「和泉丸」誕生と日本海軍に関わりのあったグラバーについて記そう。

トーマス・B・グラバーは、幕末から維新の激動期に長崎を拠点として活動した貿易商である。

イギリスの海軍士官の子として生まれたグラバーは、上海から長崎に渡って商社を設立、維新の政変で武器関連も扱うようになる。

軍艦の販売も手がけており、合計24隻の艦船を徳川幕府と国内の各藩に納めている。

武器商人としての側面もあったグラバーであるが、彼が幕末期に導入した西洋の艦艇が維新の海軍力の基礎となったことは間違いなく、明治政府は明治41年、その功績を称えて外国人としては異例の勲二等旭日重光章を贈っている。

昭和14年（1939年）になり、長崎市の高台にある西洋建築物を三菱重工業が買収した。建物の名前はグラバー邸、そうグラバーの所有物であった。戦艦「武蔵」建造の様子を見わたせる位置にあったため、買収したのである。グラバーは昭和になっても日本海軍に関与していたわけだ。

「和泉丸」要目

艦名	和泉丸
建造	造船所不明（イギリス）
艦籍	不明
計画	不明
起工	不明
進水	不明
竣工	慶応2年
就役	慶応3年
沈没	不明
除籍	不明
売却	不明
解体	不明

「和泉丸」要目

新造時	
常備排水量	140t
全長	不明
最大幅	不明
平均吃水	不明
主機	不明
主缶	不明
出力	不明
軸数	不明
速力	不明
航続力	不明
兵装	不明
装甲	不明
乗員数	不明

グラバーの販売した艦艇一覧

販売年	原名	艦名	排水量（トン）	建造国	建造都市	建造年	販売先	価格（ドル）
1864	スワトウ	雄飛丸	250	イギリス	グラスゴー	1861	久留米藩	75000
	カーセッジ	甲士丸	500	イギリス	ダンバートン	1857	佐賀藩	120000
	バハマ	明光丸	887	イギリス	ロンドン	1861	和歌山藩	138000
1865	ハントレス	竜田丸	383	アメリカ	ボストン	1855	薩摩藩	19000
	キンリン	万年丸	270	イギリス	ラナークシア	1864	薩摩藩	100000
	ユニオン	桜島丸	204	イギリス	ロザーハイズ	1854	薩摩藩	60000
	エルギン	環丸	396	イギリス	バーケンヘッド	1862	薩摩藩	125000
1866	マーキュリー	竜翔丸	64	香港	不明	1863	幕府	30000
	ケストレル	不明	161	不明	不明	1855	幕府	12000
	オワリ	千歳丸	323	イギリス	アバディーン	1865	幕府	30000
	ワイルドウェーブ	大極丸	159	不明	不明	1855	薩摩藩	12000
	ドルフィン	大木丸	396	アメリカ	ボストン	1861	佐賀藩	23000
	グラナダ	凌雲丸	350	イギリス	不明	1858	熊本藩	110000
	フェアリー	奮迅丸	50	イギリス	不明	1865	熊本藩	22000
	オテントウサマ	丙寅丸	70	イギリス	不明	1865	長州藩	50000
1867	ナンカイ	若紫丸	140	上海	不明	1867	土佐藩	75000
	アイアーシャイアラス	祥瑞丸	67	イギリス	ダンバートン	1855	宇和島藩	25000
	キャンスー	春日丸	448	イギリス	不明	1863	薩摩藩	155000
	コリア	泰運丸	487	イギリス	ロンドン	1863	熊本藩	20000
	カゴシマ	神風丸	394	イギリス	アバディーン	1866	熊本藩	40000
	エンペラー	蒼隼丸	252	イギリス	不明	1860	福岡藩	40000
1868	ユージーン	孟春丸	259	イギリス	不明	1867	佐賀藩	100000
	ヒンダ	第一丁卯丸	236	イギリス	不明	不明	長州藩	125000
	アスンタ	第二丁卯丸	236	イギリス	不明	不明	長州藩	125000

幕末から維新の軍艦は、写真の現存数が極端に少ない。図は簡単ながらも「陽春丸」の姿を表した貴重なスケッチ。

秋田藩からただ1隻の援軍
戊辰戦争に参戦す

砲艦「陽春丸」

■ 南北戦争時代の砲艦
■ 戊辰戦争に出撃

「陽春丸」は元治元年（1864年）に竣工。南北戦争中に北軍が大量生産した、「90日砲艦」と呼ばれた排水量700トン弱の2本マストを持つ砲艦であった。旧名を「Sagamore（サガモア）」という。

旧式ながらも、口径11インチ（28センチ）という大口径火砲のダールグレイン砲1門を搭載したが南北戦争終結によって民間に払い下げられ、アメリカ商人ウォールスの所有となる。のちに「Kaganokami（カガノカミ）」と和風の船名に改名のうえ日本に回航した。

慶応4年には日本政府の委託により、戊辰戦争に投入される陸兵輸送のため横浜港を出航したが、アメリカは自国船籍の商船は地域紛争に加担しない、という局外中立政策をとっていたため、「カガノカミ」はアメリカ海軍の砲艦「イロコイ」に拿捕拘束されてしまう。

その後「カガノカミ」は、東北各地の反政府勢力・奥羽越列藩同盟を離脱した秋田藩に売却され、「陽春丸」と改名して政府軍と同調した行動を開始する。

戊辰戦争は江戸城無血開城から関東方面の静定が続き、東北方面の戦闘が中心となっていく。

その中で明治元年（1868年）9月に「陽春丸」は単艦で青森、弘前藩と盛岡藩の戦闘に介入し、野辺地の砲台と交戦した。陸上砲台に60発以上の砲弾を撃ち込んだ「陽春丸」だったが、反撃により帆綱などの帆装設備に損害を受け退却している。

秋田藩に帰還して損傷復旧を終えた「陽春丸」は戦線に復帰、雪解けを待って実施された政府軍の箱館攻撃作戦に参加する。

時に明治2年4月9日早朝、北海道南部、松前半島西岸の乙部に砲声が轟いた。

旧幕府軍の本拠地・箱館を攻略する明治新政府の陸兵の上陸に合わせて「陽春丸」「甲鉄艦」「朝陽丸」「春日丸」「延年丸」「丁卯丸」からなる政府軍の艦隊が、艦砲射撃を開始したのだ。

乙部への陸兵揚陸と支援射撃を終えた「陽春丸」は、新政府軍の進撃に呼応して僚艦4隻とともに移動を続けて乙部南方の江差を砲撃、4月17日にはさらに南下して脱走軍の拠点であった松前を砲撃している。

こうして後方の安全を確保した政府軍は、青森から松前半島に続々と援軍を送り込み、脱走軍は箱館に退却していった。

なおも政府軍は箱館総攻撃の準備を着々と進めており、5月11日に戦端は開かれた。

佐賀藩からの援軍「延年丸」を含めて6隻となった政府軍の艦隊は箱館湾に突入。機関が故障して浮き砲台と化していた「回天」と、小艦ながらも手強い「蟠竜」との戦闘となったが激戦の末に脱走軍の艦隊は壊滅する。

この時「陽春丸」も箱館総攻撃に参加したあとに陸上砲台との戦闘にも参加、5月18日の戦闘終了後、8月には秋田藩に返還された。

明治3年に「陽春丸」は民間に売却されて東京～大阪間の定期航路に就航したが短期間で打ち切られて国外に転売、その後の消息は不明という残念な結果となっている。

砲艦「陽春丸」要目

艦名	陽春丸
建造	造船所不明（アメリカ）
計画	不明
起工	不明
進水	万延元年
竣工	元治元年
就役	明治元年
沈没	不明
除籍	不明
売却	明治3年
解体	不明

砲艦「陽春丸」要目

新造時			
常備排水量	530t	兵装	砲×6（詳細不明）
全長	56.2m	装甲	なし
最大幅	8.4m	乗員数	不明
平均吃水	不明		
主機	不明		
主缶	不明		
出力	280hp		
軸数	不明		
速力	不明		
航続力	不明		

第二章 ● 日本海軍の誕生

本艦の姿を伝える精密なスケッチ画。宮古湾沖海戦の時には、急襲された「甲鉄」を支援して「回天」を撃退する殊勲をあげている。

日本初の近代海戦に参加
多くの海軍軍人を育てる

スクーナー「春日丸」

掘り出し物を買う

「春日丸」(「春日艦」)はもともと薩摩藩所属の艦艇だったが、明治3年(1870年)4月に明治政府に献納され、同年11月27日に艦籍に入った。
「春日丸」はイギリスのジョン・ホワイト造船所で建造され、文久3年に竣工した。ただし、本来は清国政府の依頼によって建造されたものの、何らかの理由によって清国海軍がこの艦を受け取らず、その後売りに出されたものを薩摩藩が慶応3年に買い取ったと言われている(異説あり)。
ちなみに元の艦名を「キャンスー(Chiangtzu)」といい、これは中国語で「江蘇」のことである。
また、「春日」という艦名は薩摩藩で付けられたが、一説によると、この艦名は豊臣秀吉の命じた朝鮮出兵の際に薩摩藩で造られた「春日丸」という兵船に由来すると言われている。

若き東郷元帥も乗艦

「春日丸」は3本マストの外車式蒸気軍艦、いわゆる外輪船で、建造時における試運転では2270馬力で16.9ノットを出したとされる。これは当時としてはかなりの高速力だが、同時に燃料(石炭)の消費も激しかったため、のちに日本海軍の艦籍に入ってからは8〜9ノット程度に落として使用された。
艦種としてはスクーナーに該当するため、兵装は少なめで、100ポンド後装砲1門のほか、60ポンド砲、40ポンド砲を各2門、12ポンド砲1門となっている。
本艦の外観上の特徴は直立式の艦首で、バウ・スプリットがない。これは当時としては先進的な艦型で、時代を先取りしていたといえる。
慶応4年(1868年)1月3日、「春日丸」がまだ薩摩藩の艦籍にあった当時、阿波沖において幕府海軍の「開陽丸」と砲撃戦を行なっている。この海戦は蒸気艦同士の海戦としては日本初となるものだったが、双方ともに大きな損害は被っていない。
このあと「春日丸」は北越、蝦夷と戊辰戦争に従軍するが、その際、のちに連合艦隊司令長官として日本海海戦勝利の立役者となる東郷平八郎も三等士官として乗艦していた。
箱館戦争においては宮古湾海戦で蝦夷共和国の艦隊としばしば戦火を交えているが、さほど大きな活躍はなかった。
「春日丸」は日本海軍に献納されて艦名を「春日」(正式には「春日艦」)と改め、イギリス軍艦とともに北海方面の測量任務に従事したほか、明治8年には江華島事件に際して釜山に派遣される。
その後、明治10年には天皇の大和・京都行幸の際に供奉艦を務めている。
明治27年2月2日に除籍され、対馬水雷団所属となる。
明治29年4月1日に雑役船、同35年に廃船となって売却された。

春日丸要目

艦名	春日丸
建造	ジョン・ホワイト造船所(イギリス)
起工	不明
進水	文久3年
竣工	文久3年
除籍	明治27年2月2日
売却	明治35年

春日丸要目

新造時

項目	値	項目	値
常備排水量	1,015t	速力	16kt(9kt)
全長	73.64m	航続力	不明
最大幅	8.93m	兵装	100ポンド後装砲×1、60ポンド砲×2、40ポンド砲×2、12ポンド砲×1
平均吃水	3.51m		
主機	2気筒揺動式×1(外車式)		
主缶	4基	装甲	不明
出力	1,217hp	乗員数	138名
軸数	不明		

徳川海軍の主力艦である「富士山艦」は日清・日露戦争時において活躍する多くの海軍将校を育成した。

日本海軍創設時の主力艦
海軍将校育成に貢献

スループ「富士山艦」

■ 入手に手間取る

「富士山丸」は文久年間の海軍拡充計画の一環として、幕府がアメリカに対して発注した軍艦である。

文久2年(1862年)、幕府はコルベット艦2隻、砲艦1隻の発注を米国のブルーイン公使に申し入れている。3隻の建造費として幕府は60万ドルを支払ったが、実際に入手できたのは1隻だけであり、それが「富士山丸」であった。

しかし完成が遅れたうえに回航にも時間を要し、結局幕府に引き渡されたのは発注から3年半近く経った慶応2年(1866年)2月20日(旧暦)のことである。

このような事態になったのは、ブルーイン公使が幕府の建造申し入れを本国政府に取り次がず、公使個人として受注していたためであった。

このため幕府は「富士山丸」以外の2隻の発注をキャンセル、残りの代金を回収してのちにその全額を「甲鉄(「東」)」の購入費用に充てている。

■ 新生日本海軍の最有力艦

こうして日本に回航された「富士山丸」は幕府艦隊に編入されたが、情勢の緊迫化に伴って大阪方面へ派遣された。

そして慶応4年1月の鳥羽伏見の戦いで幕府軍が敗北すると、負傷兵らを江戸まで運ぶ任務についた。なお、この時には負傷して後送された新選組の近藤勇も乗艦している。

その後、間もなく明治維新となり、「富士山丸」は慶応4年4月に明治新政府に献納された。そしてこの時に艦名を「富士山艦」と改めている。

幕府から新政府に対しては、「富士山丸」のほかに「朝陽丸」「翔鶴丸」「観光丸」の合計4隻が献納され、日本海軍はこの小さな艦隊からスタートした。「富士山艦」は、その中でももっとも有力な艦であった。

「富士山艦」は木造のスクリュー蒸気船であるが、3本マストとバウ・スプリットの外観からは普通の帆船のようにも見える。史料によって要目に違いが見られるが、排水量は1000トン、出力は350～360馬力で速力は13ノット、あるいは8ノットである。

「富士山艦」はほかの有力艦とは異なり、箱館戦争には参加していないが、明治元年(1868年)9月18日、品川を脱出した際に暴風雨により曳索が切れ、清水港に流れ着いた「咸臨丸」を攻撃・拿捕している。

その後、明治4年に海軍兵学寮(のちの海軍兵学校)が開設されると初代練習艦となった。

明治9年10月には機関を撤去し、繋泊練習艦、運用術練習艦を経て明治22年5月に除籍。雑役船として過ごしたあと、明治29年8月に売却された。

なお、同年3月31日にイギリスにおいて新戦艦が進水し、新たに「富士」の艦名を継いでいる。

「富士山丸」要目

艦名	富士山丸
建造	ウエストヴェルト&ソン造船所(アメリカ)
進水	元治元年
竣工	慶応2年
除籍	明治22年5月10日
売却	明治29年8月

「富士山丸」要目

新造時			
常備排水量	1,000t	速力	13kt
全長	63.09m	航続力	不明
最大幅	10.36m	兵装	30ポンド砲×3、100ポンド砲×1、ダールグレン砲×4、24ポンド砲×2、12ポンド砲×2
平均吃水	3.35m		
主機	2気筒直動式×2		
主缶	不明	装甲	不明
出力	360hp	乗員数	134名
軸数	1		

日本海軍が所有した軍艦で「武蔵」は時代別に3隻存在した。しかし最初の「武蔵艦」は就役期間が短く、その存在はあまり知られていない。写真はポータクセット級の同型艦「リーバイ・ウッドバリー」。

アメリカから輸入された「武蔵艦」と同型艦の運命

スクーナー「武蔵艦」

■ あまりにも短い生涯

アメリカの南北戦争中、メリーランド州ボルチモアのジョン・A・ロボ造船所で、税関監視艇局(今の沿岸警備隊)の哨戒艦として建造された「Kewanee(キワニー)」は、戦争終了後の明治元年(1868年)11月、日本政府に売却され「武蔵艦」と命名された。

排水量350トン、2本のマストを持つスクーナーで、武装は前装式の30ポンド砲1門と、同じく前装式24ポンド砲5門を備えていた。

明治維新前後の時代は、艦載砲の大変革期でもあった。

旧来の、砲口から火薬と弾丸を送り込んで点火発射する前装式の火砲は発射速度が低く、兵器としての性能は砲尾を開放して火薬と弾丸を装填する後装式におよばなかった。

しかし、冶金技術が未発達なこの時代では充分な強度を持つ砲を作ることは難しく、後装式の火砲は戦闘中に事故を発生させることも多いのが難点であった。そのため性能は劣るが確実性のある前装式と、事故さえなければ高性能な後装式の火砲が混在していたのである。

日本海軍の軍艦となった「武蔵艦」であるが、その生涯はあまりにも短いものだった。就役からわずか4ヶ月後の明治2年2月、品川沖で火災のため失われてしまう。

日本海軍を記した史料の中には、「武蔵艦」の就役はなかったことになっている文献もあるほどで、存在感の薄い艦であったことは間違いないであろう。

■ 前身となった同型艦たちの運命

「武蔵艦」の前身となった「キワニー」は、6隻が建造されたポータクセット級スクーナーの6番艦であった。この6隻のうち、2番艦の「アシュロット」と5番艦の「カンカキー」は「武蔵艦」と同時期に日本に回航されている。

「アシュロット」は明治元年3月に秋田藩が購入し「高雄丸」と命名、維新の動乱に巻き込まれていく。

戊辰戦争の混乱の中で「高雄丸」は榎本武揚率いる反政府軍の配下となり、「第二回天」と命名される。

明治2年、荒天により主力艦の「開陽」を喪失した反政府軍は、土方歳三率いる「回天」「第二回天」「蟠竜」の3隻によって、政府軍の新鋭艦「甲鉄」の捕獲を計画したが、「第二回天」と「蟠竜」は機関故障で後落した。

残る「回天」からの切り込みも失敗し脱出不可能となった「第二回天」は宮古湾の浅瀬に擱座して、こちらも1年ほどの短い生涯を終えている。

一方の「カンカキー」は明治元年12月に購入されるが、軍艦としては使用されず神戸港に係留されたあとに岡山藩に移管され、大蔵省の所有船として倉庫船に使用されるという。

スクーナー「武蔵艦」要目

艦名	武蔵艦
建造	ジョン・A・ロボ造船所(アメリカ)
艦籍	不明
計画	不明
起工	不明
進水	文久3年9月23日
竣工	元治元年8月15日
就役	明治元年11月
沈没	明治2年2月22日
除籍	明治2年10月10日
売却	不明
解体	不明

スクーナー「武蔵艦」要目

新造時			
常備排水量	350t	装甲	不明
全長	42m	乗員数	不明
最大幅	8.1m		
平均吃水	3.4m		
主機	不明		
主缶	不明		
出力	不明		
軸数	1		
速力	12kt		
航続力	不明		
兵装	不明		

この当時、海軍兵学校(陸軍でいう士官学校)は東京築地に置かれていた。その校舎近くの岸壁に係留されている「摂津」。この時期は停泊したままでの訓練艦であった。

メキシコ、アメリカ、日本。三カ国で使われた木造帆船
砲艦「摂津丸」

原名はメキシコの将軍

「摂津」は嘉永7年(1855年)、ニューヨーク市長でもあったトマス・A・ウエスターヴェルトが経営していた造船所で建造された。

前身は排水量920トン、3本マストでシップ型の帆装を持つメキシコ船「General Santa Anna(ヘネラル・サンタ・アナ)」だが、南北戦争時に北軍が使用した砲艦「Koyahog(コヤホッグ)」を慶応4年(1868年)日本政府が購入、「摂津丸」と改名して艦隊に編入された。

購入時、「摂津丸」はすでに艦齢13年を経過していたが、回航直後の戊辰戦争で北越戦線に出動。ここで陸兵の上陸援護と沿岸砲台への艦砲射撃を行なった。

それ以降は戦闘に出ることもなく、しばらく砲術訓練艦として使用されていた。

明治3年(1870年)、フランスとプロイセンの間に発生した普仏戦争の影響を警戒して、日米修好通商条約によって外国船に向けて開港したばかりの兵庫港(神戸港)の警備を行なった。

翌年には貸出先の広島藩から日本政府に返還され、「一番貯蓄船」と改名し係留されたまま練習艦として使われた。

明治5年に機関を撤去したが、引き続き練習艦任務に就いている。

明治7年に再び「摂津」と改名、明治9年には横浜港に移動し貯蓄船の任務に供されたが明治11年に東京に戻り、当時築地にあった海軍兵学校の練習艦に復帰した。

明治19年に除籍されるが、船体はそのまま兵学校の授業用教材となり、明治21年に海軍兵学校が東京築地から広島県江田島に移転するまで使われている。

ちなみに「摂津」の旧艦名「ヘネラル・サンタ・アナ」にはこんな逸話がある。

旧艦名はメキシコ軍人であり、大統領にもなったアントニオ・ロペス・デ・サンタ・アナが元になっている(ヘネラルは将軍の意味)。

スペインから独立したメキシコを再征服しようと、侵攻してきたスペイン軍を打ち破って国民的な英雄となったサンタ・アナは、大統領に選ばれた。

その一方、この時期アメリカに隣接していたテハス省で独立運動が活発化、アラモの戦いなどの独立戦争の結果、テキサス共和国として独立した。

10年後、テキサス共和国はアメリカ合衆国に併合されてテキサス州となるが、これが原因でアメリカとメキシコの間に戦争が起こる。いわゆる米墨戦争である。

この戦争で、先述したサンタ・アナ率いるメキシコ軍は完敗してしまう。そのため、戦争後に建造された砲艦「ヘネラル・サンタ・アナ」をメキシコから購入した際、北軍が改名したのは当然といえよう。

なお、サンタ・アナは1855年に国外追放となっている。

砲艦「摂津丸」要目

艦名	摂津丸
建造	ウエスターヴェルト造船所(アメリカ)
計画	不明
起工	不明
進水	不明
竣工	安政3年
就役	明治元年
除籍	明治19年2月17日
売却	明治21年
解体	明治21年

砲艦「摂津丸」要目

新造時

常備排水量	920t	航続力	不明
全長	51.5m	兵装	砲×8(詳細不明)
最大幅	8.7m	装甲	なし
平均吃水	4.5m	乗員数	不明
主機	不明		
主缶	不明		
出力	300hp		
軸数	不明		
速力	不明		

第二章 ● 日本海軍の誕生

「延年丸」のスケッチ。成時期は不明だが船尾に日の丸が描かれていることから明治3年以降の姿と思われる。

箱館湾海戦に参加した
佐賀藩の小さな軍艦

砲艦「延年丸」

■ 前身はイギリスが香港で建造

「延年丸」は、明治元年（1868年）香港で建造されたイギリス砲艦「Caledonia（カレドニア）」を、明治元年（1868年）9月に佐賀藩が購入し「延年丸」と改名したものである。

排水量については諸説あり旧日本海軍の元技術少佐、福井静夫氏が昭和27年（1952年）11月に手書きで作成した「帝国海軍艦艇一覧表」によれば250トンとあるが、佐賀藩の記録では700トンとなっている。同時期に佐賀藩の所有した、ほぼ同寸法の「電流丸」が300トンであることなどから、正確な排水量は不明ながらも300トン相当の艦であったと思われる。

搭載された機関の出力は100馬力、2本のスクリューで推進し速力は7ノットであった。

搭載された備砲は形式不明で8門と伝えられるが、船体の大きさから考えても小口径砲であろう。

明治元年は戊辰戦争の最中でもあり、日本政府はさっそく「延年丸」を佐賀藩から徴発し、反政府軍（旧幕府軍）の追撃に参加させた。

明治2年（1869年）5月11日、箱館総攻撃の当日に青森から箱館に到着した「延年丸」は、先行していた政府軍の「甲鉄艦」「朝陽丸」「春日丸」「陽春丸」「丁卯丸」とともに箱館湾海戦に参加する。

すでに主要な艦船を失っていた反政府軍は、機関が故障し浅瀬に乗り上げ浮き砲台となっていた「回天」と、小型砲艦「蟠竜」の2隻で抵抗した。

政府軍は「蟠竜」からの砲撃で「朝陽丸」を失うが敵艦を撃破、反政府軍の海上戦力は箱館湾で壊滅した。以降「延年丸」ほかの艦艇は箱館周辺の砲台に艦砲射撃を行なうなど支援任務に就き、5月18日の五稜郭開城とともに戊辰戦争は終結した。

戦争終結後、徴発を解除された「延年丸」は佐賀藩から日本政府に献納の申し込みがなされたが、政府は備砲のみを受け取って船体は売却された（献納を受けた直後に払い下げられたという説もある）。

その後「延年丸」は国有会社である郵便蒸汽船会社の所属として運用されたが、明治8年6月に日本政府に売却。

その3ヵ月後、岩崎弥太郎が経営を引き継ぎ、郵便蒸汽船会社から郵便汽船三菱会社に改称した古巣に舞い戻るという、数奇な運命を辿っている。

晩年は航海に出ることもなく、倉庫船として使用されたという。

砲艦「延年丸」要目	
艦名	延年丸
建造	造船所不明（イギリス領香港）
計画	不明
起工	不明
進水	不明
竣工	安政3年
就役	明治元年
沈没	不明
除籍	不明
売却	明治2年
解体	不明

砲艦「延年丸」要目			
新造時			
常備排水量	300t（推定値）	兵装	砲×8（詳細不明）
全長	41.8m	装甲	なし
最大幅	8.2m	乗員数	不明
平均吃水	2.7m		
主機	不明		
主缶	不明		
出力	100hp		
軸数	不明		
速力	7kt		
航続力	不明		

艦首が部分が突出していることが写真でもわかるが、実際に「甲鉄艦」が体当たり攻撃を行なったことはなかった。むしろ、本艦の存在そのものが敵にとっては脅威だったといえるだろう。

フランス生まれの異形の軍艦
北の海で榎本艦隊を撃滅

装甲艦「甲鉄艦」

■ 苦難の末に日本へ
■ 異形の軍艦

「甲鉄艦」(「東」)はもともと、米南北戦争中の南部連合(南軍)がフランスに発注した衝角装甲艦「スフィンクス」であった。文久3年(1863年)にボルドーのアルマン・ブラザーズ造船所において起工されている。

「スフィンクス」は「ストーンウォール」と名を改められ、翌元治元年(1864年)10月に完成した。

ところが間もなく南北戦争は終結し、そのまま繋留されていた。

当時、米国に発注した軍艦が予定どおり購入できなかった幕府は、小野友五郎を正使とする使節団を渡米させていた。そして改めて購入可能な軍艦を探していたところ、南軍士官だったブルックに「ストーンウォール」の存在を教えられ、さっそく購入に踏み切った。

慶応4年(1868年)4月(旧暦)、「ストーンウォール」は横浜へと到着したが、このときまさに江戸湾では新政府軍の艦隊と、旧幕府軍の榎本艦隊が睨み合いを続けている状態であった。このため、米国側は局外中立を宣言して艦の引き渡しを拒絶した。やがて榎本艦隊が蝦夷へ去ったため、米国側はようやく艦を引き渡した。こうして幕府軍が期待した新鋭艦は新政府艦隊の旗艦となったのである。

「甲鉄艦」という名は正式な艦名ではなく、「アイアンクラッド」をそのまま当てはめただけだとする説もある。しかし、仮に俗称であるにせよ、明治4年(1871年)に「東」と命名されるまでは「甲鉄艦」と呼ばれていたことは確かであった。

「甲鉄艦」の最大の特徴は艦首にある衝角(ラム)で、艦首水線下に約7メートルも突きだし部分がある。海戦時には全速力で敵艦に向かい、この衝角を相手の側面にぶち当てて破口を穿ち、敵艦を浸水・沈没させるという戦術を前提としていた。

これを可能とするために、当時としては過大とも思えるほどの重装甲を船体に施している。

甲鉄艦は木造船ではあるが、木製の外板に約80ミリのチーク材を装甲鈑背材として取付け、これに装甲鈑をボルト締めして取付けている。装甲鈑はもっとも厚い部分で125ミリあり、さらにその上に32ミリの鉄板を取付けている。ケースメートには102ミリ～140ミリの装甲が施されていた。

こうして敵艦からの砲撃を跳ね返しつつ突撃するわけだが、これを容易にするために艦首部に300ポンドのアームストロング砲1門を搭載した。口径は25.4センチで前装式の施条砲である(滑空砲とする資料もある)。

また、建造時にはなかったが、新政府軍の運用時には甲板上にガトリング砲を備えていた。

船体も小さく、多くの武装を搭載できる艦ではないが、体当たり戦術に特化した特異な軍艦ということができるだろう。

「甲鉄艦」は宮古湾沖海戦、函館湾海戦に参加後、明治4年12月に「東」と改称され、沿岸警備任務に従事。その後、明治21年に廃艦となった。

甲鉄艦要目

艦名	甲鉄艦(東)
建造	アルマン・ブラザーズ造船所(フランス)
計画	文久3年
起工	文久3年
進水	元治元年
竣工	元治元年11月
除籍	明治21年1月28日

甲鉄艦要目

新造時

常備排水量	1,390t	速力	10.8kt
全長	56.92m	航続力	8ktで1,200浬
最大幅	9.91m	兵装	300ポンド前装砲×1、70ポンド前装砲×2
平均吃水	4.34m		
主機	直立1段膨張2気筒直動式×2	装甲	舷側114mm(水線部)、砲廓114mm
主缶	管入缶×2		
出力	1,200hp	乗員数	135名
軸数	2		

第二章 ● 日本海軍の誕生

「千代田」とは江戸城（現在の皇居）の美称であり、国産第一号の蒸気船の艦名として、ふさわしいものといえるだろう。

国産初の蒸気艦
苦難を乗り越えて完成
砲艦「千代田形」

■ 固定砲台より軍艦を

「千代田形」は国産初の蒸気機関搭載艦艇であり、設計から建造まで、すべて日本人だけで作りあげた記念すべき艦である。

建造にあたったのは、幕臣の小野友五郎である。小野は長崎海軍伝習所を経て、咸臨丸の航海長を努め、勝麟太郎らと渡米した経験を持つ。

黒船来航以来、江戸湾の防備は焦眉の急であり、お台場をはじめ、各地に砲台が建造されていった。しかし小野は固定砲台よりも、たとえ小型でも大砲を搭載した多数の軍艦を揃えることを主張し、軍艦奉行を通じて建言書を提出する。

だが、最初のうちはこの提言はなかなか認められなかった。唯一理解を示したのが軍艦奉行の井上美濃守で、井上は小野に対して実物の小型模型を作成することを許可する。

こうして万延元年（1860年）11月（旧暦）、小野は設計に取りかかり、1/20の模型を製作した。

この模型は小型ながら設計図どおりの見事な出来栄えであり、これによって万延2年1月、正式に軍艦の建造が認められ、文久2年（1862年）5月7日、石川島造船所において起工、翌文久3年7月2日に進水して「千代田形」と名づけられた。「形」と付けられたのは、この艦を第一号として30隻ほど同型艦を建造する計画だったためといわれるが、実際に建造されたのは「千代田形」1隻のみである。このため、「千代田形」がそのまま艦名となり、のちに新政府の所属になってからは「千代田形艦」という艦名となった。

■ 国産第一号は難産

進水まで順調に建造が進められた千代田形であったが、竣工したのは慶応3年（1867年）2月（慶応2年5月とする資料もある）とかなりの時日を要した。これは、建造に際して機関部を担当していた肥田浜五郎がオランダへ出張したり、第二次征長征伐があったりと、たびたび工事が中断されたためである。

このためあとから建造にとりかかった佐賀藩の「凌風丸」に追い抜かれての完成となってしまった。

「千代田形」は全長約30メートル、排水量138トンと小型ながら、蒸気機関1基を搭載し、出力60馬力で速力は5ノット。備砲は30ポンド砲1門と榴弾砲2門を搭載する。

いわゆる機帆船であり、通常航行は帆走によって行なわれる。艦の性能そのものは、当時欧米で建造されていた大型艦に比べるべくもないが、これまで近代艦艇の建造経験もない日本人が独力でここまで作りあげたことに大きな意義があった。

こうして苦労の末に竣工した「千代田形」は、慶応4年、旧幕府軍の榎本艦隊の一艦として蝦夷へ向かう。

そして新政府軍と戦うも、明治2年（1869年）5月の箱館海戦において座礁により放棄され、のちに離礁したところを新政府艦隊に鹵獲されている。その後、海軍籍に入り、一時は海軍兵学寮の練習艦としても使用された。

千代田形要目

艦名	千代田形
建造	石川島造船所
起工	文久2年5月7日
進水	文久3年7月2日
竣工	慶応3年2月
除籍	明治21年1月
解体	明治44年

千代田形要目

新造時			
常備排水量	138t	軸数	不明
全長	29.67m	速力	5kt
最大幅	4.88m	航続力	不明
平均吃水	2.03m	兵装	30ポンド砲×1、榴弾砲×2
主機	横置き2気筒直動式×1	装甲	不明
主缶	円型煙缶式×3	乗員数	51名
出力	60hp		

なにかの行事、あるいは祝日の光景なのか、船首から船尾まで信号旗を掲揚した満艦飾で停泊している「龍驤」。

熊本藩の水軍旗艦として建造 日本海軍主力艦となる
装甲コルベット「龍驤」

創設当時の日本海軍主力艦

「龍驤」とは、勢いよく進む龍が首を持ち上げる状態を表す古語である。

この勇壮な名を与えられた本艦は、慶応元年（1865年）、時の熊本藩藩主、細川護久の命によってイギリスに発注された装甲コルベットであった。

イギリス北部スコットランド、港湾都市アバディーンのホールラッセル社で建造された「龍驤」は明治2年（1869年）7月に竣工、日本に回航し明治3年3月に長崎港で熊本藩がいったん受領したが、そのまま4月に日本政府に献納され、明治5年の海軍省設立と同時に日本海軍所属となった。

3本マストにシップ型帆装（すべてのマストに横帆を備える形式）で木製船体ではあるが、砲撃に対し舷側の喫水線周辺に厚さ4.5インチ（114ミリ）の装甲を備えていた。排水量は1429トンと当時の日本海軍としては大型艦であり、「扶桑」が就役するまで日本海軍の主力艦となり、明治5年には明治天皇のお召艦として西国巡幸にも使用されている。

明治維新を経て近代国家としての歩みを始めた日本国であったが、その道のりは平坦ではなく、国内外にさまざまな問題が発生していた。

明治6年の政変をきっかけとした旧士族の反乱が佐賀県で勃発すると、「龍驤」は事変の鎮圧に向かう小松宮彰仁親王が乗艦して出動した。

続いて遭難した琉球船舶の乗員66名中54名が台湾の先住民族によって殺害され、これに対する派兵となった台湾出兵の事後交渉に出発。この時は総理大臣の大久保利通を乗せて清国に向かうなど、「龍驤」は各方面への行動を続けた。

明治13年9月、海軍兵学校の練習艦となった「龍驤」は兵員教育のため遠洋航海を実施した。

明治14年2月には約7ヶ月オーストラリアへ向けて航海、翌明治15年12月からは約10ヶ月ニュージーランド、チリ、ペルー、ハワイなど太平洋を周回して帰港している。

この航海中に乗組員から脚気の患者が多数発生、23名が死亡する事態となった。これを重要視した海軍は原因の調査と対策に乗り出し、海軍軍医の高木兼寛が兵員の食事に原因があることを突き止め、洋食の食事に切り替えたことから脚気の患者は減少していった。

この時、洋食に馴染めない兵員に出された料理のひとつがカレーライスである。これが今に続く海軍カレーの始まりとなった。

「龍驤」は明治18年の京城事変のため朝鮮半島周辺の海域に派遣、明治20年には3回目の遠洋航海を行なったが、老朽化によって明治21年には機関を撤去したあとに砲術練習艦として使用された。

明治26年12月に除籍、明治41年に売却解体されて長い艦歴を閉じた。

なお売却時に「龍驤」の艦首にあった装飾が取り外され保存されたが、これはのちの昭和8年（1932年）5月、「龍驤」の名前を受け継いで竣工した航空母艦の艦尾格納庫外壁に取り付けられている。

装甲コルベット「龍驤」要目

艦名	龍驤
建造	ホールラッセル社（イギリス）
計画	不明
起工	不明
進水	慶応元年
竣工	明治2年4月27日
就役	明治3年5月8日（献納）
除籍	明治29年4月1日
売却	明治41年
解体	不明

装甲コルベット「龍驤」要目

新造時

常備排水量	1,429t	航続力	不明
全長	65m	兵装	16.5cm単装砲×2　14cm単装砲×10
最大幅	10.5m		
平均吃水	5.3m	装甲	水線部装甲帯114mm　砲郭100mm
主機	レシプロ機関×1		
主缶	不明	乗員数	275名
出力	800hp		
軸数	1		
速力	9kt		

第二章 ● 日本海軍の誕生

停泊中の「日進艦」。前方に鋭く突き出し、外洋での航行に適したクリッパーバウと呼ばれる艦首の形状が明瞭だ。

国内最高の技術力を有した佐賀藩がオランダに発注した有力艦

スループ「日進艦」

■日本初の巡洋艦となった大型艦

「日進艦」を語るには、佐賀藩の藩士であり、のちに枢密院議長まで上り詰めた佐野常民の存在を外すことはできない。

佐賀藩士の家に生まれた佐野常民は、幕府が設置した長崎海軍伝習所の第一期生として教育を受けた。

佐野は佐賀藩の精錬方（今で言うところのハイテク開発担当部署）として軍事力の重要性を認識し、佐賀藩の海軍軍備を推進していく。

佐野は慶応3年（1867年）、パリで開催されたパリ万博に、幕府、薩摩藩とともに出展した佐賀藩の担当として渡欧。その帰路、オランダのドルトレクト市にあるギプス社に立ち寄り「日進丸」の建造を発注する。「日進丸」は明治3年（1870年）3月に日本に回航されて佐賀藩が受領したが、廃藩置県の余波を受け2ヶ月後の5月に政府に献納され、「日進艦」と改名して就役した。

排水量1468トンは、徳川幕府艦隊の旗艦「開陽」にはおよばないが相当な大型艦である。バーク型3本マストを備え、出力4710馬力という強力な機関を有している。

船体構造は若干旧式ではあるものの堅牢で、武装は17.8センチライフル砲1門、16センチ砲6門、4ポンド砲2門、12センチ臼砲1門と多彩である。

こうした性能から「日進艦」は、小型の艦艇が多い黎明期の日本海軍において実質的な主力艦と位置づけられていた。また、大型の船体は外洋航行も容易なため、国外派遣任務にも重用された。明治7年4月は台湾出兵、明治8年8月はロシア帝国との間で調印された樺太・千島交換条約の外交団を乗せ、ロシア領ハバロフスク港に入港している。

明治10年には西南戦争に出動、3月19日は熊本県八代海沿岸の日奈久にて、黒田清隆率いる1個大隊を艦砲射撃で援護しつつ上陸させ、かつ薩摩軍を攻撃した。

5月24日には鹿児島攻略作戦として、再び陸兵を上陸させている。その後は豊後水道に移動し、6月には大分県の臼杵を砲撃、7月には宮崎、8月には延岡と陸軍の進出に合わせて洋上を移動し、支援を繰り返した。

明治15年には、朝鮮で発生した壬午事変で日本公使館が襲撃され、邦人にも死傷者が出たことから警備の名目で朝鮮近海に出動している。

翌年の明治16年には巡洋艦に類別され、日本海軍初の巡洋艦となった。

混乱の火種が残る朝鮮半島では明治17年に改革派によるクーデター（甲申政変）が発生する。これを受けて再び朝鮮半島に出動、現地での警備活動を続けた。

明治18年より練習艦となった「日進艦」は訓練航海に多用されたが、明治25年老巧化により除籍、翌年に廃船となっている。

主力艦と呼ぶにふさわしい、活躍の多い生涯であったと言えよう。

スループ「日進艦」要目

艦名	日進艦
建造	ギプス社（オランダ）
計画	慶応3年
起工	明治元年1月23日
進水	明治2年2月20日
竣工	明治2年4月12日
就役	明治3年6月22日
除籍	明治25年5月30日
売却	明治26年8月30日
解体	不明

スループ「日進艦」要目

新造時

常備排水量	1,468t	航続力	不明
全長	62m	兵装	17.8cmライフル砲×1　16cm砲×6　4ポンド砲×2　12cm臼砲×1
最大幅	9.7m		
平均吃水	4.9m		
主機	横置レシプロ機関×1	装甲	なし
主缶	石炭専燃角型缶×4	乗員数	250名
出力	4,170hp		
軸数	1		
速力	9kt		

「第一丁卯丸」は慶応4年5月24日に起こった寺泊沖海戦では、薩摩藩の「乾行」とともに幕府軍の輸送船「順動丸」を自沈に追い込む殊勲をあげている。

使い勝手の良い小型砲艦
明治時代は測量艦として活躍

丁卯型砲艦

第一丁卯丸、第二丁卯丸

■ イギリス製の小型砲艦

「第一丁卯丸」「第二丁卯丸」は長州藩の軍艦であり、イギリスで建造された木造機帆船である。両艦の要目はほぼ同じため、本稿では丁卯型として筆を進めていきたい。

丁卯型はイギリスで建造されたが、もともと外国への売却を前提としていた。長州藩からの注文で造られたのか、造られたものを長州藩が購入したのかは不明だが、いずれにせよ慶応2年(1866年)に建造され、翌慶応3年に日本に回航された。「丁卯」という艦名は、十干十二支から取られた名で、購入年の慶応3年が丁卯の年にあたることから命名された。また、2隻同時に購入されたため、第一、第二と称した。なお、「第一丁卯丸」は英名を「ヒンダ(Hinda)」、第二丁卯丸は「アスンタ(Assunta)」という。

当時はこのように干支を艦名に当てはめることは珍しくなく、長州藩の軍艦ではほかに「庚申丸」などもこれに該当する。

■ 後年は測量艦に

丁卯型は艦種的にはスクーナーで、一般的には砲艦として扱われる。

出力は60馬力で速力は5ノット、排水量は236トン(125トンとする資料もある)である。

備砲として5.9インチ砲1門と5.5インチ砲1門(後装砲)を搭載するが、もっと多くの砲を搭載していたとする資料もある。おそらく上記の備砲数は建造時のもので、運用にあたって増加配備したものと思われる。

なお、幕末から明治維新の艦艇にはさまざまな大砲が装備され、20ポンド砲、40ポンド砲という記述を目にすることも多い。○ポンドは大砲の口径を意味しており、例えば20ポンドの鉛で作られた砲弾を発射する大砲を20ポンド砲と呼んでいた。つまり砲弾の重量が、砲の口径と名前を定義したといってよいだろう。

この時代の砲弾は球状、鉛で製造されていたが、のちに流線型の弾丸となり、○ポンド砲という呼称は消えていった。だが、イギリス軍だけは第二次世界大戦まで6ポンド砲などの名称を兵器に与えていた。1ポンドは約453グラムである。

「第一丁卯丸」「第二丁卯丸」はともに戊辰戦争に従事し、新政府艦隊の一翼として箱館湾海戦に参加。

そして戊辰戦争終結後の明治3年(1870年)5月に明治政府に献納され、「第一丁卯艦」「第二丁卯艦」と名を改めた。

その後、明治5年にプロシアのアレキシス第三皇子を迎えて行なわれた海軍操練展覧には「第一丁卯艦」が参加している。

明治5年以降、丁卯型はともに測量艦として各地の測量任務に就いた。

明治8年、「第一丁卯艦」は北海の密漁取締まりに派遣されるが、折りからの暴風に遭い、操船を誤って座礁し、艦は沈没してしまった。ちなみにこの時の艦長は坪井航三少佐で、のちの日清戦争では第1遊撃隊司令官となった人物である。坪井少佐はこの座礁事故のため、35日間の閉門(謹慎)処分を受けている。

「第二丁卯艦」は明治8年、江華島事件に際して釜山に派遣され、その後も西南戦争に従軍しているが、これといった活躍はしていない。

そして明治18年4月3日、志摩半島安乗崎沖で座礁、沈没した。

第二章 ● 日本海軍の誕生

小型で武装も貧弱な「第二丁卯丸」は攻撃任務には向かないものの、有事の際に初動で送り込むには便利だった。そのため、西南戦争や江華島事件の際に派遣されている。

丁卯型砲艦要目

艦名	第一丁卯丸
建造	ロンドン
竣工	慶応3年
沈没	明治8年8月9日

艦名	第二丁卯丸
建造	ロンドン
竣工	慶応3年
沈没	明治18年4月3日

丁卯型砲艦要目

新造時

常備排水量	236t	軸数	不明
全長	36.58m	速力	5kt
最大幅	6.40m	航続力	不明
平均吃水	2.29m	兵装	5.9インチ砲×1、5.5後装砲×1（第二丁卯：6.5インチ後装砲×2)
主機	横置き直動式×1		
主缶	不明	装甲	不明
出力	60hp	乗員数	85名

長州藩の主要艦船

あ	乙丑丸	た	第二丙寅
か	癸亥丸		丁卯
	庚申丸		丙寅丸
た	第一丁卯	は	丙辰丸
	第二丁卯		

「第一丁卯丸」「第二丁卯丸」ほか、長州藩の艦船は、艦船を建造または購入した年度の十干十二支に則って命名されている。「丁卯」や「丙寅」などのように、複数の艦船を保有した年は「第二」を付けるなどの差別化がなされている。

干支／十干十二支

①	②	③	④	⑤	⑥	⑦	⑧	⑨	⑩
甲子	乙丑	丙寅	丁卯	戊辰	己巳	庚午	辛未	壬申	癸酉
⑪	⑫	⑬	⑭	⑮	⑯	⑰	⑱	⑲	⑳
甲戌	乙亥	丙子	丁丑	戊寅	己卯	庚辰	辛巳	壬午	癸未
㉑	㉒	㉓	㉔	㉕	㉖	㉗	㉘	㉙	㉚
甲申	乙酉	丙戌	丁亥	戊子	己丑	庚寅	辛卯	壬辰	癸巳
㉛	㉜	㉝	㉞	㉟	㊱	㊲	㊳	㊴	㊵
甲午	乙未	丙申	丁酉	戊戌	己亥	庚子	辛丑	壬寅	癸卯
㊶	㊷	㊸	㊹	㊺	㊻	㊼	㊽	㊾	㊿
甲辰	乙巳	丙午	丁未	戊申	己酉	庚戌	辛亥	壬子	癸丑
51	52	53	54	55	56	57	58	59	60
甲寅	乙卯	丙辰	丁巳	戊午	己未	庚申	辛酉	壬戌	癸亥

停泊中の「鳳翔」。ほかの艦の写真と比べるとマストの高さが目につくが、これは排水量321トンという小さな船体ゆえである。

小艦艇ながら40年間も働いた功労艦
砲艦「鳳翔」

■新造艦として明治初期に活躍

「鳳翔」は長州の山口藩が、明治元年（1868年）にイギリス北部の都市アバディーンの造船所に発注した排水量321トン、バーク型3本マストを備えた小型砲艦である。

慶応から明治に改元される混乱期でありながらも山口藩は、「鳳翔」と「雲揚」を英国に注文し、自藩の装備を充実させようとしていた。

当時の艦艇取得は、外国商人から完成済み（時によっては中古品）の戦闘艦を購入するのが一般的であったが、「鳳翔」と「雲揚」は仕様を定めて発注という形式をとっている。つまり建造に一定期間かかり、なおかつ日本までの回航日程も加えると、受領は発注から数年後となる。

明治3年、長崎で受領された時には「鳳翔丸」と命名されたが、翌明治4年に山口藩から日本政府に献納され軍艦「鳳翔」と改名の上で就役した。武装は100ポンド砲（16センチ砲）1門と伝えられる。

極初期の日本海軍を構成したのは諸藩からの献納艦であったが、老朽艦が多く、実質的な戦力とは言えなかった。

このため、建造直後の「鳳翔」は、数少ない新造艦として各地の戦いに投入されることになる。

明治7年の佐賀の乱や、海を越えて台湾出兵に参加。明治8年には、朝鮮半島で発生した江華島事件（雲揚号事件）を受けて、朝鮮半島南部の釜山に進出、在留邦人の保護任務に就いた。これは翌年まで続き、整備のため一時帰国したものの、再び釜山に進出して任務を続行している。

明治10年の西南戦争では海軍部隊の一艦として参加、陸兵の輸送だけでなく艦砲射撃による作戦支援に出動した。

西南戦争後は、徐々に艦艇が増備されていったため練習艦となった。海軍が拡大を続けるなか、艦艇乗員を育てることで日本海軍を影から支え続けていったのだ。

10年以上練習艦として使われた「鳳翔」だが、明治27年に勃発した日清戦争では呉港、長崎港の警備艦として後方任務に復帰した。この時期には備砲を40ポンド砲1門と20ポンド砲2門としていた。

実際に砲火を交えることはなかったが、こうした警備も重要な任務であり、建造後26年が経過して老朽化が進んでいた「鳳翔」も小艦ながら国土防衛の一翼を担った。

日清戦争終結後の明治31年、二等砲艦に類別変更されたが翌年には除籍となって現役から退き、雑役船とされた。

驚くことに「鳳翔」はその後7年間も海軍で使用され続け、明治39年に廃船、翌年に売却解体されて40年におよぶ長い歴史に終止符を打ち、世界初の航空母艦にその名前を譲った。

砲艦「鳳翔」要目

艦名	鳳翔
建造	造船所不明（イギリス）
計画	不明
起工	不明
進水	明治元年
竣工	明治2年
就役	明治4年5月18日
除籍	明治32年3月13日
売却	明治40年4月9日
解体	不明

砲艦「鳳翔」要目

新造時

常備排水量	321t	航続力	不明
全長	36.7m	兵装	100ポンド砲×1
最大幅	7.4m	装甲	なし
平均吃水	2.4m	乗員数	90名
主機	横置2汽筒レシプロ機関×1		
主缶	円缶×2		
出力	110hp		
軸数	1軸		
速力	7kt		

第二章◉日本海軍の誕生

兵員輸送と上陸作戦にも参加した「孟春」。船体が小さく陸兵を搭乗させる舟艇が搭載できないため、揚陸地点までは船尾に舟艇を曳航して移動したという。

新鋭の小型砲艦
のちに測量業務にも従事

砲艦「孟春」

■ 鉄骨木皮の堅艦
■ 日本初の艦隊行動

「孟春」とは聞きなれない言葉だが、春の始め、旧暦の正月を意味する言葉である。

前身は慶応3年（1867年）、イギリスのロンドン近郊で建造された357トン、3本マストのスクーナーで、慶応4年に佐賀藩が長崎にて購入、「孟春丸」と命名した。武装は70ポンド砲4門、小口径砲2門と、小艦ながらも侮れない実力を持っており、船体の構造にも注目すべき点があった。従来の艦船は木造構造であったが、「孟春丸」は船体を支える強度部材を鉄骨として、その上から木材による外板で船体を構成している。

いわゆる鉄骨木皮と呼ばれる形式であるが、当時としては画期的な構造で、船体外板の腐食が発生しても船殻の強度は低下せず、外板を交換することで船自体の寿命が伸びた。

佐賀藩が購入した直後から行動を開始、鹿児島藩の「豊端丸」、久留米藩の「雄飛丸」とともに大阪から横浜まで自藩の陸兵を輸送、これが日本初の艦隊行動とされている。

のちに東京湾から脱出した、榎本武揚が率いる反政府軍（旧幕府軍）の軍艦を追跡し、箱館に至る。この時、同時に行動していたのは「甲子丸」「延年丸」の2隻で「孟春丸」を含めすべて佐賀藩の艦艇であった。

その後、東北地方の太平洋沿岸で行動するが、明治2年（1869年）に岩手県の宮古湾内、鍬ヶ崎にて荒天により座礁、修理を経て復帰し、明治4年には佐賀藩から日本政府に献納されて艦名を「孟春」に改めた。

献納艦が多かった黎明期の日本海軍では、老朽化した艦が多く、使用に耐えず除籍となる例があいついだ。

その中で新造艦であった「孟春」は、小艦であっても運用しやすい存在として戊辰戦争以降も各種の作戦に参加することになる。

まず明治7年4月、台湾出兵に参加。明治8年には、朝鮮の江華島から沿岸を測量中であった日本海軍の「雲揚」が攻撃を受ける事件が発生し、これに対する警備監視の任務を帯びて朝鮮近海に派遣される。

明治10年には西南戦争に出動、3月19日は熊本県の日奈久にて僚艦「日進」（こちらも旧佐賀藩の艦である）とともに陸兵を揚陸しつつ艦砲射撃でこれを援護している。

この戦役が終わると、小型の船体である利点を生かして国内各地の沿岸測量に従事する。

日本公使館が襲撃され、邦人に死傷者が出た明治15年の壬午事変では、再び朝鮮近海に出動し、警備に従事した。ちなみにこの時も、「日進」が行動を共にしている。

「孟春」は明治20年に除籍となるが、逓信省管轄の商船学校（今の東京商船大学）の係留訓練船「孟春号」として再出発した。

しかし明治29年に廃船となり、神奈川県の港務部へ移管されて検疫番船「孟春号」として使われたという。

小艦ながら主力艦と呼べる、よく働いた艦であった。

砲艦「孟春」要目

艦名	孟春
建造	造船所不明（イギリス）
計画	不明
起工	不明
進水	慶応3年
竣工	慶応3年
就役	明治4年5月
除籍	明治20年10月8日
売却	明治20年10月8日
解体	不明

砲艦「孟春」要目

新造時

常備排水量	357t	航続力	不明
全長	44.5m	兵装	砲×4（詳細不明）
最大幅	6.6m	装甲	なし
平均吃水	2.5m	乗員数	不明
主機	不明		
主缶	不明		
出力	191hp		
軸数	不明		
速力	12kt		

「雲揚」は現存する写真がなく、当時描かれた絵画を艦影として掲載する。艦上の人影から、「雲揚」の小さな船体が実感できるだろうか。

小さいながらも新造艦
使いやすく各地に派遣される

砲艦「雲揚」

■朝鮮開国の契機となる「雲揚号事件」

「雲揚」は長州の山口藩が明治元年にイギリス北部の都市アバディーンのハル社に発注した、排水量245トン、2本マストの小型砲艦である。

武装は16センチ砲1門、14センチ砲1門と伝えられている。

明治3年（1870年）に長崎港で受領され「雲揚丸」と命名、翌年には日本政府に献納され軍艦「雲揚」として就役した。この時「雲揚」の船体側面には、毛利家の家紋「一文字三つ星」の紋章が施されていたという。

元号が慶応から明治に変わる激動の時期、徳川幕府や諸藩は海上戦力を充実させるべく諸外国に軍艦の発注を行なったが、納入まで数年が必要で、日本に到着した時には版籍奉還、廃藩置県が施行されており、最終的には日本政府が受け入れた。

しかし、献納された各地からの艦は老巧化（当時の軍艦は木造が多く、実戦に使用できるのは竣工後8年程度であった）が目立ち、そのため艦齢の若い「雲揚」は重宝され、小艦ながらも明治7年の佐賀の乱に対する鎮圧作戦など、明治初期の海軍作戦に参加する。

明治8年、日本政府は鎖国政策を続ける朝鮮との国交交渉のため、朝鮮半島南部の釜山に外交官の森山茂を派遣するが、朝鮮側との認識の相違によって交渉は難航する。

この事態を予測した日本政府は「雲揚」と、のちに合流する「第二丁卯」を測量と航路調査の名目で、釜山に移動させる。予断ながらもと長州の山口藩から献納された両艦が、対岸の釜山に集結したことは、何か象徴的な事実ではある。

「雲揚」「第二丁卯」は朝鮮側に事前通告のうえ演習などを行ない、外交圧力をかける。だが交渉は平行線となったため、「雲揚」と「第二丁卯」はこうした任務から外れ、朝鮮半島海域の測量と航路調査を開始した。

朝鮮半島西岸を調査しながら北上した「雲揚」は、漢江河口にある江華島の砲台の攻撃を受けるが、これに反撃して交戦状態となり、朝鮮側の砲台を占拠する。

「雲揚号事件」と呼ばれたこの局地戦が、明治9年に締結された日朝修好条規を築く端緒となったことは注目に値する。この時の「雲揚」艦長は、のちの海軍元帥である井上良馨であった。

朝鮮半島から帰還した「雲揚」は訓練と保守整備を行なっていた。

しかし明治9年、長州、萩の乱（「雲揚」を購入した山口藩の士族による反乱）が発生。この鎮圧を命じられて出動した「雲揚」は、紀州（和歌山県）沖合いで座礁して沈没し、就役から5年という短い艦歴に終止符を打つ。

長州がらみの事件で沈没とは、なんとも因縁深い最後であった。

砲艦「雲揚」要目

艦名	雲揚
建造	ハル社（イギリス）
計画	不明
起工	不明
進水	明治元年
竣工	明治元年
就役	明治4年6月8日
沈没	明治9年10月31日
除籍	明治9年
売却	明治10年5月14日
解体	不明

砲艦「雲揚」要目

新造時

常備排水量	245t	兵装	16cm砲×1　14cm砲×1
全長	37m	装甲	なし
最大幅	7.5m	乗員数	不明
平均吃水	不明		
主機	不明		
主缶	不明		
出力	106hp		
軸数	不明		
速力	不明		
航続力	不明		

アジア・アフリカで植民地を経営する列強各国の警備艦は、安定した船体と居住性を重視した軽武装の艦が多かった。イギリスより導入した「筑波」も同様である。

木造艦としては驚異的な
48年という艦齢を記録

コルベット「筑波」

10回もの遠洋航海で海軍将兵を育てる

「筑波」はもとイギリス海軍の木造コルベット「HMS Malacca（マラッカ）」で当時の英領ビルマ（現ミャンマー）の港湾都市モールメン（現モーラミャイン）で建造され、嘉永7年（1854年）に竣工した。

基準排水量1947トン、3本のマストを備えてシップ型の帆装を持っていた。武装は時期によって変遷しているが、16センチ砲8門という記録が残されている。

当時、イギリスの植民地であったビルマの警備用に現地で建造されたが、搭載機関や武装などは本国から輸送されたものを使用している。

建造から17年が経過した本艦を明治4年（1871年）、日本政府が購入し「筑波」と命名した。

この時期、日本海軍は諸藩からの献納艦と徳川幕府から引き継いだ艦船で構成されていたが、1000トン未満の小型艦が多く老朽化も進んでいた。

また、海軍の拡充に伴って将兵の教育も必要とされたため、建造後17年ながらも比較的良好な状態を保ち、かつ外洋での航海にも耐えられるとして「筑波」が導入されたのである。

「筑波」は明治6年に清国周辺への訓練航海を実施、明治8年には太平洋を横断して、北米までの遠洋航海を行なった。

以降、明治10年にはオーストラリアを往復して初めて赤道を越えた日本軍艦となり、明治11年は東南アジア各地を巡航。明治13年、再び北米までの往復航海を実施し、明治15年は東南アジアからオーストラリアまで、明治17年には北米から南米まで航海して帰国している。

明治19年はオーストラリアを経由して南太平洋を北上、ハワイを通過する遠大な航路で訓練を行ない、明治20年は往路が太平洋横断、復路が中米から南太平洋を経由する航海となった。

明治23年には清国周辺から日本海を抜けハワイまで航海したが、これが最後の遠洋航海となった。

こうして実に10回もの航海を実施して日本海軍の将兵を鍛え上げた「筑波」は、教育分野での殊勲艦と言ってよい。

明治27年に勃発した日清戦争では、建造後40年を経過していたこともあり、「筑波」の任務は後方での警備と港湾防衛任務であった。

その後はもっぱら訓練用に使われていたが、明治31年に三等海防艦に類別される。

明治37年、日露戦争開戦時も「筑波」は現役艦であったが艦歴は47年に達し、老朽化が進んでいた。

翌年の日本海海戦による連合艦隊の大勝利を見届けるかのように「筑波」は除籍され、48年という長い生涯を終えたのであった。

コルベット「筑波」要目

艦名	筑波
建造	造船所不明（イギリス領ビルマ）
計画	不明
起工	嘉永4年
進水	嘉永6年4月9日
竣工	嘉永7年
就役	明治4年6月10日
除籍	明治38年
売却	明治39年
解体	不明

コルベット「筑波」要目

新造時

常備排水量	1,947t	航続力	不明
全長	58.2m（垂線間長）	兵装	16cm砲×8
最大幅	10.6m	装甲	なし
平均吃水	5.5m	乗員数	301名
主機	レシプロ機関×1		
主缶	不明		
出力	526hp		
軸数	1		
速力	10kt		

帆装を展開して航行中の「浅間」のスケッチ。無風状態のためか帆は風を受けておらず、機走で航行している。

大日本帝国の全権を受けて
国際条約の締結に関わった儀礼艦
砲艦「浅間」

北海道開拓使から日本海軍の軍艦へ

「浅間」は明治元年（1868年）にフランスで建造された。排水量1422トン、3本のマストにシップ型の帆装を持った、ペルー船籍の船（船名はイングランドとも伝えられている）を神奈川県が購入し「雑喜丸」と命名したのがその前身である。

なお、この神奈川県は現在と異なり、横浜開港に合わせて設置された神奈川奉行所が組織変更に伴って改名したもので、港を中心とした半径40キロ以内の地域をさしている。

明治5年、「雑喜丸」は北海道開拓使に移管され「北海丸」と再度改名して使用された。戊辰戦争以降、北海道の開拓は国策として進められていたが、移民の輸送と北海道の産品を運ぶ海上輸送は外国船を使う場合が多く、輸送コスト削減を目的として外国からの船舶購入と国内船舶の移管が行なわれている。勝海舟一行を米国まで運んだ「咸臨丸」も、この頃に北海道開拓使として使われている。

明治7年4月、「北海丸」は海軍省所属となり「浅間」と改名される。

備砲は17センチ砲8門、11.4センチ砲4門と有力であった。大型の船体は北方海域の外洋航海に耐えられるため、千島・樺太交換条約が締結された時には樺太の大泊に儀礼艦（文字通り国家間の儀礼を交換する目的の艦）として派遣されている。

日本とロシアとの国境は、安政元年の日露和親条約で千島列島は択捉島以南が日本領、以北の島々はロシア領として国境が確定していたが、樺太については国境未確定の状況が明治初期まで続いていた。

サンクトペテルブルクで行なわれたロシアとの折衝では、榎本武揚が日本側全権特命大使となり、千島全島を日本領、樺太をロシア領とする千島・樺太交換条約が締結された。

しかし膨張政策をとるロシアは北方海域での軍事活動を継続し、このため日本海軍は漁民保護を目的とした艦艇を、北海道周辺に常駐させることにしている。

その後、萩の乱に続いて明治10年の西南戦争に出動した。この際は沿岸の陣地や砲台を海上から艦砲射撃して陸兵を援護したが、時には陸兵を乗せて輸送も行なったという。

西南戦争が終わると、練習艦となって機関を撤去（帆装による航行は可能）し、この状態で10年以上に渡って海軍将兵の育成に務めた。

明治22年、最後となる艦長として東郷平八郎大佐が着任した。言うまでもなく、のちに連合艦隊司令長官として日本海海戦を指揮する名将である。東郷艦長が指揮する「浅間」は軍艦としての使命をまっとうし、明治24年に除籍された。

その後船体は横須賀港に係留され海軍水雷部隊の訓練用教材として使われていたが、明治29年に売却解体されている。

砲艦「浅間」要目

艦名	浅間
建造	グリーン造船所（イギリス）
計画	不明
起工	不明
進水	不明
竣工	明治元年
就役	明治7年7月26日
除籍	明治24年3月3日
売却	明治29年12月
解体	不明

砲艦「浅間」要目

新造時			
常備排水量	1,422t	航続力	不明
全長	69.7m（垂線間長）	兵装	17cm砲×8、11.4cm砲×4
最大幅	8.8m	装甲	なし
平均吃水	4.3m	乗員数	不明
主機	レシプロ機関×1		
主缶	不明		
出力	300hp		
軸数	1		
速力	11kt		

第二章 ◉ 日本海軍の誕生

建造には幾多の困難が発生したと伝えられる「清輝」であるが、戊辰戦争からわずか5年後に、本格的な軍艦を起工している維新のバイタリティには脱帽せざるを得ない。

日本で最初に建造され最初に欧州に派遣された軍艦
スループ「清輝」

■ 初の国産軍艦は横須賀で産声をあげる

「清輝」は3本マストにバーク型の帆装を持つ、排水量898トンのスループである。武装は15センチ砲1門と、小口径砲10門を持つ。

明治初期の日本海軍艦艇は、幕府と国内諸藩が保有していた大小各種の艦を集めて構成されていたが、隻数はそれなりにあったものの老朽化した艦が多いため、戦力としては頼りない面があった。

当時の日本政府は厳しい財政状況であったが、海軍力の増強を決意し、イギリスに「扶桑」「金剛」「比叡」の3隻を発注。さらに国内では明治6年(1873年)、工事が完了したばかりの横須賀製鉄所(のちの横須賀海軍工廠)にて「清輝」と「迅鯨」の建造を開始した。

起工は「迅鯨」の方がわずかに早かったが、こちらは外海で使用されるお召艦として建造された関係上、工期が長くなった。

これに対し、2ヶ月遅れで起工した「清輝」が早く竣工し、初の国産軍艦となった。

「清輝」は堅牢な船体であり、運動性能も優れていたことから、のちの国産軍艦のタイプシップとなり、「清輝」以降に建造された国産軍艦は「天城」(926トン)、「海門」(1375トン)、「天龍」(1534トン)と、同形式をとりながらも大型化していく。

竣工から2年、「清輝」は日本海軍艦艇として初めて、ヨーロッパへの遠洋航海に旅立つことになる。

明治11年1月17日に品川を出発した「清輝」は、南シナ海を南下して香港、シンガポールに寄港。続いてインド洋を横断し、スエズ運河経由で地中海に入る。ここからマルタ、ナポリ、ジェノバ、ツーロン、マルセイユと各国の港をめぐりつつジブラルタル海峡を通過、大西洋に出てからはリスボン、フェロルを経由してイギリスに到着した。

帰路はポンペイなども経由してダルターネルス海峡から黒海に入り、コンスタンチノーブルなどを経て再びインド洋を横断、ペナンやマニラを経由しながら明治12年4月、無事に帰国している。

この航海には造船担当者も同行し、西洋の優れた技術を吸収して帰還したことが、日本海軍艦艇建造のレベルアップに役立っている。

遠洋航海以降の「清輝」は、東シナ海での行動が多くなる。

明治14年7月から翌年4月まで、釜山周辺で在留邦人の保護にあたり、明治15年8月には朝鮮事変に対応して仁川に向かう。帰路は清国の港湾都市である、煙台の偵察も行なった。

明治18年にも在留邦人の保護任務として、上海周辺と華南方面を行動したが、明治21年12月に駿河湾で座礁して短い生涯を終えた。

なお「清輝」が建造された横須賀製鉄所の施設は、当時の設備にクレーンなどが追加されて、今でも現役で使用されている。

スループ「清輝」要目

艦名	清輝
建造	横須賀製鉄所
計画	不明
起工	明治6年11月20日
進水	明治8年3月5日
竣工	明治9年6月21日
就役	不明
沈没	明治21年12月7日
除籍	不明

スループ「清輝」要目

新造時

常備排水量	897t	速力	9.5kt
全長	61.2m(垂線間長)	航続力	不明
最大幅	9.3m	兵装	15cm砲×1　12cm砲×1　6ポンド砲×1
平均吃水	4m		
主機	レシプロ機関×1	乗員数	不明
主缶	不明		
出力	443hp		
軸数	1		

この「雷電」ほど、波乱万丈な艦歴を持つ艦は珍しい。反政府軍に属して箱館海戦で大破しながらも復帰、軍籍を離れてからも長く使われ続けている。

「皇帝」の名を持つ
武装小型帆船

蒸気船「雷電」

■ヴィクトリア女王から贈与された「皇帝」

安政3年（1856年）、英国のブラックウォールにあるグリーン造船所で建造された、3本マストの小さなスクーナー（横帆を持たない小型帆船）は「Emperor（エンペラー）」と命名され、日本に回航された。

当時の記録によれば、砲6門を搭載した木造蒸気船とある。

この艦を受け取った徳川幕府は艦名を「蟠竜」と改め、幕府の軍艦として正式に就役させた。

慶応4年（明治元年）8月、旧幕臣の榎本武揚が率いる脱走軍（のち蝦夷共和国軍）は、品川沖に停泊中だった艦艇に分乗して江戸から脱出し仙台、続いて箱館に向かった。これに「蟠竜」も同行する予定であったが荒天と機関の故障によって修理を余儀なくされ、単艦で行動することになる。

箱館に合流後、「回天」とともに、新政府軍が追撃に投入した新鋭艦「甲鉄」の襲撃・捕獲作戦を宮古湾において実施するものの、失敗して箱館まで撤退する。

年が明けて明治2年（1869年）4月、新政府軍は箱館の共和国軍への攻撃を開始した。この時点で共和国軍の戦闘艦艇は、荒天で「開陽」を喪失したため「蟠竜」「回天」「千代田形」の3隻のみとなっていた。

この3隻は劣勢にも関わらず奮戦し、「蟠竜」は砲撃によって「朝陽」を撃沈する。しかし機関の故障が発生し、搭載した砲弾も戦闘により射耗したため、沿岸部の浅瀬に乗り上げて自焼し、乗員は退避した。

しかし、箱館海戦後に大破半焼の状態で沿岸に放置された「蟠竜」を英国人が購入し、上海に曳航して船体の大部分を修理・改造する。

3本あったマストは2本となり、甲板上の構造物も一新されている。そして再び日本に回航された「蟠竜」は明治6年6月、宿縁が強いのか北海道開拓使が買い上げて「蟠竜丸」と命名し日本での活動を再開する。

のちに「蟠竜丸」は「雷電丸」と改名されたが、明治10年2月に海軍省の所属となり軍艦籍に復帰、艦名も「雷電」と改め東海鎮守府所属となった。

帝国海軍時代の「雷電」は、戦闘艦ではなく、海軍機関学校の練習船として使用された。これが黎明期の機関部乗員を育成し、技術発展の素地を培ったことは言うまでもない。

明治20年1月に除籍された「雷電」は民間に払い下げられ、高知県で捕鯨船として使用され、さらにその後は民間輸送船となる。

幾多の所有者を経て老巧化が著しい「雷電」は明治30年に大阪の難波島前川造船所で解体され、数奇な運命を閉じた。

ヴィクトリア女王統治の英国から「皇帝」の名前を授けられて贈与された「蟠竜」は小艦なれども、その名に恥じない働きぶりであった。

蒸気船「蟠竜」要目

艦名	蟠竜
建造	グリーン造船所（イギリス）
計画	不明
起工	不明
進水	不明
竣工	安政3年
就役	明治10年2月24日
除籍	明治22年1月28日
売却	明治22年
解体	明治30年

蒸気船「蟠竜」要目

新造時

常備排水量	370t	航続力	不明
全長	42.2m	兵装	12ポンド砲×10、6ポンド砲×2
最大幅	6.4m		
平均吃水	3.2m	装甲	なし
主機	不明	乗員数	58名
主缶	不明		
出力	60hp		
軸数	不明		
速力	7.7kt		

「金剛」「比叡」の建造に際しては、佐双佐仲（日露戦争時の艦政本部第三部長）が技術者として加わり、リードの指導を直接受けて工事を監督している。

初期の日本海軍を支えた主力艦
諸外国との修好にも活躍

金剛型コルベット

金剛、比叡

近代巡洋艦の嚆矢

初代金剛型の2隻、「金剛」「比叡」は、「扶桑」とともに外国に発注された初めての新型有力艦である。二代目にあたる巡洋戦艦の「金剛」が外国へ発注した最後の軍艦というのも、なにかの縁であろうか。

当時、横須賀海軍工廠ではすでに国産軍艦の建造が開始されていたが、これは「清輝」や「天城」など、1000トンクラスの中型艦であった。

しかし、明治新政府を取り巻く世界情勢、ことに隣国の清国とは朝鮮半島権益をめぐって対立の度を深めていたことから、海軍は強力な軍艦を早期に整備する必要があった。

そこで、当時軍艦建造にかけては世界第一といってもよいイギリスに、「扶桑」「金剛」「比叡」の3隻を発注することになったのである。

金剛型の設計にあたったのはイギリスのサー・エドワード・リードであり、建造に際してイギリスのエメラルド級コルベット、およびロシアのジェネラル・アドミラル級装甲巡洋艦をベースにしたといわれる。

さらに日本からは佐双佐仲（日露戦争時の艦政本部第三部長）が技術者として加わり、リードの指導を直接受けて工事を監督している。

こうして金剛型2隻は明治8年（1875年）9月に起工され、「金剛」は明治11年1月、「比叡」は同年3月に竣工した。

金剛型は鉄骨木皮艦（船体の枠組みを鉄骨で作り、船体を木材で覆った船）ではあるが、主要部分には装甲を施し、舷側部の水線帯を中心として3〜4.5インチの鋳鉄甲鈑を装着している。

その意味では金剛型はのちの装甲巡洋艦の祖先ともいえる。

一回り大きい「扶桑」に比べて金剛型の武装はやや劣るものの、主砲として17センチ・クルップ砲3門のほか、舷側には15センチ・クルップ砲が片舷に3門ずつ配置されていた。

また、新造時には見送られたものの、のちに艦首部に朱式（シュバルツコプフ式）魚雷とその発射管が装備されている。

主機はレシプロ蒸気機関1基を搭載し、出力は2035馬力で速力は13.7ノット。扶桑よりやや優速であったが、この頃はまだ機帆併用であった。

トルコ軍艦救助の殊勲へ

明治20年、修好のために来日していたトルコ公使を乗せたエルトゥールル号が紀州沖で沈没するという事故があった。この時、救助された乗員をトルコまで送り届けることになり、「金剛」「比叡」の2隻がその任務にあたった。

両艦は救助された69名の乗員を乗せてトルコに向かい、明治24年1月2日にイスタンブールに到着、乗組員は最大級の歓待を受けた。

その後、金剛型2隻は日清・日露戦争に従軍し、戦後は練習艦などを務め、明治31年3月21日に三等海防艦に類別変更、「金剛」は明治42年7月20日、「比叡」は明治44年4月1日に除籍された。

金剛型コルベット各艦要目

艦名	金剛	艦名	比叡
建造	アールス造船会社 ハル造船所（イギリス）	建造	ミルフォード・ヘブン造船会社 ペンブローク造船所（イギリス）
起工	明治8年9月	艦籍	明治8年9月
進水	明治10年4月	起工	明治10年12月6日
竣工	明治11年1月	進水	明治11年2月25日
除籍	明治42年7月20日	除籍	明治44年4月1日

金剛型コルベット要目

新造時

常備排水量	2,250t	軸数	1
全長	67.1m	速力	13.7kt
最大幅	12.5m	航続力	不明
平均吃水	5.3m	兵装	20口径17cm単装砲×3、15cm単装砲×6
主機	レシプロ蒸気機関×1		
主缶	石炭専焼煙缶×6	装甲	舷側部137mm
出力	2,035hp	乗員数	286名

「扶桑」が参戦した黄海海戦は、重武装だが低速力の本隊と、軽武装で高速力の遊撃隊という艦隊編成が功を奏し、日本海軍の基本戦略を確立することになった。

アジア最強の装甲艦
お召艦や海軍卿座乗艦にも供される
装甲コルベット「扶桑」

日本海軍初の戦艦となった「扶桑」

「扶桑」とは、東海の日出づる国を意味する日本国の美称であり、この名が与えられたのは、明治政府が初めてイギリスに発注した戦闘艦3隻のうち、最大最強の装甲コルベットであった。

明治8年（1875年）に発注された「扶桑」はイギリスのロンドン近郊にあるサミューダ・ブラザーズ社で建造され竣工後、明治11年6月に日本に回航された。米海軍より購入した「東」に続く2隻目の装甲艦（当時の軍艦は木造が標準である）となった「扶桑」は、3本マストにバーク型の帆装を持っていた。通常は帆船として行動、戦闘時などは格納式の煙突を艦内より引き出し、出力3500馬力の機関によって13ノットを発揮した。

大型の艦載砲を収容する砲塔という概念が無かった時代の設計であったため、船体中央部の「砲郭（ケースメート）」と呼ばれる装甲が施された部分にドイツクルップ社の24センチ砲を4門搭載した。このため片舷に発砲できるのは船体真横方向のみ2門、前後に角度が付くと1門だけ、また艦首と艦尾方向には発砲できないという制約があったが、後年清国海軍が購入した「定遠」「鎮遠」がドイツより回航されるまでアジア各国で最強の戦闘艦であった。

竣工後は東海鎮守府の常備艦として配備されたが、時に応じてお召艦や海軍卿座乗艦の任務にも就いた。「扶桑」は就役後も装備の更新を続けて、日清戦争の黄海海戦に参戦。しかしほかの艦よりも劣速であったため、艦隊運動に追従できず戦闘海面で孤立化してしまう。これを見た清国海軍の戦艦「定遠」と装甲巡洋艦「来遠」は「扶桑」に衝角攻撃を仕掛けるが、これを「扶桑」は敵中突破という大胆な操艦で回避する。

日清戦争の終結後、呉の海軍工廠で再度の改装を受けた「扶桑」は、日本海軍で初めてとなる二等戦艦に類別された。日露戦争にも参戦するが、老巧化の影響もあって警備などの後方任務に従事し明治41年に除籍されている。

装甲コルベット「扶桑」要目

艦名	扶桑
建造	サミューダ・ブラザーズ社（イギリス）
計画	明治8年
起工	明治8年9月24日
進水	明治10年4月17日
竣工	明治11年1月
就役	明治11年
除籍	明治41年4月1日
売却	明治43年
解体	明治43年

装甲コルベット「扶桑」要目

新造時

常備排水量	3,717t
全長	68.5m
最大幅	14.6m
平均吃水	5.5m
主機	2気筒レシプロ機関×2
主缶	石炭専燃缶×4
出力	3,500hp
軸数	2
速力	13kt
航続力	10ktで4,500海里
兵装	20口径24cm単装砲×4、25口径17cm単装砲×2、4.7cm単装砲×6
装甲	舷側231mm、砲郭203mm
乗員数	250名

装甲コルベット「扶桑」
明治11年竣工時

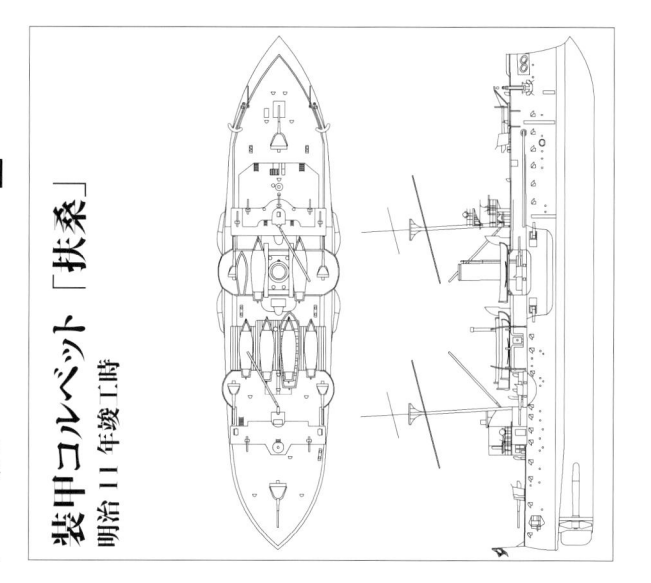

第三章

日清・日露戦争の時代

**外国の優秀艦艇を得て雄飛した日本海軍は
日清、日露の戦争に勝利し、一流海軍国の道を歩み始める。**

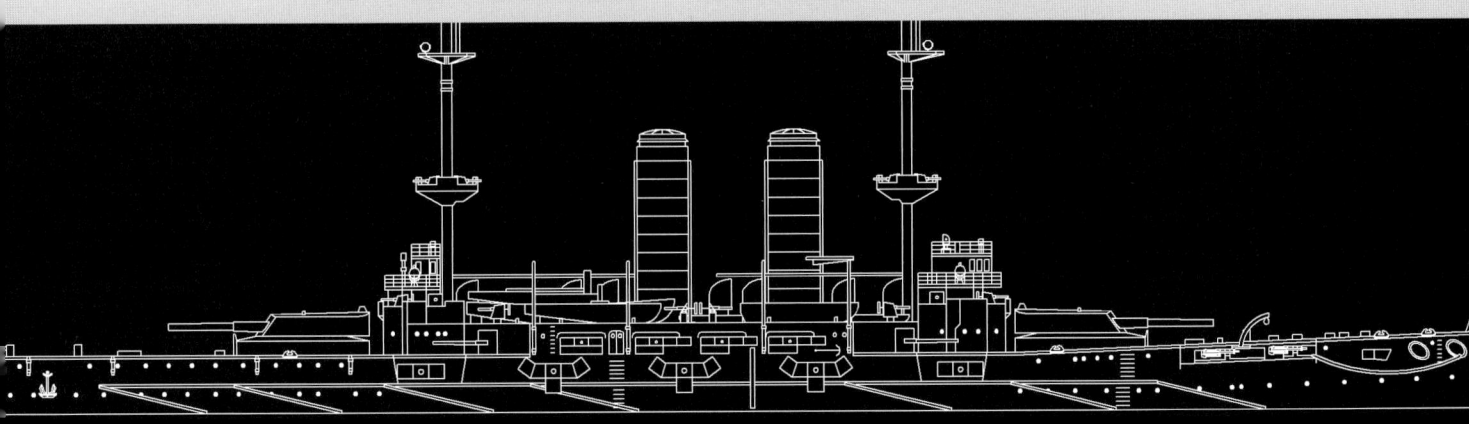

「磐城」の進水は横浜で発行されていた英字新聞『ジャパン・ガゼット』も報道。建造、進水をすべて日本人が行なったと賞賛する、好意的な内容であった。

日本人の設計による初の主力艦
主に測量任務などで活躍

磐城型砲艦

■初の日本人設計艦
■その後測量任務に従事

　明治3年に完成した横須賀造船所、のちの横須賀海軍工廠は、以来「迅鯨」「清輝」「天城（初代）」と、3隻の軍艦を建造してきたが、それらはいずれも明治政府が招聘した外国人技師の設計によるものであった。

　明治10年2月1日に起工された、4隻目の建造艦「磐城」は、同所で初めて日本人により設計された、純国産ともいえるスループである。

　とはいえ、まったくのオリジナル設計を行なえるほどの技術的ノウハウはまだ蓄積されておらず、フランス人ヴェルニーが設計した前2隻「清輝」「天城」が参考にされた。

　船体は木製、三檣バーク帆走の機帆併用艦という形態は、「天城」のスケールダウンともいうべきもので、この当時としても目新しさはないが、初の設計艦だけに失敗を避け、手堅くまとめたといえる。

　機関は円缶（ボイラー）4基、横置還動式機関の1軸推進。伝達系に歯車式機械を採用していることが目を惹く。これは、幕府脱走軍から鹵獲した「千代田形」とともに数少ない採用例である。

　武装はドイツのクルップ社が開発した鋼鉄製の後送砲である、22口径15センチクルップ砲1門、25口径12センチ砲2門、小口径砲若干というもので、現在の目で見ればとるに足らぬものだが、黎明期の日本海軍にとってはこの排水量700トン足らずの小艦も重要な戦力であった。

　進水は明治11年7月16日、竣工は明治13年7月5日と、3年あまりの建造期間を経て就役した「磐城」は、四等艦（乗員100名以上）に定められたが、その後続々と大型戦闘艦艇が就役したこと、また保守的な設計がたたって陳腐化も早かったからか、実際には主力艦として華々しい任務に就くことは少なく、明治22年からは国内沿岸の測量が主任務となっていった。この間、明治23年には第一種（戦闘艦艇）と定められる。

■日清・日露戦争に従軍後
■千島探検をアシスト

　日清戦争では第7戦隊の付属艦として参加したが、すでに旧式化していたためにほとんど戦闘には参加していないが、明治28年1月20日から行なわれた威海衛攻略戦では、通報艦「八重山」らとともに栄城湾に上陸した第2師団を護衛、砲撃援護を行なっている。

　その後、明治31年に類別標準制定により二等砲艦に類別される。

　日露戦争にも従軍し、旅順港閉塞作戦にも同行したが、その後は再び付属特務艦隊所属となり、朝鮮沿岸の測量任務に従事することになる。

　明治40年には軍籍を解かれ、雑役船として使われていたが、明治44年に廃船となり、翌45年に売却された。

　特に目立った経歴もない「磐城」であるが、明治26年、郡司成忠海軍大尉による千島探検においては、遭難した一行を曳航したり、また占守島に送り届けたりと重要な役割を演じている。

　この時の一行の中には、のちに南極探検で有名になった白瀬中尉が含まれていた。

磐城型砲艦要目

艦名	磐城
建造	横須賀造船所
計画	明治10年
起工	明治10年2月1日
進水	明治11年7月16日
竣工	明治13年7月5日
除籍	明治40年7月12日
売却	明治45年

浅間型装甲巡洋艦要目

新造時

項目	値	項目	値
常備排水量	656t	速力	10kt
全長	46.94m	航続力	不明（石炭42t）
最大幅	7.62m	兵装	22口径15cm単装砲1基、25口径12cm単装砲1基、8cm単装砲1基、25mm4連装機砲2基
平均吃水	3.89m		
主機	横置還動式蒸気機関（2気筒）×1		
主缶	円罐・石炭焚×4	装甲	不明
出力	590hp	乗員数	111名
軸数	1		

第三章●日清・日露戦争の時代

「筑紫」には同時期に建造された同型艦が2隻あり、これらは清国海軍に売却、「揚威」「超勇」と命名され、敵味方に分かれて戦う運命となった。両艦は黄海海戦に参加し、海戦劈頭に我が連合艦隊からの集中攻撃を受けて失われている。この時「筑紫」は別行動を取っていたため、直接対決するような事態は訪れなかった。

イギリスの最新技術をふんだんに盛り込み、
日清・日露戦争で活躍した日本海軍初の「巡洋艦」

巡洋艦「筑紫」

■初めて帆走設備を全廃
■先進の設計

明治12年、イギリスのアームストロング造船所は、チリ海軍の発注により中型砲艦を起工する。

設計は当時、日本海軍唯一の装甲艦であった「扶桑」(初代)の設計者としても知られ、のちに英造船局長も務めたサー・エドワード・J・リードであり、帆走設備の全廃、鋼製船体、水圧による主砲旋回装置や揚弾薬装置、白熱灯による照明など、当時の最新技術を惜しげもなく導入していた。

建造途中にチリ国家財政が逼迫して契約がキャンセルされてしまったが、アームストロング社はストックシップとして建造を続け、日本政府に購入を打診することになる。

清国への対抗上、軍備増強を図っていた日本はこれを了承、明治16年6月16日に購入が成立し、「筑紫」と命名された。価格は当時の金額で8万ポンドといわれている。

「筑紫」は明治16年9月19日にイギリスから横浜に回航されたが、基本的に沿岸行動任務用の艦であり、航洋性の改善のため回航時には前後甲板に仮設のブルワークが取り付けられていた。翌10月27日に三等艦に定められ、正式に海軍籍に入った。

建造時には巡洋艦とされていたが、実際には砲艦から防護巡洋艦に移り変わる過渡期の設計の艦であり、日本海軍では航洋性の不足を理由にのちに砲艦に分類している。

武装は主砲たる前後の25.4センチ砲以外に、両舷に12センチ砲を各2門、小口径砲などを装備しているが、特筆すべきは当時の新兵器である35.6センチ水中魚雷発射管を2門装備していることであろう。武装面だけをとってみると、巡洋艦の名称もうなずける充実ぶりである。

■秋山真之が乗り組み
■日清戦争に参加

日清戦争では常備艦隊所属となり、威海衛夜襲作戦に第3遊撃隊指揮艦として参加した。明治28年2月3日未明、劉公島砲台からの敵弾が左舷中甲板から右舷に貫通、戦死3名、負傷5名を出している。

この時期、のちに日露戦争で名参謀とうたわれる秋山真之中将が航海士として乗り組んでいたことはあまりにも有名である。

日清戦争後、7.6センチ単装砲と37ミリ5砲身機砲それぞれ2基を、7.6センチ単装速射砲1基と47ミリ単装速射砲2基に、また魚雷発射管を45センチに換装した。

明治31年には一等砲艦に類別、明治37年に勃発した日露戦争でも当初は対馬海峡の警備等、地味な任務にあたっていたが、日本海海戦では新兵器である三六式無線電信機を装備し、第3艦隊麾下の第7戦隊所属艦として戦った。

日露戦後の明治38年6月に呉鎮守府警備艦となり、翌39年5月に除籍されて呉で雑役船、明治44年に廃船となり、翌年に売却された。

巡洋艦「筑紫」要目

艦名	筑紫
建造	アームストロング社(イギリス)
起工	明治12年10月2日
進水	明治13年8月11日
竣工	明治15年8月(明治16年6月16日購入)
除籍	明治39年5月25日
廃船	明治44年12月21日

巡洋艦「筑紫」要目

新造時

常備排水量	1,350t	速力	16.4kt
全長	64m	航続力	不明(石炭300t)
最大幅	9.8m	兵装	25口径25.4cm単装砲×2、20口径12cm単装砲×4、17口径7.6cm単装砲×2、7.5Cm単装砲×1、37mm5砲身機砲×4、35.6cm魚雷発射管×2
平均吃水	4.1m		
主機	横置還動型蒸気機関(2気筒2段膨張式)×2基		
主缶	円罐・石炭焚×4基	装甲	不明
出力	2,887hp	乗員数	177名
軸数	2		

「海門」は明治25年、佐世保鎮守府の命により南大東島調査を実施した。この時、西の海岸線に同艦の名前を刻んだ標木を立てており、これがためにこのあたり一帯は"海軍棒"と呼ばれるようになったという。

長すぎる建造期間が仇となり活躍の機会を逃す
巡洋艦「海門」
海門

建造に7年を費した国産巡洋艦

「海門」は「磐城」と同じく横須賀造船所で建造された三檣バークの国産大型巡洋艦(コルベット)である。

起工は明治10年9月1日で、海軍からの要求は1500トンクラスの有力な機帆軍艦であった。

小艦かつ以前の建造艦を手本とした「磐城」に対し、「海門」は排水量が「磐城」の倍近い約1400トンの大型艦で、設計のオリジナル度も高かったことから、完成までになんと7年近い歳月を要したのである。

日本造船界はいまだ揺籃期であり、船渠や工場の整備が緒についたばかりという状況を考えると無理からぬこととも言えるが、この建造期間の長さは艦の価値を大きく減じることともなった。

こうした明治17年3月13日に竣工した「海門」だが、ひとつおもしろいエピソードがある。

明治15年8月28日に行われた進水式において、くす玉の中に鳩を入れ、割れると同時に鳩が大空に飛び立つパフォーマンスが初めて実施された。現在広く行なわれているこの鳩を飛ばす行為は、じつは「海門」から始まったものなのである。

三等艦(乗員170人以上)と定められ、軍籍に入った「海門」は、同年12月に発生した第二次京城事変(甲申政変)に関連し、朝鮮水域の警備に従事したことを手始めに、主に同地域の哨戒・警備を主任務とした。明治23年～24年にかけては、日露戦争の旅順港閉塞作戦で戦死する"軍神"広瀬武夫中佐が、少尉候補生～少尉として乗艦している。

掃海作業の帰途機雷に触れて沈没

日清戦争では軍港警備艦に指定されており黄海海戦には参加していないが、登州城砲撃などに出撃。威海衛攻撃には「筑紫」以下7隻の第3遊撃隊の一艦として加わっている。

明治28年7月、日清戦争の戦後処理の一環として、下関条約で割譲された台湾の平定作戦に参加した「海門」は、他艦が帰投したあとも最後まで残って事後処理を続け、ようやく佐世保に帰り着いたのは翌29年3月になってしまった。すでに佐世保では忘れられており、来艦した参謀がどこから来たかと問う始末だったという。これは当時航海長、のちの首相である鈴木貫太郎大将の自伝に登場するエピソードである。

日清戦後の明治29年には測量艦となり、明治39年までの10年間、日本近海の水路測量に大きな役割を果たしている。明治31年には三等海防艦に類別された。

しかし日露戦争が始まると、苦しい台所事情の日本海軍は、再び「海門」を警備や護衛に活用、新たに機雷掃海任務にも駆り出した。

明治37年7月5日、旅順港沖の小平島付近での掃海作業後、濃霧の中を大連に向かって帰投途中、南三山島南南西沖で触雷。船体はわずか4分で海面に没し、艦長の高橋守道中佐以下22名が戦死した。

翌明治38年5月21日除籍。明治43年には残骸の売却が報告されている。

巡洋艦「海門」要目

艦名	海門
建造	横須賀造船所
計画	明治10年
起工	明治10年9月1日
進水	明治15年8月28日
竣工	明治17年3月13日
沈没	明治37年7月5日
除籍	明治38年5月21日
売却	明治43年

巡洋艦「海門」要目

新造時

常備排水量	1,381t
全長	64.3m
最大幅	9.8m
平均吃水	5m
主機	横置還動式2気筒連成レシプロ蒸気機関×1基
主缶	円罐・石炭焚×4基
出力	1,250hp
軸数	1
速力	12kt
航続力	不明(石炭180t)
兵装	25口径17cm単装砲×1、25口径12cm単装砲×6、7.5センチ単装砲×1、25mm4砲身機砲×4、11mm5砲身機砲×1
装甲	不明
乗員数	230名

第三章 ● 日清・日露戦争の時代

竣工当時の煙突は、帆走時に邪魔にならぬよう昇降式とされていた。このあたり、艦船が帆走から機走へと移り変わる過渡期の艦としての特徴を色濃くとどめている。

「海門」並みの長期建造となり、活躍の時期を逸する

巡洋艦「天龍」

■「海門」の改良発展型　日清戦争後、海防艦に

「天龍」は、「海門」の1年後に同じく横須賀造船所で起工された3帆バーク型の機帆併用スループである。「海門」を改良設計したもので、構造的にもほぼ同様であるが、起工が明治11年2月9日、竣工が明治18年3月5日と、やはり建造には長期間を要した。69万8167円72銭8厘という建造費の記録が残っている。

武装は17センチ単装砲1門、15センチ単装砲1門、12センチ単装砲4門で、ほかに7.5センチ単装砲1門を搭載する。また、ノルデンフェルド式25ミリ4砲身機砲4基は、シェルター甲板舷側に装備された。

武装配置は「海門」とほぼ変化はないが、搭載するクルップ砲は新型の褐色火薬使用の長砲身砲となり、12センチ単装砲を減じて15センチ砲を搭載するなど、全体として攻撃力は向上している。

こうした搭載兵器の重量増と、石炭を増載（「海門」より80トン多い）したこと、また各部の改正などによって排水量は1割ほど増大した。

このためトップヘビーとなり、明治18年1月に行なわれた重心試験の結果、復原性の不足が判明、舷側水線部に木製のバルジを装着して改善している。これにより全幅は1メートル増加した。

竣工した「天龍」は明治20年からは測量任務に従事。この頃に竣工した艦はほとんどが一度は測量任務に就いているが、これはそれだけ近海の測量、水路の調査が、当時の我が国にとって重要であったことを示している。

翌明治21年から24年までは、兵学校の練習艦として多くの人材を育てた。「天龍」で育った学生たちの中には、のちに日本海軍を背負って立つ人物も多い。

日清戦争では朝鮮半島を根拠地とし、遼東半島要地の攻略作戦に参加。清国北洋艦隊と初の激突となった豊島沖海戦では、第2遊撃隊の一員として、また明治28年1月30日の威海衛に対する攻撃には、第3遊撃隊の一員として参戦した。

日清戦争後、「天龍」は呉工廠（当時は呉造船廠）において改装を受けた。具体的には前檣と中檣のマストトップを撤去、帆装の簡略化をしたうえ、昇降式だった煙突を固定式に変更している。これは、機走をメインとして、帆走を補助とするもので、時代の趨勢に合わせた改装といえる。

このほか、煙突と前檣との中間に艦橋を新設、優美な形状を誇っていたクリッパー型艦首も、より直線に近い形状に改正されている。

詳細な改装時期は不明だが、明治30年には台湾方面の警備に従事中、船倉より火災を起こし、殉職者を出しているので、改装はこの事故の後に実施されたものと思われる。

旧式化した「天龍」は明治31年には三等海防艦に類別され、日露戦争では神戸港警備などの任務に就く。

日露戦争後すぐの明治39年には除籍されて雑役船となり、舞鶴海兵団の練習船として使用された。

しかし艦齢的な問題からその期間も短く、明治44年には廃船として売却された。

巡洋艦「天龍」要目

艦名	天龍
建造	横須賀造船所
計画	明治10年
起工	明治11年2月9日
進水	明治16年8月18日
竣工	明治18年3月5日
除籍	明治39年10月20日
売却	明治45年

巡洋艦「天龍」要目

新造時

常備排水量	1,547t
全長	67.4m
最大幅	9.8m
平均吃水	5m
主機	横置還動式2気筒連成レシプロ蒸気機関（2気筒2段膨張式）×1基
主缶	円罐・石炭焚×4基
出力	1,260hp
軸数	1
速力	12kt
航続力	不明（石炭256t）
兵装	25口径17cm単装砲×1、25口径15cm単装砲×1、25口径12cm単装砲×4、7.5cm単装砲×1、25mm4砲身機砲×4
装甲	不明
乗員数	214名

> 浪速型はチリ海軍の防護巡洋艦「エスメラルダ」の改良型とはいえ、防護甲板の増厚や設置方式の改善、砲をクルップ式に統一するなど多くの改正がなされている。機関は横置式2気筒連成型2基2軸推進で、7600馬力で18ノットという快速艦であった。

チリ海軍「エスメラルダ」を改良強化
主力と呼ぶにふさわしい快速・強武装

浪速型防護巡洋艦

浪速、高千穂

■日本初の防護巡洋艦
■高陞号事件の主役

「浪速」と「高千穂」の2艦は、明治16年度の艦艇拡張計画により英アームストロング社に発注された。日本が防護巡洋艦を発注するのは初の試みであった。

主砲たる35口径26センチ単装砲は、当時の準戦艦級の巨砲であり、凌波性は若干不足気味であったが、完成当時は世界最優秀の巡洋艦と評されたほどである。

「浪速」は明治20年2月に陸海軍対抗運動会で、また「高千穂」は明治23年の第2回観艦式でそれぞれ明治天皇の御召艦を務めるなど、新鋭艦ならではの栄誉に浴している。

日清戦争では「浪速」が、東郷平八郎艦長指揮のもと開戦劈頭の豊島沖海戦に参加、清国兵を仁川に輸送中だった汽船「高陞号」を警告のうえ撃沈した「高陞号事件」はあまりにも有名である。

同年9月に行なわれた黄海海戦には、ハワイ遠航で遅れていた「高千穂」も復帰、両艦ともに第1遊撃隊の一員として参戦。その後も大連や旅順の占領、威海衛の攻略作戦や澎湖島占領など、翌年5月までコンビを組んで戦っている。

■小口径速射砲に
■換装して砲力を強化

明治31年には両艦は二等巡洋艦に類別された。同年「浪速」は米西戦争による邦人保護任務でフィリピンへ派遣されたあと、明治32年11月から翌明治33年12月まで、1年あまりをかけて大改装を実施している。26センチ主砲は撤去され、安式15.2センチ速射砲に換装され、全8門の15.2センチ速射砲が主兵装となった。これにより有効砲力は大きく向上している。同様の改装を「高千穂」は同様の改造を明治35年までに行なったが、47ミリ速射砲のうち2基は国産の山内式である点に相違がある。

日露戦争では、仁川沖海戦やウラジオストック付近の哨戒任務、済州島上陸援護などにあたった。なお仁川沖海戦の際、戦場に急行中の「高千穂」が、艦首でクジラを串刺しにしてしまうという珍事が起きている。

天王山たる明治38年5月の日本海海戦では、第2艦隊第4戦隊瓜生中将の旗艦となり、ロシア巡洋艦「ドミトリー・ドンスコイ」を撃沈しているが、「浪速」自身も被弾して損傷している。

「高千穂」は明治37年1月、呉工廠で機雷投下器を設置、日露戦争では朝鮮基地に出動し、僚艦の「浪速」とともに同一戦隊で行動することも多かったが、元山沖での機雷敷設などにも活躍している。

「浪速」は明治45年6月26日、濃霧の中、北千島へ測量機材輸送中に得撫水道知里保以島付近で座礁ののち沈没。「高千穂」は第一次大戦でも青島攻略戦や海底電線切断作戦などに従事したが、大正3年10月8日、膠州湾外においてドイツ魚雷艇「S 90」の雷撃で轟沈した。

浪速型防護巡洋艦各艦要目

艦名	浪速	艦名	高千穂
建造	アームストロング社 ロー・ウォーカー造船所(イギリス)	建造	アームストロング社 ロー・ウォーカー造船所(イギリス)
計画	明治16年	計画	明治16年
起工	明治17年3月22日	起工	明治17年3月22日
進水	明治18年3月18日	進水	明治18年5月16日
竣工	明治19年2月15日	竣工	明治19年4月30日
沈没	明治45年7月18日	沈没	大正3年10月18日
除籍	大正元年8月5日	除籍	大正3年10月29日
売却	大正2年6月26日		

浪速型防護巡洋艦要目

新造時			
常備排水量	3,709t	航続力	13ktで9,000浬
全長	91.4m	兵装	35口径26cm単装砲×2、35口径15cm単装砲×6、5.7cm単装砲(高千穂は4.7cm)×2、25mm4砲身機砲×10、11mm10砲身機砲×4、35.6cm魚雷発射管×4
最大幅	14.1m		
平均吃水	5.8m		
主機	横置式2気筒連成レシプロ蒸気機関(2気筒2段膨張式)×1基		
主缶	円罐・石炭焚×6基	装甲	水平:平坦部51mm 傾斜部76mm
出力	7,604hp		
軸数	2	乗員数	357名
速力	18kt		

「畝傍」喪失は台風による沈没、海賊の襲撃、乗員の暴動、潜航艇による撃沈などさまざまな意見が出たが、真相は今も不明である。日本海軍は以後、「畝傍」の艦名を使用することはなかった。

回航途中で行方不明、日本海軍最大のミステリー
巡洋艦「畝傍」

■3隻目の防護巡洋艦は保守的な外見に強力な武装

　明治初年以来、悪化しつつあった清国との関係に鑑み、軍備増強のために明治16年度計画で3隻の大甲鉄艦が海外に発注された。このうちの2隻はイギリスに発注された「浪速」と「高千穂」であるが、残りの1隻が、フランスはフォルジ・エ・シャンティエ社のル・アーブル造船所に発注された「畝傍」である。
　フランスは当時の先進国のひとつであり、「清輝」と「天城」を設計したヴェルニーの例でもわかるように、日本の造艦技術はフランスの指導を受けていた。また、建造費の見積もりも浪速型より安価（153万円）だった点も発注に至った要因のひとつといわれる。
　イギリスに発注されたほかの2艦の近代的な艦型に対し、旧式ともいえる本格的な3檣バーク型機帆船であるが、浪速型同様主機室上に64ミリ厚の防護甲板を持つ防護巡洋艦である。速力も浪速型を上回る18.5ノットを記録している。
　フランス巡洋艦は伝統的に通商破壊と遠洋警備活動を重視しており、時代に逆行したような本格的な帆走設備は、燃料（石炭）を節約し、より長期間の哨戒を可能とするために設けられている。
　武装は浪速型より重兵装だが、排水量3600トンあまりの船体にはやや過大であり、重心位置上昇による復原性の低下を防ぎ、また24センチ砲の視界を確保するため、船体には大きなタンブル・ホーム（船体側面上部が内側に傾斜していること。船体上部の幅を狭くして重心位置を下げる）が設けられていた。

■日本への回航途上で行方不明に

　「畝傍」は明治17年5月27日に起工、明治19年10月18日に竣工し、翌19日、北フランスのル・アーブルを出航、一路日本に向かった。フランス人の乗員70人のほか、飯牟礼俊位大尉、森友彦六機関士ら日本側回航員7名と駐日フランス人の家族、計90名が乗り組んでいた。しかし12月3日、寄港地シンガポールを出航後、南シナ海で消息を絶ってしまう。懸命の捜索にもかかわらずその消息はわからず、翌明治20年10月19日、正式に亡没と認定された。
　現在も遭難の原因は定かではないが、同じ頃にシンガポールを出航した英国船から、「畝傍」の予定航路海域が荒天だったとの報告がもたらされていることから、急激に発達した台風に巻き込まれ、転覆・沈没したという説が有力である。
　この事件によってフランス造艦技術に対する評価は国際的に低下した。日本海軍はその後もフランスから技術導入を続けたが、不信感が芽生えたことは確かであった。
　なお、日本政府はこの回航に保険をかけており、支払われた保険金でイギリスに防護巡洋艦「千代田」を発注している。日本海軍の軍艦が平時に行方不明となり、しかも未発見のままとなったこの事件は、空前にして絶後のことであり、日本海軍史に残る出来事であった。

巡洋艦「畝傍」要目

艦名	畝傍
建造	フランスル・アーヴル造船所（フランス）
計画	明治16年
起工	明治17年5月27日
進水	明治19年4月6日
竣工	明治19年10月18日
沈没	不明
除籍	明治20年10月19日

巡洋艦「畝傍」要目
新造時

常備排水量	3,615t	速力	18.5kt
全長	98m	航続力	不明（石炭700t）
最大幅	13.1m	兵装	35口径24cm単装砲×4、35口径15cm単装砲×7、57mm単装砲×2、25mm4砲身機砲×10、11mm10砲身機砲×4、35.6cm魚雷発射管×4
平均吃水	5.7m		
主機	斜動式2気筒連成レシプロ蒸気機関×2		
主缶	円罐・石炭焚×9基		
出力	5,500hp	装甲	甲板：64mm
軸数	2	乗員数	400名

写真は「摩耶」。「赤城」は日露戦争で作戦遂行中の明治37年5月18日、旅順沖で砲艦「大島」と衝突、「大島」を沈没させてしまったことがある。我が国初の鋼製船体を持つなど、「赤城」には特筆点が多い。

さまざまな航跡を残す
個性豊かな艦歴

摩耶型砲艦

摩耶、鳥海、愛宕、赤城

構造は鉄から鋼骨鉄皮、完全鋼製へと進歩

摩耶型は明治16年度計画で3隻、明治18年度計画で1隻が建造された、国産の中型（砲艦としては）砲艦である。

600トンほどの2檣スクーナータイプで、搭載砲は各艦によって異なる。また、鋼製船体への移行する過渡期であったこともあり、同型艦とはいえその構造にも差異が見られた。すなわち「摩耶」と「鳥海」が鉄製、「愛宕」は鋼骨鉄皮、「赤城」が日本初の全鋼製の船体であった。変更箇所も多く、このため「赤城」のみは改摩耶型として別分類とされる場合もある。

海軍の戦略が沿岸迎撃的なものから、外洋海軍へと脱皮してゆく中で、こうした航洋性に欠ける小型の砲艦は本来の役割を終えつつあったが、その扱いやすさにより長く活躍することになる。

「摩耶」は日清戦争で旅順・大連・威海衛等の遼東半島作戦に参加。明治31年、二等砲艦に類別され、日露戦争では旅順攻略作戦、樺太作戦等に参加している。明治41年には除籍の上雑役船となり、昭和7年に解体されるまで民間でも使用された。「鳥海」は日清戦争には第3遊撃隊所属として従軍。威海衛攻略戦等に参加している。明治31年、二等砲艦に類別。

日露戦争では第3艦隊に所属し、「摩耶」同様明治41年に除籍。明治44年に廃船となり売却された。「愛宕」が第一種戦闘艦に定められたのは、前記2艦と同様に明治23年8月23日。日露戦争ではやはり旅順・大連・威海衛の攻略作など等に参加している。明治31年3月21日、二等砲艦に類別。明治33年の義和団事件には「鳥海」同様中国大陸沿岸に出動し、邦人の保護救出にあたっている。日露戦争では旅順攻略作戦等に参加したが、明治37年10月6日哨戒任務に向かう途中、旅順港沖で座礁し、沈没した。「赤城」は明治23年8月23日に第一種に定められた。日清戦争では黄海海戦に参加、戦況視察の樺山軍令部長座乗の「西京丸」を守るため、傷付きつつも清国艦隊のほとんどを引きつけ奮戦した。

日露戦争後の明治44年に除籍され、改装して商船「赤城丸」となったが、2度の沈没を経験しつつもその都度浮揚・修理され、最終的に昭和28年に解体されるまで艦齢63年という長寿をまっとうしている。

摩耶型砲艦各艦要目

艦名	摩耶
建造	小野浜造船所
計画	明治16年
起工	明治18年6月1日
進水	明治19年8月18日
竣工	明治21年1月20日
沈没	
除籍	明治41年5月16日
売却	大正7年
解体	昭和7年

艦名	鳥海
建造	石川島平野造船所
計画	明治16年
起工	明治19年1月25日
進水	明治20年8月20日
竣工	明治21年12月27日
沈没	
除籍	明治41年4月1日
売却	明治44年5月23日
解体	明治45年

艦名	愛宕
建造	横須賀造船所
計画	明治16年
起工	明治19年7月17日
進水	明治20年6月18日
竣工	明治22年3月2日
沈没	明治37年11月6日
除籍	明治38年6月15日
売却	
解体	

艦名	赤城
建造	小野浜造船所
計画	明治18年
起工	明治19年7月20日
進水	明治21年8月7日
竣工	明治23年8月20日
沈没	
除籍	明治44年4月1日
売却	明治45年
解体	昭和28年

摩耶型砲艦要目

新造時・摩耶

常備排水量	622t	軸数	2
全長	46.94m	速力	10.25kt
最大幅	8.23m	航続力	不明（石炭74t）
平均吃水	2.95m	兵装	35口径15cm単装砲×2、4.7cm砲×1、25mm4砲身機砲×2
主機	横置還動式2気筒連成レシプロ蒸気機関（2気筒2段膨張式）×1		
		装甲	不明
主缶	円罐・石炭焚×2	乗員数	111名
出力	614hp		

第三章 ● 日清・日露戦争の時代

「高雄」の機関は当時のスタンダードである、横置2気筒連成レシプロ蒸気機関2基による2軸推進。重量計減のため、缶室を密閉強制通風方式として効率を高め、計画当初の6缶を5缶とする工夫がなされていた。

初の二重底ほか多くの
新機軸を採用した意欲的な設計
巡洋艦「高雄」

■ ベルタンの設計による
■ 近代的巡洋艦

「高雄」はフランスから招いた造船技師、エミーユ・ベルタンの設計による国産の小型巡洋艦である。ベルタンは大型の装甲艦に、小型で安価な艦を多数整備して対抗するという考えの持ち主であり、これは未だ極東の小国にすぎなかった我が国にとって、魅力的な思想でもあった。

ベルタンは革新的な設計で知られる艦艇設計の第一人者であり、「高雄」は保守的な形態だった前作の葛城型スループから打って変わり、近代的なシルエットを持つ艦として完成した。

新しい試みも随所に用いられており、わが国の造艦技術基盤の確立に大きな役割を果たしたといえる。

「高雄」の構造は鋼製のフレームに鉄板を張った鋼骨外皮で、これは「愛宕」に続く国産では2番目の採用例である。また艦底は初めて二重底として、浸水時の抗堪性を高めている。上下にファイティングトップを備えた前後2檣を持つが、帆走設備は緊急時の補助的なものに簡略化され、ほぼ機走専用艦といえる。

艦首には紅葉をあしらった装飾が施されていた。

武装はクルップ式35口径15センチ単装砲4門が、舷側に張り出した計4つのスポンソンに搭載された。他に後部中心線上に12センチ単装砲を配置した。この形式は当時のフランス巡洋艦で多く見られる形式であった。また35.6センチ水上魚雷発射管2門を持ち、甲板両舷に25ミリ4砲身機砲4基、ファイティングトップ（戦闘檣楼）上層に同2砲身機砲2基を搭載した。

建造は横須賀造船所で、明治22年11月16日に竣工。初代艦長は日本海軍の父といわれ、のちに2度の総理大臣も経験している山本権兵衛大将（当時中佐）であった。竣工後、山本艦長の指揮のもと、日本艦としては初となる、九州方面への1カ月の遠距離巡航を行っている。

■ 明治23年、第一種に定められる
■ 日清・日露を通じて活躍

日清戦争では、葛城型などほかの国産巡洋艦とともに西海艦隊の一員として第2遊撃隊に所属、仁川への兵員輸送を護衛したことを皮切りに威海衛への砲撃、大連や旅順攻略などの作戦に参加した。明治29年には常備艦隊の旗艦となっている。明治31年には種別変更で三等海防艦とされた。明治33年の義和団事件時には厦門、上海の警備に従事している。日露戦争時にはすでに「高雄」は旧式化していたが、函館を基地として津軽海峡の警備を行なった。

明治38年2月には第3艦隊第7戦隊に編入され、仁川港、対馬海峡の警備任務を遂行、日本海海戦にも参加した。戦時中、ファイティングトップを廃止、諾式（ノルデンフェルド式）機砲の廃止と47ミリ単装速射砲を装備している。

同年6月、横須賀鎮守府の警備艦となる。これ以後、「高雄」が第一線に復帰することはなかった。

明治40年には一部の武装を撤去、明治44年には除籍・廃艦となり、翌45年に売却されている。

巡洋艦「高雄」要目

艦名	高雄
建造	横須賀造船部
起工	明治19年10月30日
進水	明治21年10月5日
竣工	明治22年11月16日
除籍	明治44年4月1日
売却	明治45年

巡洋艦「高雄」要目

新造時

常備排水量	1,770t	速力	15kt
全長	70m	航続力	不明（石炭300t）
最大幅	10.4m	兵装	35口径15cm単装砲×4、25口径12cm単装砲×1、7.5cm単装砲×1、25mm4砲身機砲×6、同2砲身機砲×2、35.6cm魚雷発射管×2
平均吃水	4m		
主機	横置式2気筒連成レシプロ蒸気機関(2気筒2段膨張式)×2基		
主缶	円罐・石炭焚×5基		
出力	2,300hp	装甲	不明
軸数	2	乗員数	222名

「大和」「武蔵」の測量艦としての海洋学的貢献は顕著なものがあり、日本海で発見された台地状の水中地形には「大和碓」「武蔵碓」と名付けられている。写真はその同型艦の「葛城」。

各艦とも二線級任務に長らく活躍
隠れた武勲艦たち

葛城型巡洋艦
葛城、大和、武蔵

■バランスの取れた国産スループ

葛城型は「海門」「天龍」と着実に進歩をとげてきた国産艦をさらに改良、発展させた3帆バーク式機帆併用スループである。船体は鉄骨木皮の混合構造となった。

これは未だ完全鉄製船体の製造ノウハウに乏しく、また船材用の良質木材資源も減少してきたことから取られた過渡的な方式だが、船体強度は大幅に向上している。この船体の堅牢さとバランスのとれた設計は、このクラスの艦に長い艦歴を与えることになった。

機関出力が向上したため、従来の帆走主体から汽走が主体となり、より実用性が増した。「葛城」以降はボイラーを改良して造水装置を備え、砲門改良で攻撃力も向上した。

■各艦それぞれの生涯をまっとう

「葛城」は明治20年11月4日に竣工、日清戦争では同型艦及び他の国産巡洋艦とともに各種護衛任務や陸上砲撃等、二線級の任務に就いた。

明治30年からは測量艦として日本近海の水路測量に従事した。これは日露戦争をはさみ、大正元年まで続くことになる。ほかの国産同種艦と同様、明治31年に種別変更で三等海防艦とされた。明治33年10月6日、伊豆大島で座礁、同年11月に横須賀造船所で修理している。

日露戦争時にはすでに旧式化しており、第一線戦力とはみなされることはなかった。

大正元年には等級廃止により二等海防艦に類別。大正2年4月1日、除籍されて廃艦となり、同年中に売却されている。この「葛城」が同型艦のなかでもっとも艦歴が短かった。

「大和」は明治20年11月16日の竣工だが、経験の浅い民間造船所での建造ということもあり、竣工時に多くの不具合が発見された。

日清戦争に参加後、明治35年から測量任務に就く。明治37年からの日露戦争で下関海峡の警備に就いた以外、平時はほとんど測量任務に従事している。これは実に昭和9年まで続いている。

大正元年には二等海防艦となり、大正11年には正式に測量艦(特務艦)に類別された。

昭和10年に除籍され、浦賀港内で少年刑務所の宿泊艦として使用された。戦時中に解体のため横浜に回航されたまま終戦直後の台風で沈没。最終的に解体されたのは昭和25年になってからであった。

「武蔵」は明治21年2月9日に竣工、日清戦争では僚艦とともに二線級の任務に就いたのち、明治31年三等海防艦に類別。「大和」同様明治35年からは日本近海の測量任務に使われた。

日露戦争では津軽海峡の警備を担当し、明治31年に三等海防艦となる。大正11年には測量艦となり、昭和3年に除籍。除籍後は少年刑務所の宿泊艦として使われたのち、昭和10年に廃船となっている。

葛城型巡洋艦各艦要目

艦名	葛城	艦名	大和	艦名	武蔵
建造	横須賀造船所	建造	神戸小野浜造船所	建造	横須賀造船所
計画	明治15年	計画		計画	
起工	明治16年8月18日	起工	明治16年11月23日	起工	明治17年10月4日
進水	明治18年3月31日	進水	明治18年5月1日	進水	明治19年3月30日
竣工	明治20年11月4日	竣工	明治20年11月16日	竣工	明治21年2月9日
沈没		沈没	昭和20年9月18日	沈没	
除籍	大正2年4月1日	除籍	昭和10年4月1日	除籍	昭和3年4月1日
売却	大正2年	売却		売却	

葛城型巡洋艦要目

新造時

常備排水量	1,502 t	速力	13kt
全長	61.4 m	航続力	不明
最大幅	10.7 m	兵装	25口径17cm単装砲×2、25口径12cm単装砲×5(大和、武蔵は×2)、7.5cm単装砲×1、25mm4砲身機砲×4、11mm3砲身機砲×2
平均吃水	4.6 m		
主機	横置還動式2気筒レシプロ蒸気機関(2気筒2段膨張式)×1		
主缶	円罐・石炭焚×6基		
出力	1,600hp	装甲	不明
軸数	1	乗員数	230名(大和、武蔵231名)

第三章●日清・日露戦争の時代

「八重山」は明治33年の義和団事件で大沽に派遣され、警備にあたっている。同年、ボイラーを新型で効率のよいニクローズ式缶に交換した。これにより航続距離が3割延びたといわれる。

5400馬力のハイパワーに
駆逐艦並みの武装
通報艦「八重山」

■速力20ノット、初の本格的通報艦

　通報艦とは通信手段の未発達な時代に存在した、敵艦隊の状況を偵察する任務を持つ艦である。敵艦隊の追跡を振り切って帰還するために速力が高く、また敵水雷艇などに対抗できる程度の火力を備えた小型砲艦と考えればよい。

　「八重山」は当初からこうした用途を想定して建造された初めての艦である。見るからに軽快そうな1600トンあまりの船体に高出力機関を組み合わせ、20ノットという、国産艦としては画期的な高速を実現している。味方水雷艇の嚮導と補給も重要な任務で、水雷艇5隻分の水雷や弾薬、食料などの補給物資も搭載していた。

　名前は八重山諸島にちなむが、当時、清との間に帰属問題が発生しており、これを意識しての命名であったという説もある。

■強馬力の機関に軽武装

　5400馬力というハイパワーを生み出す機関部は、ベルタンのアドバイスによってイギリスのホーソン・レスリー社に発注したもので、横置式3気筒3段膨張式2基、2軸。武装は12センチ砲3門、4.7センチ重速射砲6門、同軽速射砲4門、45センチ魚雷発射管2門と、比較的軽武装であった。

　就役した年である明治23年9月16日に起こった、トルコ軍艦エルトゥールル号遭難事件では、その高速ぶりを買われて日本赤十字社の医師や看護婦を乗せて即日出動している。

　明治24年5月には来日したロシア皇太子ニコライ（のちのニコライ二世）の艦隊のエスコートシップを務める。日清戦争では直接の発端となった豊島沖海戦の際、「吉野」以下の第1遊撃隊と合流予定だったのが「八重山」であり、高陞号撃沈事件ののち、救助された英国人船員らを送り届けている。仁川など朝鮮半島へ派遣された陸軍部隊の揚陸援護や、大連、旅順、威海衛攻略作戦などに参加した。

　明治28年10月、日清戦争の結果日本の領有となった台湾において、抵抗した中国人が英国船「テールス号」で逃亡、「八重山」がこれを追跡し公海上で臨検、問題となった。英国からの抗議により、当時の艦長平山大佐と常備艦隊司令長官有地中将が予備役編入されている。後味の悪い事件であったが、これもまた「八重山」の高速性が発揮された例である。

　明治31年、通報艦に類別される。艦種として独立したのはこの年からである。

　明治35年5月11日、根室港口で座礁した「武蔵」の救助活動中、自身も座礁、離礁に成功できたのは約4カ月後の9月1日であった。この救援にのちの"造船の神様"平賀譲造船中将（当時は中技士）も参加していた。

　明治37年からの日露戦争では、旅順攻略から日本海海戦、樺太占領作戦などに参加したが、目立った活躍はない。通信手段の発達によって、通報艦という種別そのものが過去のものになりつつあったのである。明治44年4月1日、除籍。翌年3月23日、スクラップとして売却された。

通報艦「八重山」要目

艦名	八重山
建造	横須賀海軍造船所
計画	明治18年
起工	明治20年6月7日
進水	明治22年3月12日
竣工	明治23年3月15日
除籍	明治44年4月1日
売却	明治45年3月23日

通報艦「八重山」要目

新造時

項目	値	項目	値
常備排水量	1,600t	軸数	1
全長	96m	速力	20kt
最大幅	10.5m	航続力	不明（石炭197t）
平均吃水	4m	兵装	12cm単装砲×3、重47mm速射砲×6、軽47mm速射砲4基、35.6cm魚雷発射管×2
主機	横置トランク型蒸気機関（3気筒3段膨張式）×1基		
主缶	円缶・石炭焚×6基	装甲	不明
出力	5,400hp	乗員数	217名

「千代田」の武装はそれまでわが国で主流だったクルップ式（克式）を廃し、40口径12センチアームストロング式（安式）速射砲を統一装備した。機関は5678馬力で、19ノットという駿足を誇っていた。

攻守走に優れ、処分後も
「号令台」として海軍を支える

防護巡洋艦「千代田」

舷側装甲帯を持つ小型防護巡洋艦

「千代田」は、行方不明となった「畝傍」の保険金により建造された小型防護巡洋艦である。

その特徴は防護甲板（最大35ミリ厚）のみならず舷側に装甲帯（最大92ミリ厚）を持つことで、我が国初の装甲巡洋艦として扱われる場合もあるが、実際にはこの装甲は限定的な幅の狭いものであり、後年の本格的装甲巡洋艦ほどの耐久力を有してはいない。防護巡洋艦から装甲巡洋艦への、中間的な形態と考えればよいだろう。

機関は効率の高い直立式3段膨張式往復動機関であり、2基、2軸。我が国で最初の使用例である。ボイラーには汽車缶6基を使用していた。

日清・日露の両戦争で活躍

日清戦争では小艦ながら舷側装甲と速射砲の威力を買われて「松島」を旗艦とする主力艦隊に編入され、黄海海戦に参加している。発射速度の早い12センチ速射砲により、日本艦隊の勝利に大きく貢献した。特に「定遠」に対しては一時1700メートルまで肉薄して射撃を敢行している。この海戦で「千代田」の発射した12センチ砲弾は実に705発に達したといわれる。

明治30年から31年4月13日にかけ、呉造船廠において不調だった汽車缶をベルヴィール式の水管缶12基に換装した。これは日本最初の水管缶の採用例である。

明治31年3月21日には三等巡洋艦に類別された。明治33年の義和団事件では、渤海湾周辺の警備に出動している。

日露開戦直前の明治36年12月18日からは仁川港に入港、警備任務にあたっていたが、国交断絶の報に接し、翌明治37年2月7日、ひそかに出航。2月9日の仁川沖海戦で、同港から出撃してきた巡洋艦「ワリヤーグ」と砲艦「コレーツ」を、僚艦とともに攻撃、港内に退却・自沈させている。

その後、佐世保に回航され整備のうえ、対馬海峡の警備や金州攻略などに参加。明治37年7月26日、旅順砲撃中に触雷損傷、横須賀造船廠にて修理している。明治38年5月27日の日本海海戦には、第3艦隊第6戦隊の一員として参加した。

大正元年には二等海防艦となり、第一次大戦には第2艦隊第6戦隊に所属し、青島攻略戦などに参加ののち、第3艦隊所属となり南遣支隊との連絡のためフィリピンのマニラに派遣されている。

大正10年4月30日には水雷母艦に類別されたが、翌大正11年4月1日には改装され、特務艇として潜水艇母艦として使用された。大正13年には雑役船となり、昭和2年2月8日、廃船、同28日、除籍。8月5日、豊後水道南方で実艦標的として沈められたが、艦橋部分は江田島の海軍兵学校の校庭に移設され、号令台として再使用された。

防護巡洋艦「千代田」要目

艦名	千代田
建造	トムソン社グラスコー造船所（イギリス）
起工	明治21年12月4日
進水	明治23年6月3日
竣工	明治24年1月1日
沈没	昭和2年8月5日
除籍	昭和2年2月28日

防護巡洋艦「千代田」要目

新造時

常備排水量	2,439t	速力	19.0kt
全長	92m	航続力	不明
最大幅	13m	兵装	40口径12cm単装速射砲×10、47mm単装砲×14、8.5mm5砲身機砲×3、35.5cm魚雷発射管×3
平均吃水	4.3m		
主機	直立式3気筒3連成レシプロ蒸気機関（3気筒3段膨張式）×2	装甲	クローム鋼 装甲帯：82mm～92mm 甲板：30mm～35mm 司令塔：30mm
主缶	汽車罐・石炭焚×6		
出力	5,678hp		
軸数	2	乗員数	350名

世界初の防護巡洋艦、「エスメラルダ」の後身たる「和泉」。15.2センチ速射砲への改装により、日露戦でもその真価を発揮した。

防護巡洋艦の元祖、バルチック艦隊を追尾
日本海海戦を有利に導く

防護巡洋艦「和泉」

■戦時緊急計画で
■チリから購入

　19世紀の終わりに流行した防護巡洋艦の嚆矢といえるのが、明治17年にイギリス・アームストロング社で建造されたエルジッククルーザー、チリ海軍の「エスメラルダ」である。
　防護巡洋艦とは中甲板に軽装甲の防護甲板を設け、主機など艦内主要部分のみを防御する形式の巡洋艦で、日本海軍ではこの「エスメラルダ」を発展させた「浪速」「高千穂」をすでに戦力化していた。
　実は対アルゼンチン紛争が解決の方向に向かったことで、チリではこの「エスメラルダ」の建造中から我が国に売却を打診していたが、その時点では条件が折り合わずに商談は成立しなかったという経緯がある。
　しかし明治27年12月5日、日清戦争の勃発で1隻でも優秀艦の欲しかった我が国が、戦時緊急計画によって改めて購入契約を締結したものである。ただし、交戦国たる日本と中立であるチリは直接売買することはできず、同じ南米のエクアドルにいったん売却した形を取り、エクアドルから日本が購入するという迂回売買をした。このため、太平洋を航海する「エスメラルダ」にはエクアドル国旗が掲げられていた。
　2檣2本煙突の平甲板型船体を持つ「エスメラルダ」の武装は前後の30口径25.4センチ単装砲のほか、15.2センチ砲6門、その他小口径砲だったが、日本到着後に15.2センチ砲は12センチ安式速射砲に換装している。
　機関は横置2気筒連成レシプロ蒸気機関2基、2軸。ボイラーは円缶4基だったが、竣工後15年近くが経過して缶の状態も不良だったとみえ、日清戦争後の明治31年から32年にかけて、横須賀造船廠において新型の円缶に換装している。

■バルチック艦隊を
■触接・追跡

　明治28年1月8日、「エスメラルダ」は「和泉」と改名され、2月5日に横須賀に到着。3月25日からは西海艦隊の一員として金州警備に従事した。ただ、すでに戦争は終盤に近づいており、「和泉」に華々しい活躍の場はなかった。
　明治31年、三等巡洋艦に類別。明治34年から35年にかけて、横須賀で改装工事を実施、主砲を口径は小さいが発射速度の速い安式15.2センチ単装速射砲に換装した。
　日露戦争に際しては、旅順攻略やウラジオストック砲撃などの主要作戦に参加したが、本艦の活躍で有名なのは、日本海海戦での活躍だろう。
　明治38年5月27日、敵バルチック艦隊を発見した仮装巡洋艦「信濃丸」より触接任務を引き継いだ「和泉」は、危険を冒して近距離まで接近し、艦を並走させつつ新装備たる三六式無線機で刻々とその情報を発信、時折砲撃を受けつつも、連合艦隊本隊が会敵するまで7時間にわたり触接を維持しつづけたのである。
　日露戦争後は船齢が20年を超えていたこともあり、活躍の機会もなく除籍された。

防護巡洋艦「和泉」要目

艦名	和泉
建造	アームストロング社　エルジック造船所（イギリス）
計画	明治27年（戦時緊急計画）
起工	明治14年4月4日
進水	明治16年6月16日
竣工	明治17年7月15日
取得	明治27年12月5日
除籍	明治45年4月1日
売却	大正2年1月15日

防護巡洋艦「和泉」要目

新造時

常備排水量	2,950t	速力	18kt
全長	82.3m	航続力	不明（石炭600t）
最大幅	12.8m	兵装	30口径25.4cm単装砲×2、40口径12cm単装速射砲×6、47mm砲×8、35.6cm水上魚雷発射管×3
平均吃水	5.6m		
主機	横置式2気筒連成レシプロ蒸気機関（2気筒2段膨張式）×2		
主缶	円罐・石炭焚×4基	装甲	甲板水平部：12mm、甲板傾斜部：25mm
出力	5,500hp		
軸数	2	乗員数	300名

海防艦「松島」。松島型は「持たざる国」日本が、清国の巨大戦艦「定遠」「鎮遠」に対抗するために生み出した異形の艦である。そのコンセプトは後のイギリスのハッシュ・ハッシュ・クルーザーにも通じる部分がある。

定遠級に対抗する巨砲搭載巡洋艦
自慢の32センチ砲は期待外れ!?

松島型防護巡洋艦
松島、厳島、橋立

■定遠級の脅威に対抗
■32センチ砲を搭載

　明治初年頃から、清国は我が国の近代化に歩調を合わせるように着々と海軍力の拡張を進めていた。明治18年にはドイツに発注していた「定遠」「鎮遠」という、2隻の30センチ巨砲を搭載した重装甲戦艦が戦力化される。関係が悪化しつつある隣国のこうした動きに対し、我が国としても直接的に対抗できる艦の建造に迫られた。
　「定遠」「鎮遠」の最大305ミリという装甲を撃ち抜くためには、従来のような小口径砲装備の巡洋艦では力不足で、どうしても大口径砲搭載艦が必要だが、当時の日本にはそうした巨大戦艦を持つ余裕はなかった。
　そこでフランス人技術者のベルタンが提案したのが、防護巡洋艦の船体に、定遠級より大きい32センチ砲1門を搭載する、特異な艦であった。これが松島型（厳島型）である。
　竣工当初は海防艦と呼ばれた松島型は全部で3隻が建造されたが、その形式には2種類ある。すなわち、艦の前部に主砲を搭載した「厳島」、「橋立」と、後部に主砲を搭載した「松島」である。本来、「松島」同様の主砲配置を持ったもう1隻の建造が予定されており、主砲の前方配置艦と後方装備艦、各1隻ずつで2つの艦隊を組んで運用する計画であったというが、最終艦はキャンセルされている。
　命名は日本各地の景勝地から取られ、ゆえに「三景艦」と称された。

■巨砲の威力は
■発揮できず

　特異な艦型の松島型であるが、やはりこのクラスの艦に32センチ砲は巨大に過ぎ、砲を旋回させると艦が傾き仰角が取れず、発射の反動で進路までが変わってしまうといった有様で、成功作とは言い難かった。
　しかも肝心の32センチ砲が故障が多く発射速度も遅いこともあって、黄海海戦では3隻合わせてわずか13発を発射したに過ぎず、このうち命中したのは1発だけだったとされる。日本海軍の勝因は、12センチ速射砲による間断ない射撃と、艦隊機動で相手を翻弄した点にあった。
　黄海海戦時の連合艦隊旗艦は「松島」で、連合艦隊司令長官伊東祐亨中将が座乗して出撃、「定遠」「鎮遠」を擁する清国北洋艦隊と対決した。「松島」は「鎮遠」の30.5センチ砲の直撃ほか被弾多数を数えたが、航行に支障はなかった。
　その後、「松島」は日露戦争で日本海海戦などに参加、哨戒・警備任務にも重用された。
　明治41年4月30日、練習艦隊遠航の帰途、台湾・澎湖島の馬公要港に在泊中に火薬庫爆発によって爆沈。現在でも澎湖島・蛇頭山には鎮魂碑が残されている。
　「厳島」は日露戦争において第3艦隊の旗艦として出撃、日本海海戦では「信濃丸」からのバルチック艦隊発見の報を中継、その後いち早く同艦隊に接敵し、本隊を誘導する役割を果たしている。大正元年8月には二等海防艦となり、その後も雑役船や潜水艇母艦等に利用され、大正15年（昭和元年）に除籍された。
　長らく呉に係留されていたが、昭和15年に解体されている。
　「橋立」は日本海海戦に第5戦隊旗艦として参加。のち第8戦隊所属となり、その後練習艦となる。
　ちなみに「橋立」は、竣工時から舷側の12センチ速射砲の砲座形状を改正、射界を拡大していた。
　大正11年には除籍され、雑役船となり、大正14年に廃船。昭和2年に解体された。

第三章●日清・日露戦争の時代

写真は左上が「厳島」、左下が「橋立」。比べると射界の拡大による舷側砲座の形状変更がよくわかる。故障が多く不評といわれた32センチ・カネー砲だが、当時はまだ砲術が発達しておらず、また黄海海戦が近距離砲戦に終始したため実力が発揮できなかっただけで、潜在能力は優れていたとする説もある。実際、爆沈で早期に喪失した「松島」以外は、除籍されるまでそのまま砲が搭載されていた。

松島型防護巡洋艦各艦要目

艦名	松島
建造	フォルジ・エ・シャンティエ社（フランス）
計画	明治18年
起工	明治21年2月17日
進水	明治23年1月22日
竣工	明治25年4月5日
沈没	明治41年4月30日
除籍	明治41年7月31日

艦名	厳島
建造	フォルジ・エ・シャンティエ社（フランス）
計画	明治18年
起工	明治21年1月7日
進水	明治22年7月18日
竣工	明治24年9月3日
除籍	大正15年3月12日
売却	昭和14年10月14日
解体	昭和15年7月

艦名	橋立
建造	横須賀海軍造船所
計画	明治18年
起工	明治21年8月6日
進水	明治24年3月24日
竣工	明治27年6月26日
解体	昭和2年

松島型防護巡洋艦要目

新造時

常備排水量	4,278t
全長	90m
最大幅	15.54m
平均吃水	6.05m
主機	横置式3気筒3連成レシプロ蒸気機関×2
主缶	円罐・石炭焚×6基
出力	5,400hp
軸数	2
速力	16kt
航続力	不明
兵装	38口径32cm単装砲×1、40口径12cm単装砲×11（松島は×12）、47mm単装砲×5（松島は×6、橋立は×12）、37mm5砲身機砲×12（松島は×11、橋立はなし）、8mm5砲身機砲×1（橋立は11mm5砲身機砲×1）、35.6cm水中魚雷発射管×4
装甲	上甲板：39.7mm、主甲板：38～51mm（水平部）、75mm（甲板傾斜部）、主砲防盾：100mm（最厚部）、主砲バーベット部：300mm（最厚部）
乗員数	360名

防護巡洋艦「松島」 明治25年竣工時

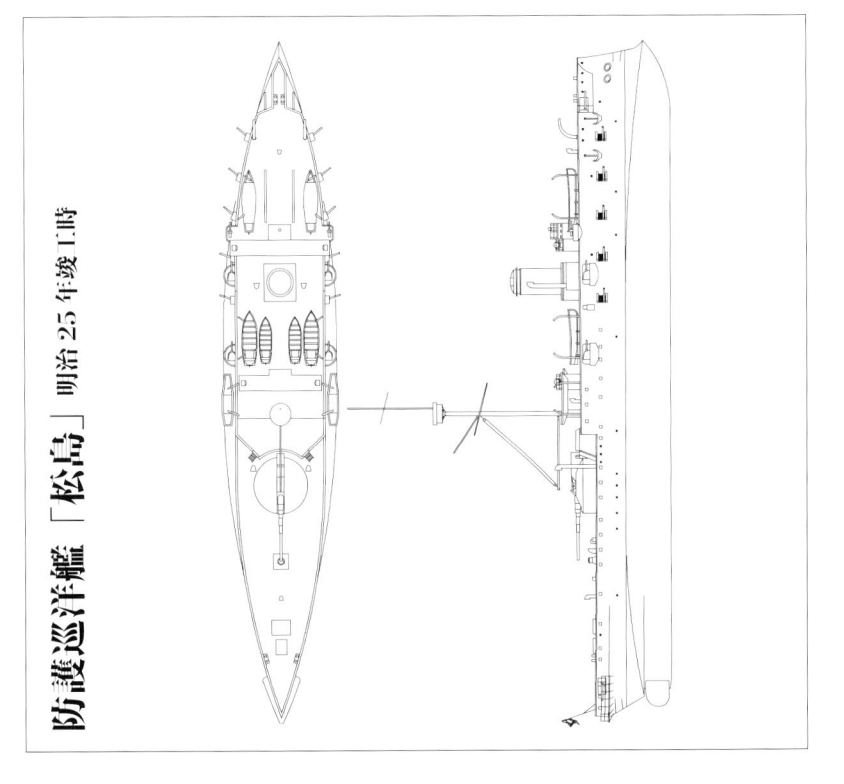

水雷艇並みの速力と、発射速度の速い中口径砲で活躍した「吉野」「高砂」だったが、いずれも日露戦争中に戦没してしまったのは残念であった。

最高速力23ノット、
竣工当時世界最速の巡洋艦

吉野型防護巡洋艦

吉野、高砂

世界最速の巡洋艦
持ち前の快速で活躍

「吉野」は、高出力機関を搭載して速力を大幅に向上させ、機動性を高めることによって巡洋艦の弱点である装甲の薄さをカバーしようという意図で生まれた防護巡洋艦である。

その特長は、なんといっても高速性能で、当時、巡洋艦の速力はせいぜい17ノット程度であったものを、水雷艇並みの23ノットを発揮、世界最速の巡洋艦となった。これを上回るものは日清戦争終了後まで現れなかったほどである。

設計は同造船所で建造されたアルゼンチンのベインテシンコ・デ・マヨ級防護巡洋艦の改良型であり、搭載砲は発射速度が速く、連射性能に優れた中口径砲に統一するなどの変更が行なわれ、世界最優秀の巡洋艦と評された。一説にはこの艦の完成が日清戦争の開戦日を決める大きな要素となったといわれている。

浪速型の2倍、1万5900馬力の出力を持つ機関は我が国では初採用となる直立式4気筒3連成レシプロ蒸気機関2基で、ボイラーは円缶12基が搭載された。

明治27年に勃発した日清戦争で、「吉野」は期待通りの働きをみせた。開戦時の豊島沖海戦では「済遠」に命中弾を与え、持ち前の高速を生かして追跡している。

9月17日の黄海海戦では、第1遊撃隊の旗艦として出撃、いち早く清国艦隊を発見。戦闘では本隊の前方から最右翼にいた「揚威」「超勇」に突撃、一時は1600メートルまで肉薄しつつ攻撃を集中、僚艦とともにこれを撃破。その後も快速を利して敵艦に速射砲を浴びせ続け、戦局を有利に導いた。

日露戦争では第1艦隊第3戦隊の一員として出撃し、旅順砲撃作戦、浦塩哨戒などの任務についたが、旅順封鎖作戦では僚艦とともにオトリとなってロシア戦艦ペトロパウロウスクを港外におびき出し、触雷撃沈している。

しかし明治37年5月15日、濃霧の中、山東角沖を単縦陣で航行中に僚艦の「春日」が艦首から衝突、艦長の佐伯大佐以下300名あまりの乗組員とともに沈没した。

好成績に同型艦を追加発注

日清戦争での「吉野」の活躍を見た日本海軍では、当時アームストロング社で建造中だった同様の巡洋艦を購入して「高砂」と命名した。吉野型として同型艦とされる場合が多いが、20.3センチ砲2門の搭載など、両者の間には違いも多い。機関は1万5750馬力で速力22.5ノットであった。

日露戦争で「高砂」は旅順港外でロシア汽船マンチュリア（のち工作艦「関東」）を拿捕するなど活躍したが、明治37年12月13日、旅順沖で哨戒中に触雷、沈没し、両艦ともに日露戦争で失われることになった。

吉野型防護巡洋艦各艦要目

艦名	吉野	艦名	高砂
建造	アームストロング社エルジック造船所（イギリス）	建造	アームストロング社エルジック造船所（イギリス）
計画	明治24年	計画	明治29年
起工	明治25年3月1日	起工	明治29年5月29日
進水	明治25年12月20日	進水	明治30年5月17日
竣工	明治26年9月30日	竣工	明治31年5月17日
沈没	明治37年5月15日	沈没	明治37年12月13日
除籍	明治38年5月21日	除籍	明治38年6月15日

吉野型防護巡洋艦要目

新造時			
常備排水量	4,216t（高砂4,155t）	航続力	10ktで4,000浬
全長	109.73m	兵装	40口径15cm単装砲×4、40口径12cm単装砲×8、47mm単装砲×22、35.5cm魚雷発射管×5
最大幅	14.17m		
平均吃水	5.18m		
主機	直立式4気筒3連成レシプロ蒸気機関×2	装甲	甲板水平部：45mm、司令塔：102mm、甲板傾斜部：114mm、防盾：114mm
主缶	円罐・石炭焚×12（高砂8）		
出力	15,900馬力（高砂15,750馬力）		
軸数		乗員数	360名（高砂380名）
速力	23kt（高砂22.5kt）		

第三章 ● 日清・日露戦争の時代

「秋津洲」の機関は8400馬力、ボイラーは円缶4基。計画速力19ノットだが、実際にはここまでの速力は出せなかったようで、公試時17.5ノット、日露戦時の記録では自然通風で16ノット、強制通風でも17.3ノットだった。

設計から建造まで、すべて日本人の手で行なわれた
最初の防護巡洋艦

防護巡洋艦「秋津洲」

■松島型4番艦を変更
■初の国内設計艦

ベルダン設計による松島型は、実際に運用してみるとさまざまな難点が表面化したことで、日本海軍は最終の4番艦をキャンセル、より常識的な英国式設計の国産艦に変更することにした。

この決定はベルダンを怒らせ、契約がまだ残っているにも関わらずフランスに帰国してしまう結果となったが、すでにフランス式設計に不信感を持ち始めていた日本海軍には大きな衝撃とはならなかった。

設計から建造まですべて日本人の手で行なわれた、最初の防護巡洋艦という栄誉を担ったこの艦は、日本の古名を表す「秋津洲」と名付けられた。もっとも設計についてはイギリス・アームストロング社の設計により明治23年に就役した、アメリカの防護巡洋艦「ボルチモア」に範を取ったものといわれる。

「秋津洲」は明治27年3月31日に竣工したが、実際には機関部の不具合で公試も未実施であり、その後も改修が続けられた。公試が行なわれたのは同年6月17日であり、7月に勃発した日清戦争にまさにギリギリで間に合った形となった。

■日清戦争で
■「操江」を鹵獲

船体は前後2檣で、前檣直後に艦橋が設置され、中央部に2本の煙突が屹立するスタイルであり、各檣には機砲を備えつけたファイティングトップを持つ。

主武装はアームストロング式（安式）速射砲に統一されており、左右両舷のスポンソンに防盾付きの40口径15.2センチ砲が計4門、船体中心線上の前後および両舷の小スポンソンに40口径12センチ砲が計6門というものであった。

当初、安式速射砲は12センチ砲10門で計画されたが、甲板装甲厚を25パーセント削減してまで4門をより大口径砲に変更するなど、攻撃力増大に重点を置いた。

日清戦争での「秋津洲」は、のちに日露戦争で第2艦隊司令長官となる上村彦之丞少佐指揮のもと、緒戦である豊島沖海戦で巡洋艦「広乙」を追撃し擱座させ、砲艦「操江」を鹵獲するという大きな戦果をあげたのを皮切りに、黄海海戦では第1遊撃隊に所属して参戦、大連や旅順などの攻略作戦や威海衛砲撃作戦等に参加、大きな役割を果たしている。

明治37年からの日露戦争では対馬を基地とし、海峡警備や旅順封鎖作戦などに参加した。明治38年5月27日の日本海海戦では第3艦隊第6戦隊所属として、バルチック艦隊索敵の任にあたっている。

大正元年、二等海防艦に類別、第一次世界大戦では第2艦隊第6戦隊所属で青島攻略戦やマニラやシンガポールなど外地警備に従事。大正10年には特務艇として潜水艦母艦となる。昭和2年1月10日、改元後初の除籍艦となり、7月29日に売却、横須賀で解体されている。

防護巡洋艦「秋津洲」要目	
艦名	秋津洲
建造	横須賀造船部
計画	明治22年
起工	明治23年3月15日
進水	明治25年7月7日
竣工	明治27年3月31日
除籍	昭和2年1月10日
売却	昭和2年7月29日

防護巡洋艦「秋津洲」要目	
新造時	
常備排水量	3,150t
全長	91.8m
最大幅	13.1m
平均吃水	5.3m
主機	横置3気筒3連成レシプロ蒸気機関×2
主缶	円缶・石炭焚×4
出力	8,400hp
軸数	2
速力	19kt（計画速力）
航続力	不明（石炭490t）
兵装	40口径15cm単装砲×4、40口径12cm単装砲×6、47mm単装砲×8、25mm4砲身機砲×4、8mm5砲身機砲×4、35.6cm魚雷発射管×4
装甲	防盾：114mm、司令塔：114mm、甲板傾斜部：76mm
乗員数	304名

富士型は日本海軍が初めて所有した世界水準の大型戦艦である。日清戦争に勝利したとはいえ、未だ極東の弱小国家に過ぎなかった我が国にとってはその建造費は大きな財政的負担となった。

宮廷費の節約と官吏給与の削減により、
明治日本が必死の思いで建造した本格的大型戦艦

富士型戦艦
富士、八島

■明治天皇の勅書で建造が決定

明治26年、清国との関係が風雲急を告げつつあるなかで、明治天皇は宮廷費の節約と官吏給与の1割を削減、これを財源にするようにとの勅書を出し、大型戦艦の建造が承認された。

イギリスに発注された2隻は「富士」「八島」と命名されたが、日本の象徴ともいえる富士山と、我が国の美称にちなんだ艦名は、いかに期待をかけられていたかがわかる。

富士型はイギリス海軍のロイヤル・サブリン級を原型とし、これに多くの改正を加えた戦艦であった。

当時イギリスでは、まず輸出用軍艦に最新技術を採用、運用データを得てから自国海軍の艦に導入するという方針を採用しており、富士型もこの例に漏れない。例えば、新型長砲身（40口径）30.5センチ砲が、長距離砲撃戦における抗堪性の高い全面装甲式砲塔に収められている点や、装甲鈑がそれまでの複合甲鈑から、耐弾力の増大したハーヴェイ甲鈑に変更されている点などである。

速力の18.25ノットは当時の巡洋艦とほぼ同等であり、世界一流の戦艦として注目を集めたのもうなずける。

■「富士」は太平洋戦争まで残存

「富士」は、明治30年8月17日、イギリスのテムズ鉄工所で竣工したが、これに先立つ6月14日、ヴィクトリア女王即位60周年記念観艦式に参加するために先行して受領し、軍艦旗を掲げている。この時、日本初のイルミネーションを実施したといわれる。

10月31日には横須賀に到着したが、この回航の際、回航委員長の三浦大佐指揮のもと、このクラスの戦艦としては初めてスエズ運河を通過、その正確な測量と操艦技術を世界に知らしめている。

翌明治31年3月21日に我が国初の一等戦艦に類別された。明治天皇は自らの節制で購入した艦に愛着を持たれ、同年11月19日の常備艦隊親閲でお召艦とされている。

日露戦争では主力たる第1艦隊第1戦隊の3番艦として出陣、旅順口攻撃や旅順港閉塞作戦、黄海海戦に参加。黄海海戦後にファイティングトップを廃止した。明治38年5月27～28日の日本海海戦では戦艦「ボロジノ」を撃沈する武勲を上げているが、「富士」も被弾11発を数え、後部砲塔が大破した。

明治43年、主砲を45口径のより長砲身砲に改めて砲戦能力を向上させ、主缶を宮原式水管缶14基に換装。前後の煙突もやや背の低い同形のものに変わっている。

大正元年、海防艦に類別され、練習艦として使用されたが、大正11年にはワシントン条約によって装甲と武装を撤去し、運送艦や練習特務艦に使われた。昭和になってからは横須賀港内で航海学校校舎として使用され、終戦直前の昭和20年7月18日米軍空襲で大破着底、昭和23年に浦賀船渠で解体された。

まさに帝国海軍の隆盛から落日までを見守った、48年の生涯だった。

姉妹艦の「八島」は明治30年9月9日、イギリス・アームストロング社エルジック造船所で竣工している。同型艦とはいえ、主缶数や4.7センチ砲の位置など、「富士」とは細部がかなり異なる。尾部の形状改良と半平衡舵の採用で、旋回半径も「富士」より小さかったといわれる。

日露戦争には第1艦隊第1戦隊に所属したが、明治37年5月15日、旅順港沖で作戦中に触雷、右舷に傾斜して転覆、沈没した。

第三章● 日清・日露戦争の時代

富士型の装甲鈑はハーヴェイ甲鈑が使われたが、設計が進んでからの採用だったため、喫水や重心が変化するのを嫌って装甲厚は複合甲鈑使用時のままとされた。このため、富士型は舷側最大で457ミリという、我が国の戦艦中、もっとも装甲の厚い艦となっている。写真は「八島」。

富士型戦艦各艦要目

艦名	富士
建造	テームズ鉄工所（イギリス）
計画	明治26年
起工	明治27年8月1日
進水	明治29年3月31日
竣工	明治30年8月17日
沈没	昭和20年7月18日
除籍	昭和20年11月30日
解体	昭和23年8月15日

艦名	八島
建造	アームストロング社　エルジック造船所（イギリス）
計画	明治26年
起工	明治27年12月28日
進水	明治29年2月28日
竣工	明治30年9月9日
沈没	明治37年5月15日
除籍	明治38年6月15日

富士型戦艦要目

新造時

常備排水量	12,533t（八島12,320t）
全長	114.0m（八島113.39m）（垂線間長）
最大幅	22.25m（八島22.46m）
平均吃水	8.08m（八島8.00m）
主機	直立式3気筒3連成レシプロ蒸気機関×2
主缶	円缶・石炭焚×14（八島×10）
出力	13,500hp
軸数	2
速力	18.25kt
航続力	10ktで7,000浬
兵装	40口径30.5cm連装砲×2、40口径15.2cm単装砲×10、47mm砲×20、短47mm砲×4、45センチ魚雷発射管×5（水上×1、水中×4）
装甲	ハーヴェイ甲鈑 舷側：457mm（水線部主装甲）、司令塔：356mm、砲塔前盾：152mm、、甲板：63mm
乗員数	726名（八島741名）

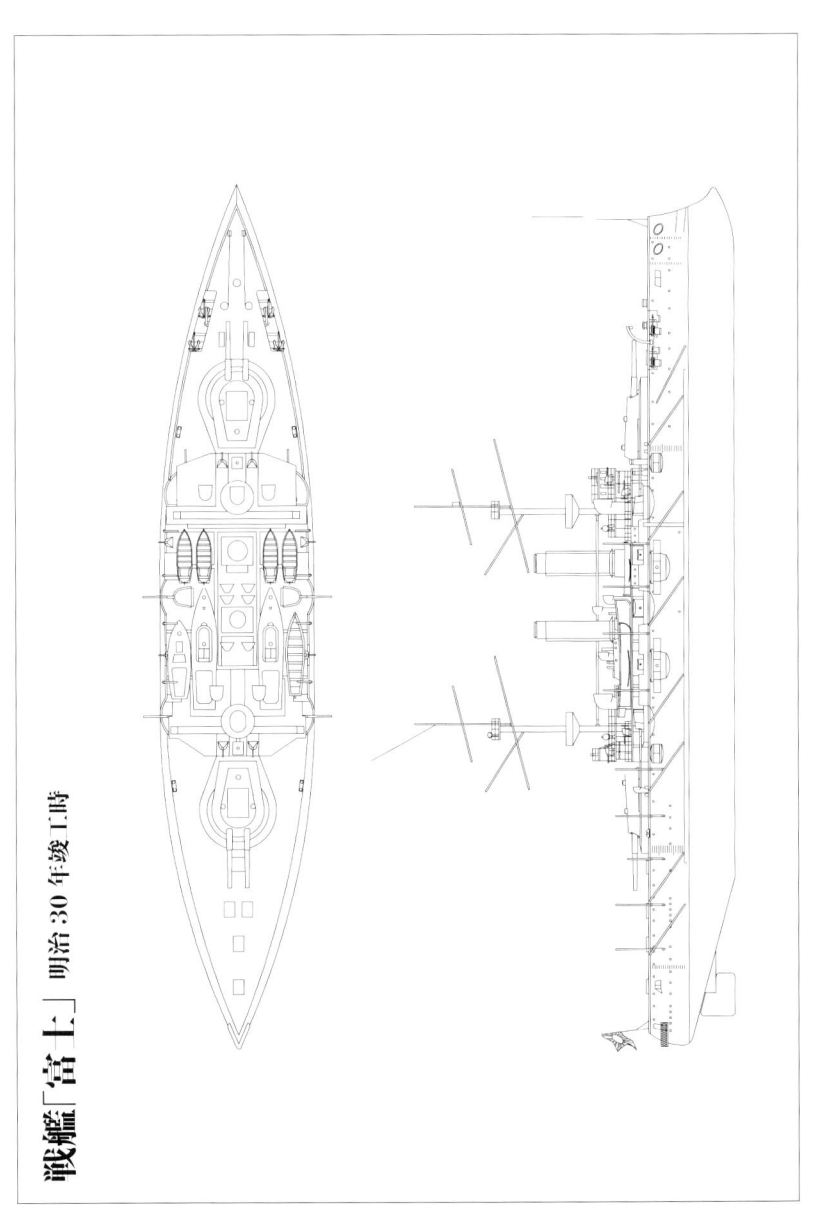

戦艦「富士」明治30年竣工時

「三笠」は分類上は敷島型4番艦だが、装甲鈑の材質や副砲の装備方式、そして主砲発射速度など多くの点で改良が加えられているため、別艦型として扱われることも多い。

日本海海戦時の連合艦隊旗艦としてあまりにも有名。
現在も横須賀で記念艦として永久保存中

戦艦「三笠」

■日本海海戦
■栄光の旗艦

　日露戦争時の連合艦隊の旗艦として司令長官・東郷平八郎元帥が座乗、日本海海戦における活躍があまりにも有名な「三笠」は、戦艦6隻、巡洋艦6隻を整備する、いわゆる六六艦隊の最終艦として竣工した。

　分類としては敷島型の4番艦であり、艤装や機関、速力などは同様だが、造船技術が急激な進歩をとげて多くの改良が施されているため、別艦型として扱われることも多い。

　敷島型から変更した主な点は、装甲鈑にヴィッカース社の提案により、敷島型のハーヴェイ・ニッケル甲鈑より30パーセントほど強靱なKC（クルップ・セメンテッド）甲鈑を採用、主要部舷側の装甲を上甲板まで拡大し、中甲板副砲の装備方式をケースメート式から個別装甲室装備に変更するなどして耐弾防御性能を向上させたこと。主砲も揚弾機構を改善し、発射速度を2割アップさせている。

　こうした改良点もあり、日露戦争勃発時点で世界最大最強・最新鋭の戦艦となり、「三笠」を凌ぐ艦は本国イギリスにもなかった。

　明治36年12月28日、連合艦隊旗艦となった三笠は明治37年2月6日から始まった日露戦争で、常に先陣を切って戦い、勝利の原動力ともなったが、その被害もまた少なからぬものがあった。

　2月9日からの旅順口攻撃では後部艦橋に命中弾を受け、同年8月10日の黄海海戦では、後部砲塔、シェルターデッキ等に被害を受けるも、ロシア艦隊旗艦「ツェサレヴィチ」を撃破し、司令官ウィトゲフトを戦死させ艦隊を潰走させている。

　翌明治38年5月27日〜28日の日本海海戦では、旗艦として敵前回頭の先頭にいたことで敵弾が集中、30.5センチ砲弾だけでも10発、15.2センチ砲弾は21発の計31発を被弾、死傷者113名を出しているが、戦闘続行に大きな支障はなく、バルチック艦隊をほぼ壊滅させる戦果を上げたのはご存じの通りである。

■爆沈、浮揚から
■永久記念艦へ

　海戦後は佐世保に入港し、修理を行なったが、日露講和条約の調印直後である9月11日未明、後部火薬庫が爆発・着底するという惨事に見舞われ、乗員339名が死亡している。翌明治39年8月8日に浮揚に成功、佐世保工廠で復旧工事の上、明治41年4月24日に第1艦隊に編入され、再び旗艦として現役に復帰した。

　大正3年からの第1次世界大戦では日本海での警備活動に従事、大正10年9月1日には一等海防艦に類別された。しかしその直後の9月16日、ウラジオストック港外のアスコルド海峡付近で濃霧の中を航行中、座礁。損傷・浸水した「三笠」はウラジオストックに緊急入港して応急修理のあと、11月3日に舞鶴に帰還した。

　大正12年9月1日の関東大震災で岸壁に激突、ウラジオでの破損個所から浸水して着底してしまう。そのまま除籍・解体となるはずだったが、国民の間から保存運動が巻き起こったことにより同地で記念館として永久保存されることが決定した。

　太平洋戦争後は進駐軍の手により上部構造物が撤去され、ダンスホールや水族館に転用されるなど荒廃したが、アメリカ海軍のチェスター・ニミッツ提督など、多くの人々の尽力で昭和36年5月27日、往時の姿に復元された。現存する世界唯一の前弩級戦艦として、現在でも多くの見学者を集めている。

第三章●日清・日露戦争の時代

連合艦隊旗艦として常に先陣を切って戦ったことで、「三笠」はまた多くの被害を受けた。日本海海戦では31発の敵弾を受け、合計113名の死傷者を出している。また、復元された「三笠」は、兵装など構造物の多くはレプリカであるが、一部には昭和33年に日本において解体されたチリ海軍の弩級戦艦「アルミランテ・ラトーレ」の部材が使用されている。

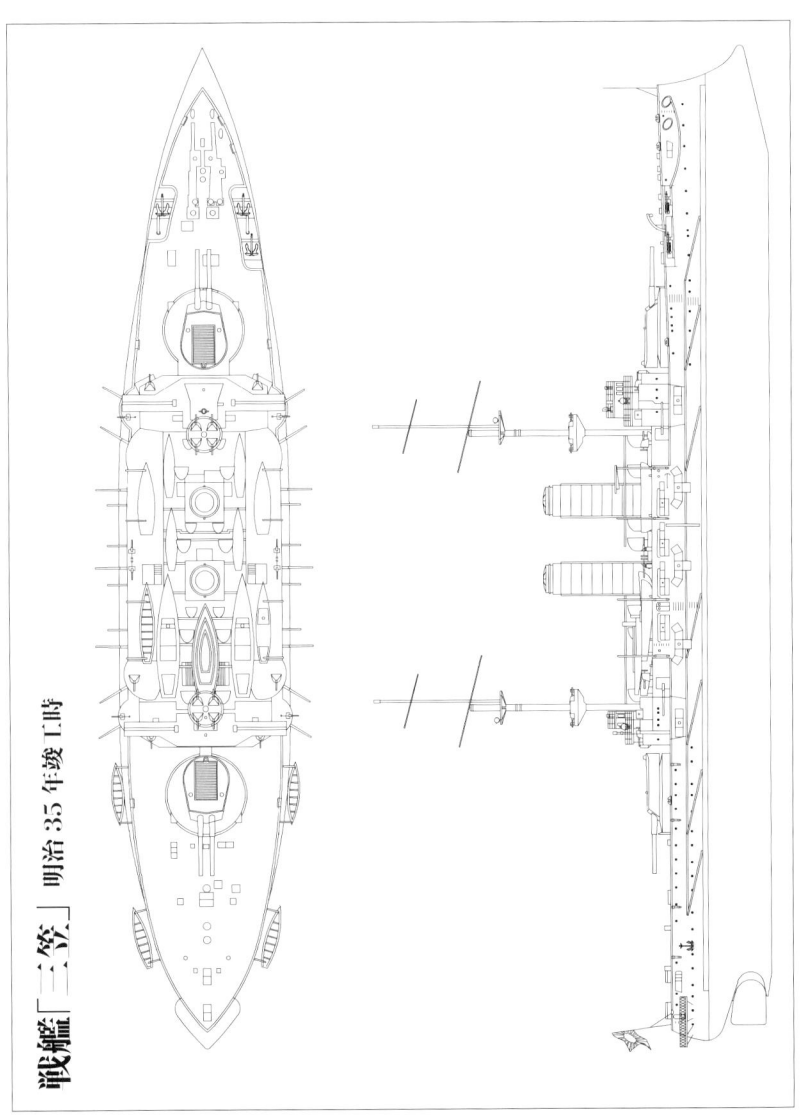

戦艦「三笠」 明治35年竣工時

戦艦「三笠」要目	
艦名	三笠
建造	バロー・イン・ファーネス造船所（イギリス）
計画	明治30年
起工	明治32年1月24日
進水	明治33年11月8日
竣工	明治35年3月1日
除籍	大正12年9月20日

戦艦「三笠」要目	
新造時	
常備排水量	15,140t
全長	131.67m
最大幅	23.23m
平均吃水	8.28m
主機	直立式3気筒3段膨張式レシプロ蒸気機関×2
主缶	ベルヴィール罐・石炭焚×25
出力	15,000hp
軸数	2
速力	18.0kt
航続力	10ktで7,000浬（推定） 石炭1,521t
兵装	40口径30.5cm連装砲×2、40口径15.2cm単装砲×14、40口径7.6cm単装砲×20基、47mm単装砲×8、45cm魚雷発射管×4
装甲	KS鋼舷側：229mm（水線最厚部）、甲板：76mm+25mm 砲塔：254mm（前盾）、203mm（天蓋）、司令塔：356mm
乗員数	859名

敷島型のボイラーは通常の円缶からより効率の高いベルヴィール式水管缶となり、出力も1万4500馬力（「朝日」は1万5000馬力）と向上していた。ただし、富士型との共同戦闘を考慮し、速力は18ノットに抑えられている。

富士型を改良、日露戦争における戦艦部隊の中核
終戦時まで残存の艦も存在する長命クラス

敷島型戦艦
敷島、朝日、初瀬

■富士型の発展形
■戦艦部隊の中核

富士型は日本海軍の戦力を飛躍的に引き上げたが、新たなる仮想敵となったロシア海軍に比較するとその差は大きく、さらなる拡充が必要なことは明白だった。

そこで海軍は日清戦争の賠償金などを原資に、明治29年から明治38年まで10年をかけ、「富士」「八島」を含めて戦艦6隻、装甲巡洋艦6隻を中核とするバランスの取れた艦隊、いわゆる六六艦隊を整備することを計画する。

まずは第1期拡張計画の一環としてイギリスに発注されたのが「敷島」であり、続いて第2期拡張計画として「朝日」「初瀬」「三笠」が発注された。

敷島型は富士型に準じた設計といわれるが、実際にはイギリス海軍のマジェスティック級を原型に改正を加えたものといえ、機関、兵装、装甲など多くの点で異なっている。

ことに装甲は新たにハーヴェイ・ニッケル甲鈑となり、防御力を向上させつつ装甲の減厚（富士型の約半分）に成功している。

■長命の「敷島」「朝日」
■薄幸だった「初瀬」

1番艦「敷島」は竣工後、第1艦隊第1戦隊所属として日露開戦を迎えた。主力艦として旅順口攻撃、旅順港閉塞作戦、黄海海戦と常に第一線を転戦し、翌明治38年の日本海海戦では、「三笠」に続く2番艦の位置にいたため敵弾10発を被弾、前部主砲が使用不能になったが、仮装巡洋艦「ウラル」を魚雷で撃沈、戦艦「ボロジノ」を撃破するなど、活躍もまた大きかった。

9月11日、「三笠」の沈没によって連合艦隊旗艦を継承し、凱旋観艦式に参加している。

大正10年には一等海防艦とされ、大正12年にはワシントン条約により兵装と装甲を撤去、練習特務艦となり、大正14年から佐世保に係留される。その後、海兵団の係留練習艦として太平洋戦争終戦まで残存、戦後の昭和22年に解体された。「朝日」は竣工に先立つ5月、公試中に座礁している。主砲を含む重量物を一度陸揚げし、船体を軽くして離礁に成功したが、修復工事で引き渡しが予定より遅延してしまう。

日露戦争では第1艦隊第1戦隊に所属。日本海海戦では他艦と共同してロジェストヴィンスキー旗艦の戦艦「スヴォーロフ」を撃破したのを皮切りに戦果を拡大、「朝日」の損害は軽微であった。

大正7年、第3艦隊第5戦隊の旗艦となり、第1次大戦に参加。

大正10年には海防艦に類別され、大正12年、「敷島」と同様に練習特務艦とされたが、さらに大正14年、潜水艦救難装置を設置している。昭和6年ごろからは簡単な工作設備を設置していたが、昭和12年には本格的に改造工事を行ない、工作艦に類別を変更した。

太平洋戦争では第2艦隊に編入され、シンガポール方面に展開したが、昭和17年5月25日、米潜水艦「サーモン」の雷撃で沈没した。

「初瀬」は竣工してからもヴィクトリア女王の葬儀儀礼でイギリスに滞在したのち、日本に回航された。

日露戦争では「三笠」に次ぐ有力艦として期待され、第1艦隊に所属した。しかし明治37年5月15日、第1戦隊旗艦として旅順港外を哨戒中に触雷、艦尾部分を破られて機械室に浸水、航行不能となった。巡洋艦「笠置」が曳航を試みたが、2度目の触雷で後部火薬庫に誘爆、大爆発を起こして沈没した。

第三章●日清・日露戦争の時代

戦艦「初瀬」

「朝日」はジョン・ブラウン社のクライドバンク造船所が初めて建造した戦艦であり、当時計画中だったイギリス戦艦フォーミタブル級の設計を一部取り入れ、艦内配置を見直したことで煙突が2本に減少している。晩年は工作艦として活躍し、太平洋戦争中に米潜水艦の魚雷で沈没している。

敷島型戦艦各艦要目

艦名	敷島
建造	テムズ鉄工造船所（イギリス）
計画	明治29年
起工	明治30年3月29日
進水	明治31年11月1日
竣工	明治33年1月26日
除籍	昭和20年11月20日
解体	昭和23年
艦名	朝日
建造	ジョン・ブラウン社クライドバンク造船所（イギリス）
計画	明治30年
起工	明治30年8月18日
進水	明治32年3月13日
竣工	明治33年7月31日
沈没	昭和17年5月25日
除籍	昭和17年6月15日
艦名	初瀬
建造	アームストロング社エルジック工場（イギリス）
計画	明治30年
起工	明治31年1月10日
進水	明治32年6月27日
竣工	明治34年1月18日
沈没	明治37年5月15日
除籍	明治38年5月21日

敷島型戦艦要目

新造時

常備排水量	14,850t（敷島）、15,200t（朝日）15,000t（初瀬）
全長	133.5m（朝日129.6m、初瀬134.0m）
最大幅	23.1m（朝日22.9m、初瀬23.5m）
平均吃水	8.31m（初瀬8.23m）
主機	直立式3気筒3連成レシプロ蒸気機関×2
主缶	ベルヴィール式水管罐・石炭焚×25基
出力	14,500hp（朝日15,000hp）
軸数	2
速力	18kt
航続力	10ktで7,000浬
兵装	40口径30.5cm連装砲×2、40口径15.2cm単装砲×14、40口径7.6cm単装砲×20、47mm単装砲×12、45cm魚雷発射管×5（初瀬×4）
装甲	舷側：229mm（水線最厚部）、甲板：102mm＋25mm、砲塔：254mm（前盾）、203mm（天蓋）、司令塔：356mm
乗員数	836名

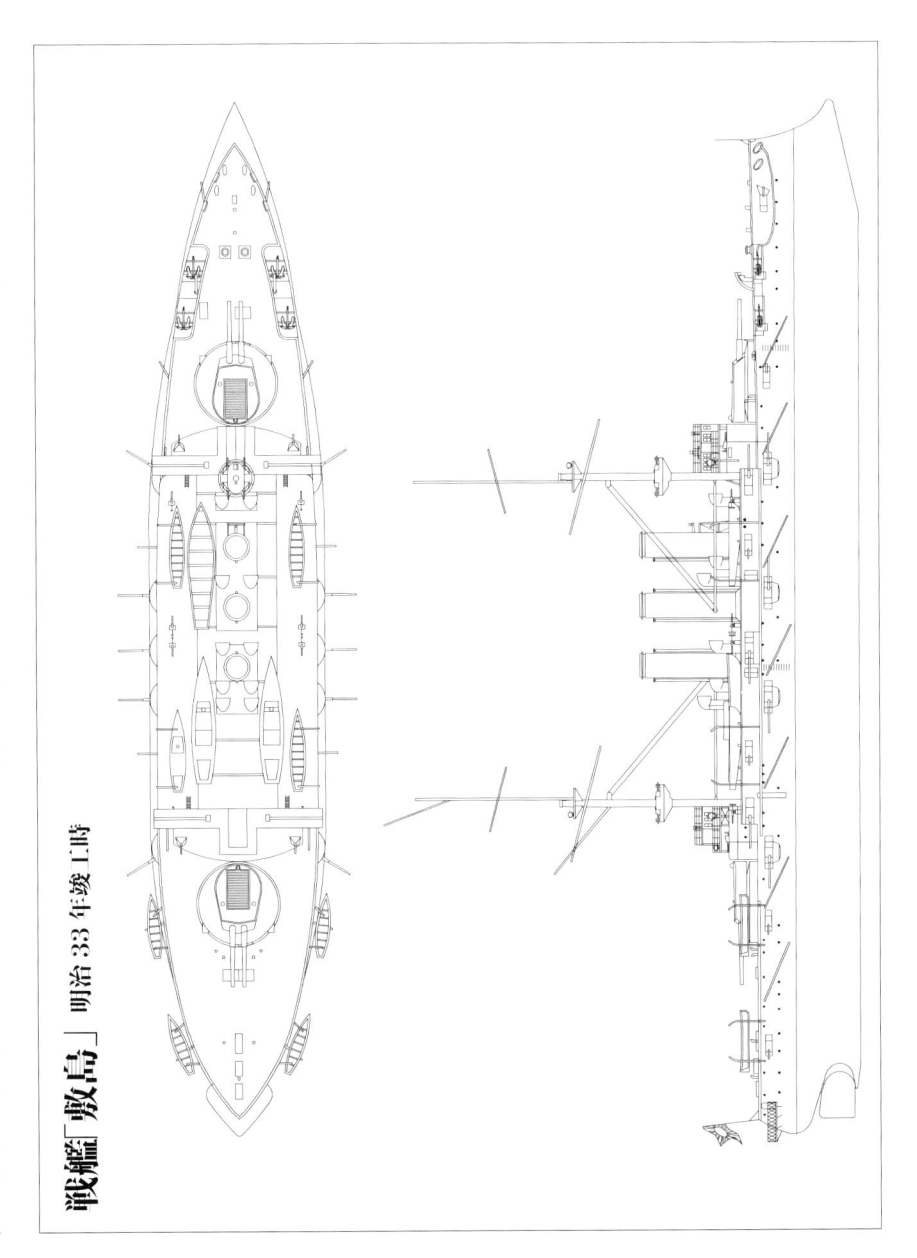

戦艦「敷島」明治33年竣工時

浅間型はのちに「ドレッドノート」の設計者として名を馳せる、フィリップ・ワッツの手によるもの。主砲は新たに設計された45口径20.3センチ連装砲で、前後中心線上に1基ずつ計4門、副砲は15.2センチ単装砲計14門であった。

浅間型 装甲巡洋艦

戦艦に準じる防御力と快速を兼ね備えた有力艦。練習艦や機雷敷設艦として余生を送る

浅間、常磐

■重装甲、快速の ■バランスよい名艦

明治30年度からの第2期拡張計画では巡洋艦は2隻（後に出雲型）建造する予定だったが、ロシア極東艦隊の増勢に鑑み、対抗上イギリスのアームストロング社が輸出用に見込み建造していた2隻を急遽追加取得したものが浅間型である。すでに工事はかなり進んでおり、我が国の装甲巡洋艦としてはもっとも早い時期に戦力化することができた。

浅間型は同所で建造したチリ海軍オイギンズ級装甲巡洋艦の改良型で、装甲厚は若干薄いながらも戦艦と同方式の装甲防御を備えており、21.5ノットの快速とあいまって、主力とするに足る艦であった。

ネームシップの「浅間」は明治33年の神戸沖大演習観艦式では明治天皇のお召艦となった。その後も明治36年、38年、41年と、4度のお召艦となる栄誉に選ばれている。

日露戦争開戦直後に勃発した仁川沖海戦では、ロシア巡洋艦「ワリヤーグ」を攻撃、自沈に追い込んだ。日本海海戦では被弾で舵が故障し艦隊から脱落、参加の主力艦中、もっとも大きな損害を受けた。

日露戦後の「浅間」は、第一次大戦中をはさんで昭和10年代まで練習艦に、昭和17年からは係留練習艦や宿泊艦に使われた。戦後の昭和22年に解体されている。

「常磐」は日露戦争では旅順港攻撃作戦、蔚山沖海戦などに参加した。

大正3年からの第1次大戦では、青島攻略戦に参加したのち、上海航路やインド洋、シンガポールといったシーレーンの警備を行なった。

太平洋戦争では機雷敷設艦として行動したが、昭和20年8月9日、大湊停泊中に空襲で損傷、8月15日に付近の海岸に擱座させ、戦後の昭和22年に解体された。

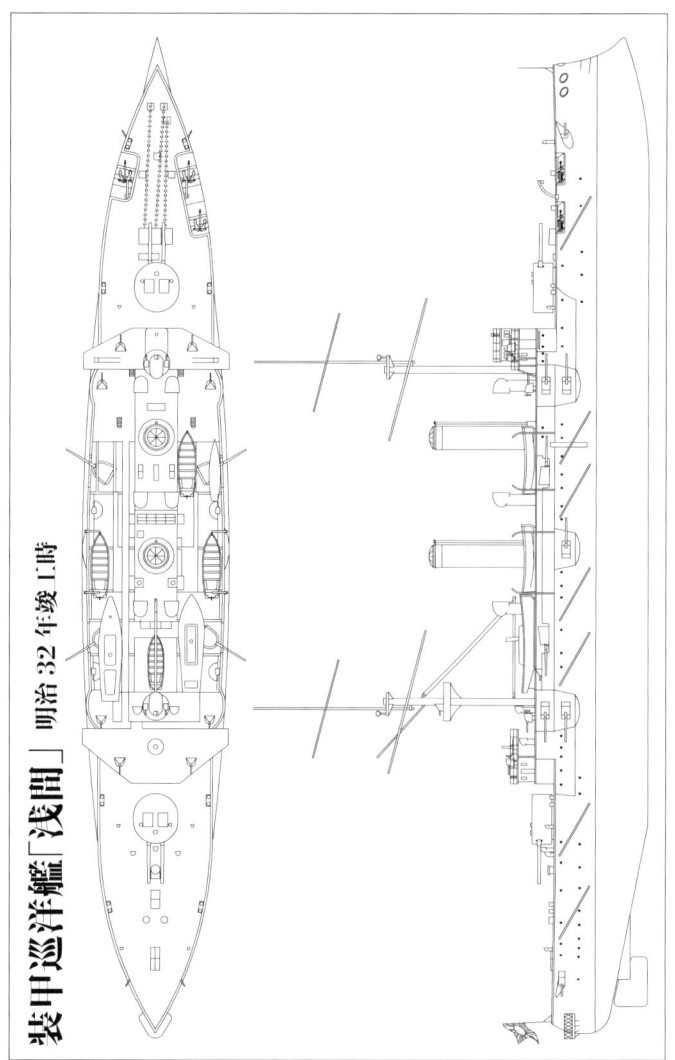

装甲巡洋艦「浅間」 明治32年竣工時

浅間型装甲巡洋艦各艦要目

艦名	浅間	艦名	常磐
建造	アームストロング社エルジック造船所（イギリス）	建造	アームストロング社エルジック造船所（イギリス）
計画	明治30年	計画	明治30年
起工	明治29年10月20日	起工	明治30年1月6日
進水	明治31年3月22日	進水	明治31年7月6日
竣工	明治32年3月18日	竣工	明治32年5月18日
除籍	昭和20年11月30日	除籍	昭和20年11月30日
解体	昭和22年	解体	昭和22年

浅間型装甲巡洋艦要目

新造時

常備排水量	9700t	速力	21.5kt
全長	134.72 m	航続力	10ktで7,000浬
最大幅	20.5 m	兵装	45口径20.3cm連装砲×2、40口径15.2cm単装砲×14、40口径7.6cm単装砲×12、47mm単装砲×8、45cm魚雷発射管×5
平均吃水	7.4 m		
主機	直立式4気筒3連成レシプロ蒸気機関×2		
主缶	円罐・石炭焚×12基	装甲	舷側：178mm（水線最厚部）、甲板：76mm、司令塔：356mm
出力	18,000hp		
軸数	2	乗員数	661名（常磐643名）

第三章 ● 日清・日露戦争の時代

「八雲」は日露戦争での活躍のみならず、練習艦として14回もの遠洋航海をこなし、第一次世界大戦では南洋方面で作戦、太平洋戦争では対空砲台となり最後には復員輸送艦として使われるなど、その貢献はまことに大きなものがあった。

日本の新造艦として初めてクルップ甲鈑を採用
装甲巡洋艦「八雲」

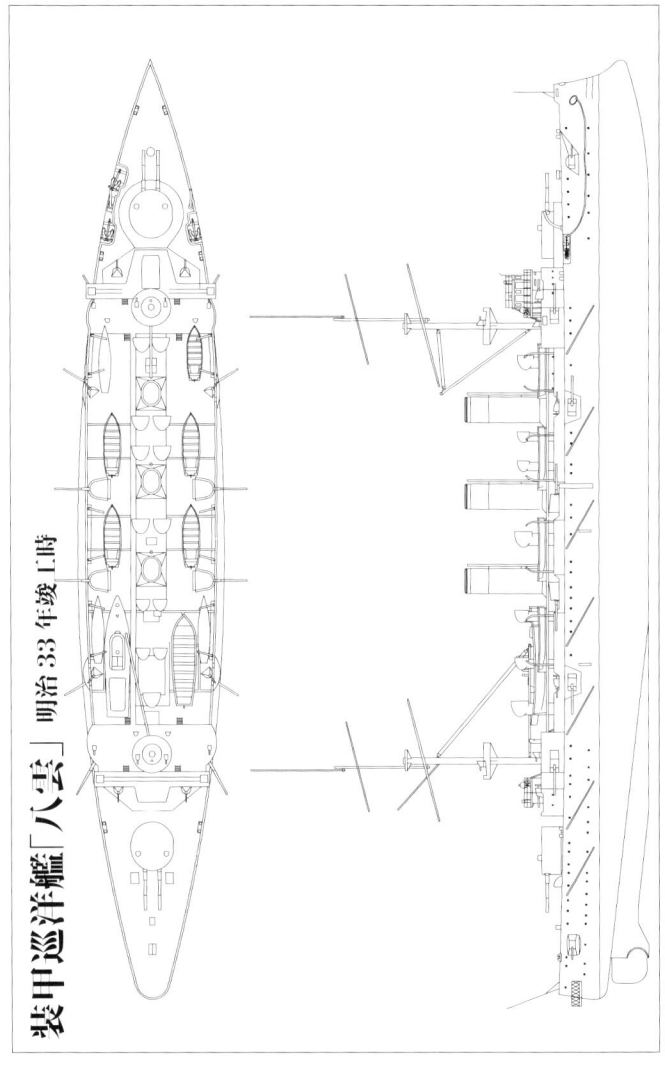

■唯一のドイツ建造艦
■練習艦として残存

ロシアからの鹵獲艦を除けば、ドイツで建造された唯一の大型艦である「八雲」は、明治29年の第1次拡張計画で発注された装甲巡洋艦である。当時、発注先としてはイギリスが多くを占めていたが、三国干渉後の好日世論醸成の意味もありドイツでの建造となった。

基本コンセプトは「浅間」「出雲」などのイギリス製装甲巡洋艦と同一であり、ほぼ準同型艦に近い。

防御装甲方式は戦艦に準じたもので、装甲鈑に新造日本軍艦としては初めてクルップ甲鈑が使用された。

日露戦争では第2艦隊に所属、旅順封鎖作戦等に参加、黄海海戦では第3戦隊旗艦として「笠置」「高砂」「千歳」を率いて出撃している。

天王山たる日本海海戦では僚艦の「磐手」とともに海防戦艦「アドミラル・ウシャーコフ」を撃沈する戦果を挙げている。

大正6年からは練習艦となり、昭和14年までに14回もの遠洋航海に従事している。練習艦時代の「八雲」は艦橋の拡大ほか武装の一部撤去、主缶を戦艦「榛名」から陸揚げしたヤーロー缶6基に換装するなどの改装が行なわれていた。

太平洋戦争中は兵学校の練習艦として使われたが、戦争末期の昭和20年4月には主砲を12.7センチ高角砲に換装され、浮き砲台に使用された。終戦時も可動状態にあったため、整備の上昭和20年12月から台湾、中国などからの復員輸送に使用され、昭和22年に舞鶴で解体された。この際、ドイツ製の調度品の一部が、中国に返還される雑役艦「阿多田」（砲艦「逸仙」）に移されている。なお、解体が行なわれた日立造船舞鶴館には、現在も「八雲」の主錨が展示されている。

装甲巡洋艦「八雲」 明治33年竣工時

装甲巡洋艦要目

艦名	八雲
建造	シュテッティン・フルカン（ドイツ）
計画	明治29年
起工	明治31年9月1日
進水	明治32年7月8日
竣工	明治33年6月20日
除籍	昭和20年10月5日
解体	昭和22年

装甲巡洋艦要目

新造時

常備排水量	9,695 t
全長	124.7 m（垂線間長）
最大幅	19.6 m
平均吃水	7.2 m
主機	直立式4気筒3連成レシプロ蒸気機関
主缶	ベルヴィール罐・石炭焚×24
出力	15,500hp
軸数	2
速力	20.5kt
航続力	10ktで7,000浬
兵装	45口径20.3cm連装砲×2、40口径15cm単装砲×12、40口径7.6cm単装砲×12、47mm単装砲×12、45cm魚雷発射管×5（水中×4、水上×1）
装甲	クルップ甲鈑 舷側：178mm（水線部）、甲板装甲：102mm、司令塔：356mm
乗員数	648名

缶室分離配置を採用した
フランス製装甲巡洋艦
装甲巡洋艦「吾妻」

「吾妻」はフランス製とはいえ、この時期の我が国戦闘艦の常として、45口径20.3センチ連装砲を始めとする搭載主兵装はイギリスの安式（アームストロング式）砲で統一されている。装甲はハーヴェイ・ニッケル甲鈑で、装甲厚は舷側水線部が178ミリ、甲板が102ミリ、司令塔が356ミリと、同時期の我が装甲巡洋艦と同様である。

■「八雲」と同時期にフランスへ発注

「吾妻」は「八雲」と同様の経緯でフランスに発注された装甲巡洋艦である。搭載兵装や機関などは同クラスのものを使用しているが、設計や艤装はフランス式である。当時のフランス艦の常として、縦横比が大きく全長が長い。おかげで当時、入渠できるドックが浦賀船渠に限られるという使い勝手の悪さがあった。

機関は缶室分離方式を採用、第2缶室と第3缶室の間にはクロス・バンカーを設けたことで第2煙突と第3煙突の間が離れており、同じ3本煙突の「八雲」との区別は容易だ。

日露戦争での「吾妻」は、明治37年8月14日の蔚山沖海戦において「出雲」「常磐」「磐手」とともに第2艦隊第2戦隊に所属、ウラジオストック艦隊を追撃した。

明治38年5月27日からの日本海海戦では第二艦隊旗艦「出雲」に続く2番艦に位置し、後部主砲のうち左舷側の砲身に30.5センチ砲弾が命中、使用不能となるなど、全部で10発の被弾を数えた。

日露戦争後は少尉候補生の練習任務についていたが、明治43年〜45年にかけて舞鶴工廠にて主缶の修理や煙突外筒の廃止、魚雷防御網の撤去といった大改装を行なった。

大正3年からの第一次大戦ではインド洋方面の哨戒任務に従事したほか、長距離船団護衛として長駆スエズ運河まで足を伸ばしている。

大正10年、一等海防艦に類別され舞鶴海兵団の練習艦となった。

昭和2年、舞鶴機関学校の定置練習艦とされ、昭和19年に除籍、翌昭和20年までに解体されている。京都市伏見区の乃木神社には、「吾妻」の錨が現在でも保存されている。

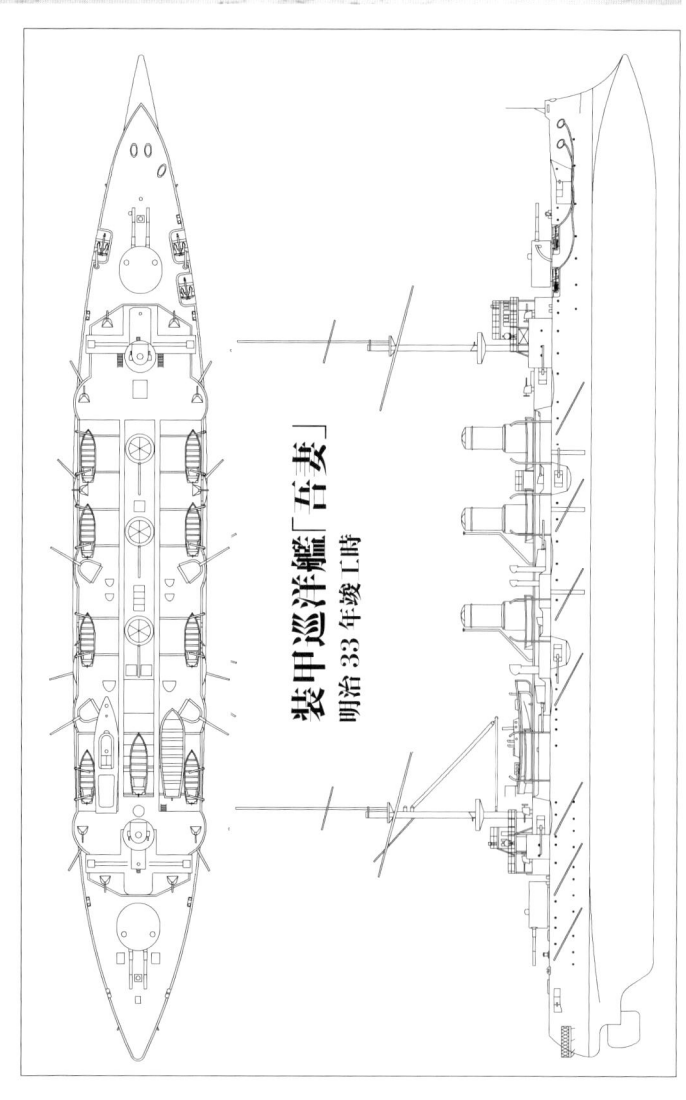

装甲巡洋艦「吾妻」 明治33年竣工時

装甲巡洋艦吾妻艦要目

艦名	吾妻
建造	ラ・ロワール製作造船所（フランス）
計画	明治29年
起工	明治31年2月1日
進水	明治32年6月24日
竣工	明治33年7月28日
除籍	昭和19年2月15日
解体	昭和20年

浅間型装甲巡洋艦要目

新造時

基準排水量	9,326 t	航続力	10ktで7,000浬
全長	135.9 m（垂線間長）	兵装	45口径20.3cm連装砲×2、40口径15.2cm単装砲×12、40口径7.6cm単装砲×12、47mm単装砲×12、45cm魚雷発射管×5（水上×1、水中×4）
最大幅	18.1 m		
平均吃水	7.2 m		
主機	直立式4気筒連成レシプロ蒸気機関×2		
主缶	ベルヴィール罐・石炭焚×24	装甲	舷側水線部：178mm、甲板装甲：102mm、司令塔：356mm
出力	17,000hp		
軸数	2	乗員数	644名
速力	20kt		

第三章●日清・日露戦争の時代

日本海海戦時、「出雲」は全部で8発の敵弾を受けたものの損害は軽微だった。しかしスウォーロフ艦隊追撃時には戦艦の主砲である30.5センチ砲弾を受けており、運よく不発だったので事なきを得たが、炸裂していれば大損害を被るところだった。

我が国装甲巡洋艦中もっとも高い防御力を誇る英国製巡洋艦
出雲型 装甲巡洋艦
出雲、磐手

■浅間型の発展改良版

日本海軍の明治30年からの第2期拡張計画では、第1期とは異なり戦艦・巡洋艦ともにすべて英国に発注されたが「出雲」もこのうちの1艦であり、アームストロング社エルジック造船所で建造された。浅間型を原型としつつ改良を加えた設計で、当時の我が国装甲巡洋艦中、もっとも高い防御力を誇った。

「出雲」は明治37年、日露戦争に上村彦之丞提督の率いる第2艦隊旗艦として出動、同年8月14日の蔚山沖海戦ではロシア装甲巡洋艦「リューリク」を僚艦とともに撃沈するなど活躍した。翌年5月の日本海海戦では、優速の装甲巡洋艦部隊の先頭に立ってバルチック艦隊を翻弄、海戦の勝利に貢献した。

第一次大戦では第2特務艦隊旗艦として地中海で船団護衛任務に活躍。

大正時代は練習艦、昭和7年からは中国水域の遣外艦隊旗艦となるも、太平洋戦争末期の昭和20年7月24日、米機動部隊の空襲を受け転覆着底、昭和22年に同地で解体された。

姉妹艦の「磐手」は、日露戦争では「出雲」とともに第2艦隊に所属した。蔚山沖海戦では死傷者70名以上という大きな損害を受けつつ、ウラジオストック艦隊を事実上壊滅させている。日本海海戦では第2戦隊旗艦として出撃、「八雲」と共同して「アドミラル・ウジャーコフ」を撃沈した。

第一次大戦では青島方面、インド洋方面に出動、戦後は練習艦任務を昭和14年までこなしている。

太平洋戦争時は兵学校練習艦から「出雲」と同様に主砲撤去・対空火器増備の上、呉で浮き砲台となり、「出雲」と同日に空襲を受け着底、昭和21年に解体された。

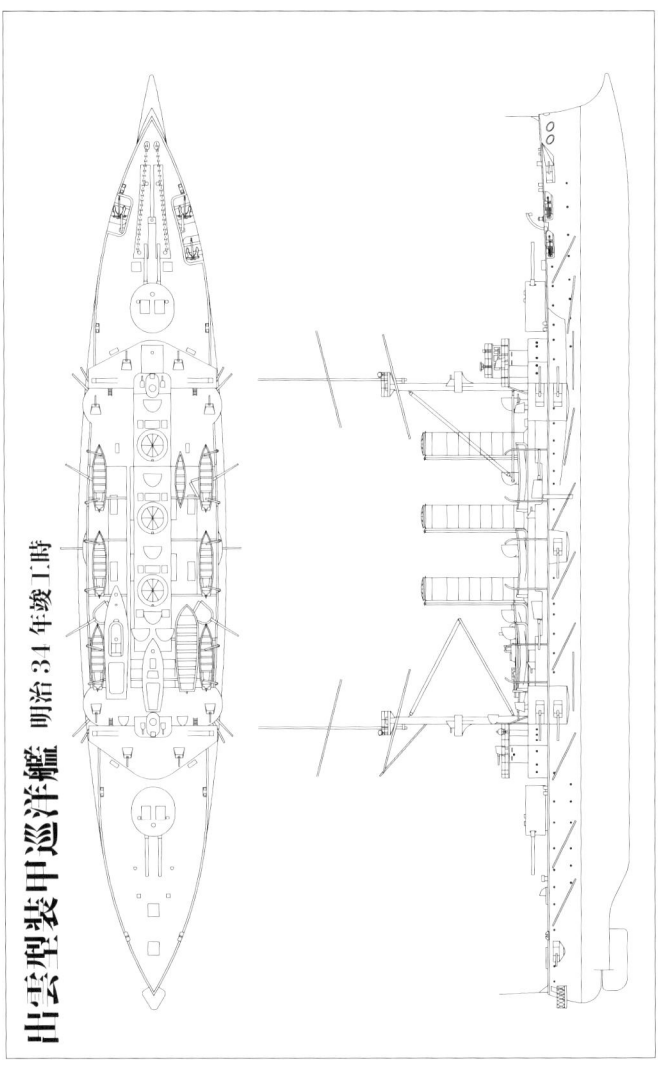

出雲型装甲巡洋艦 明治31年竣工時

出雲型装甲巡洋艦各艦要目

艦名	出雲	艦名	磐手
建造	アームストロング社（イギリス）	建造	イギリス　アームストロング社
計画	明治30年	計画	明治30年
起工	明治31年5月14日	起工	明治31年11月11日
進水	明治31年9月19日	進水	明治33年3月29日
竣工	明治33年9月25日	竣工	明治34年3月18日
沈没	昭和20年7月24日	沈没	昭和20年7月26日
除籍	昭和20年11月20日	除籍	昭和20年11月20日
解体	昭和22年	解体	昭和22年

出雲型装甲巡洋艦各艦要目

新造時

常備排水量	9,773 t	速力	20.8kt
全長	123 m	航続力	10ktで7,000浬
最大幅	20.9 m	兵装	45口径20.3cm連装砲×2、40口径15.2cm単装砲×14、40口径7.6cm単装砲×12、47mm単装砲×8、45cm魚雷発射管×4
平均吃水	7.4 m		
主機	直立式4気筒3連成レシプロ蒸気機関×2		
主缶	ベルヴィール罐・石炭焚×24	装甲	不明
出力	14,500hp	乗員数	648名
軸数	2		

日本への回航時期が開戦日に
影響を与えたイタリア製装甲巡洋艦

春日型装甲巡洋艦

春日、日進

「春日」は我が国の大型艦としては初のイタリア建造艦であるが、この頃のイタリア艦の兵装は、我が国と同じようにイギリスのアームストロング式を採用していたため、武装面では我が国の保有せる他の装甲巡洋艦とほぼ同じであり、大きな問題が生じなかったのは幸いといえた。

■アルゼンチン艦を購入
■長射程25.4センチ主砲

六六艦隊は一応の完成をみたものの、なおロシアとの戦力差は大きく、より一層の増勢が必要と考えた海軍は明治36年、イタリアで建造中だったアルゼンチン巡洋艦2隻を購入する。これが春日型である。

春日型は攻撃力・防御力・速力のバランスが取れたイタリア装甲巡洋艦「ジュゼッペ・ガリバルディ」の流れを汲むものである。主砲は前甲板の40口径25.4センチ単装砲で、最大1万8000メートルという連合艦隊随一の長射程砲であった。

本級の回航にあたりロシア艦隊が追尾してきており、日本はこの2艦が安全圏に入るのを待って宣戦布告したともいわれている。

しかし「春日」は明治37年5月14日、旅順港閉塞作戦に参加中、濃霧の中で「吉野」と衝突、これを沈没させてしまう。

黄海海戦では長射程を生かし、逃走するロシア艦隊に遠距離射撃を加えている。日本海海戦では死傷者27名を出して奮闘した。

大正14年からは運用術練習艦となり、大正15年6月には神津島付近の暗礁で遭難したイギリス客船の生存者を決死的行動で救助した。

昭和20年7月18日、横須賀で米機動部隊の爆撃により大破着底、昭和23年に解体された。

「日進」は日本海海戦では第1戦隊旗艦として被弾8発により中破し、多くの死傷者を出した。この時、のちの連合艦隊司令長官、山本五十六（当時、高野五十六）も負傷している。

第一次大戦では南北太平洋の警備と船団護衛に従事し、昭和10年には除籍され、同年9月、実験中に転覆事故により沈没。昭和12年に浮揚解体されている。

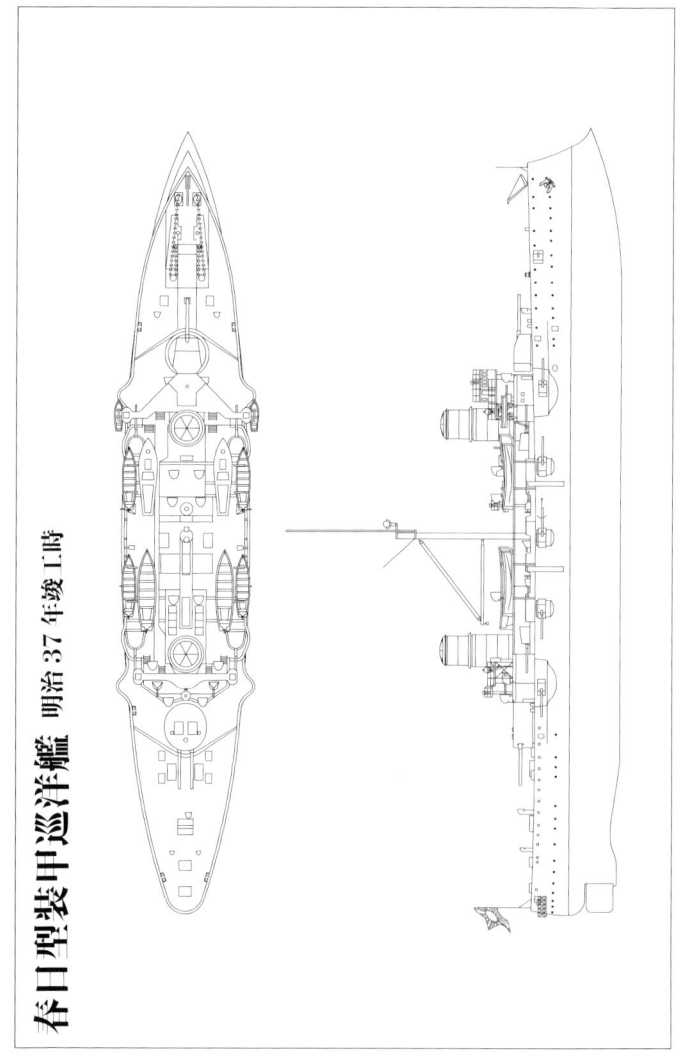

春日型装甲巡洋艦 明治37年竣工時

春日型装甲巡洋艦各艦要目

艦名	春日	艦名	日進
建造	アンサルド社（イタリア）	建造	アンサルド社（イタリア）
計画	明治36年	計画	明治36年
起工	明治35年3月10日	起工	明治35年3月29日
進水	明治35年10月22日	進水	明治36年2月9日
竣工	明治37年1月7日	竣工	明治37年1月7日
沈没	昭和20年7月18日	沈没	昭和10年9月
除籍	昭和20年11月30日	除籍	昭和10年4月1日
売却		売却	
解体	昭和23年	解体	昭和12年

春日型装甲巡洋艦要目

新造時			
常備排水量	7,700 t	航続力	10ktで5,500浬
全長	104.9 m（垂線間長）	兵装	40口径25.4cm単装砲×1、45口径20.3cm連装砲×1（日進45口径20.3cm連装砲×2）、40口径15.2cm単装砲×14、40口径7.6cm単装砲×8、47mm単装砲×6、45cm水中魚雷発射管×4
最大幅	18.7 m		
平均吃水	7.3 m		
主機	直立式3気筒3連成レシプロ蒸気機関×2		
主缶	円罐・石炭焚×8		
出力	13,500hp	装甲	舷側水線部152mm、甲板78mm、司令塔119mm
軸数	2		
速力	20kt	乗員数	562名（日進568名）

第三章●日清・日露戦争の時代

「鎮遠」は日本への編入時、主砲以外は安式に変更された。副砲は前後の15センチ砲を40口径15.2センチ速射砲に変更、艦後檣付近の両舷にも2門を追加して計4門としている。このうち砲塔に収められているのは艦首の1門のみで、ほかは防盾付きの単装砲架だった。魚雷発射管も38センチのものから、我が国の規格に合う35.6センチに変更されている。

戦艦「鎮遠」要目

艦名	鎮遠
建造	フルカン社（ドイツ）
計画	明治12年（発注）
起工	明治14年
進水	明治15年11月18日
竣工	明治18年11月（日本艦籍編入：明治28年3月16日）
沈没	
除籍	明治44年4月1日
売却	明治45年
解体	明治45年

戦艦「鎮遠」要目

日本海軍籍編入時

常備排水量	7,220 t
全長	91.0 m（垂線間長）
最大幅	18.29 m
平均吃水	6.38 m
主機	横置型3気筒2段膨張式還動型レシプロ蒸気機関×2
主缶	円罐・石炭焚×8基
出力	6,200hp
軸数	2
速力	14.5kt
航続力	10ktで4,500浬
兵装	25口径30.5cm連装砲×2、40口径15cm単装砲×4、47mm単装砲×10、37mm単装砲×2、35.6cm水上魚雷発射管×3
装甲	複合甲鈑　水線355mm、甲板75mm、砲塔バーベット305mm、司令塔203mm
乗員数	407名

日清戦争における我が海軍最大の脅威。
日露戦争でかつてのライバルとともに戦う

二等戦艦「鎮遠」
旧・清国海軍戦艦「鎮遠」

「二等戦艦「鎮遠」明治31年二等戦艦類別時」

■日清戦争で鹵獲した清国の大型戦艦

　日清戦争で我が国がもっとも恐れたのが、北洋艦隊に所属する2隻の大型装甲艦「定遠」「鎮遠」であった。「鎮遠」は明治18年にドイツのフルカン社で竣工し、強力なクルップ製30.5センチ連装砲塔は両舷側に互い違いの形で配置されており、首尾線方向に全火力を指向できた。

　東洋最強をうたわれた定遠級だったが、黄海海戦では高速機動戦法を採った日本艦隊に翻弄され、「定遠」は座礁して自沈、「鎮遠」は明治28年2月17日、威海衛で鹵獲された。

　日本海軍は旅順で応急修理のうえ、明治28年3月16日に艦名もそのままに日本海軍籍に編入、横須賀工廠で本格的に補修と改装を受けて戦力化された。富士型戦艦が竣工するまで、日本唯一の大型戦艦であった。

　日露戦争では第3艦隊第5戦隊の所属となり、日清戦争時にはライバルであった松島型とともに戦隊を組んで旅順攻略戦や黄海海戦、そして日本海海戦に参加した。しかし、すでに一線級の戦力ではなく目立つ活躍はない。

　主砲の発射弾数は黄海海戦時が6発、日本海海戦時が5発であった。

　日露戦争後の明治38年12月、一等海防艦となり、明治41年からは運用術練習艦として使用されたが、老朽化のため明治44年4月に除籍となった。同年11月24日には装甲巡洋艦「鞍馬」の20.3センチ砲射撃実験の標的となって破壊され、売却のうえ翌明治45年4月に横浜で解体されている。

　錨鎖や錨など、部品の一部が保管されていたが、太平洋戦争後に中華民国の要求で返還された。のちには中華人民共和国の管理下となり、現在では北京で展示されている。

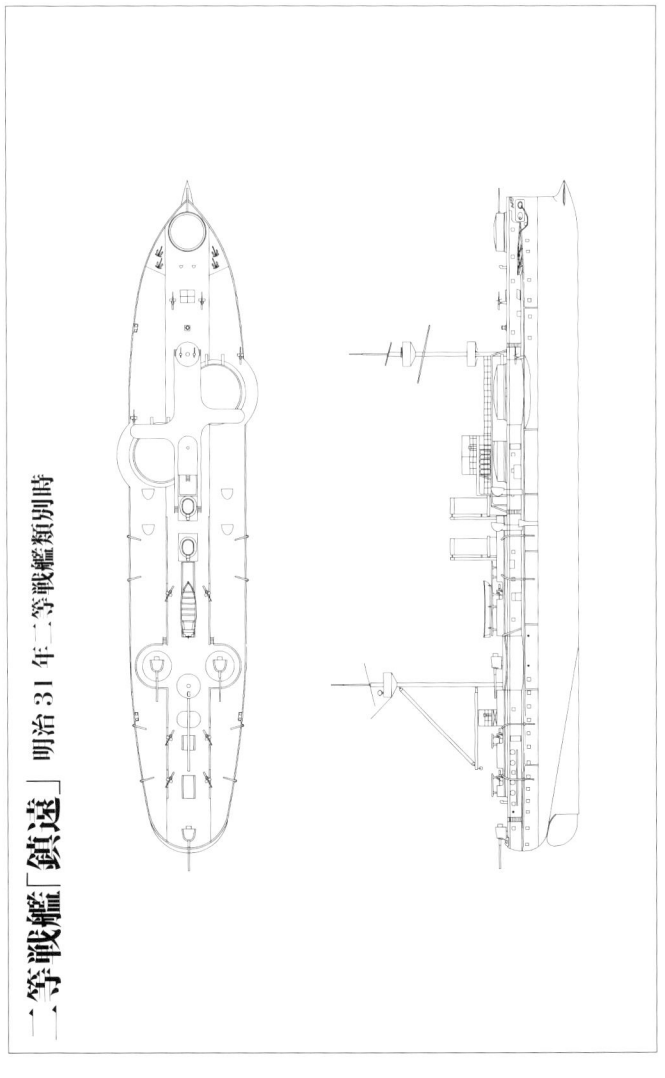

「壱岐」の機関はベルヴィール缶16基に直立型3気筒3連成レシプロ機関2基の組み合わせで8000馬力、速力は15.5ノットである。前身の「インペラートル・ニコライ㊗世」はもともと沿岸用の海防戦艦だったため、バルチック艦隊へ編入の予定はなかったが、旅順艦隊の壊滅により急きょ第3太平洋艦隊の一員として回航された。

二等戦艦「壱岐」

日本海海戦で鹵獲されたロシアの旧式小型装甲艦「金剛」らの実艦標的とされ沈没

旧・ロシア海軍戦艦「インペラートル・ニコライⅠ世」

■旧式の小型装甲艦
■鹵獲後は海防艦に

「壱岐」の前身は、装甲艦ザクセン級に対抗するために建造されたロシアのインペラートル・アレクサンドル二世級の準同型艦「インペラートル・アレクサンドル1世」であった。

日露戦争勃発時にはすでに旧式化していたが、明治37年11月にはバルチック艦隊に編入され、第3太平洋艦隊司令長官ネボガトフ少将の旗艦として極東を目指した。

明治38年5月の日本海海戦では「富士」の主砲に命中弾を与えるも、「アリヨール」(のちの戦艦「石見」)、「セニャーウイン」(海防艦「見島」)、「アプラクシン」(海防艦「沖島」)とともに竹島沖で日本艦隊に降伏、鹵獲された。

その後佐世保工廠で修理と整備を行ない、明治39年に完成している。

主砲は前部の30.5センチ連装砲で、舷側に22.9センチ単装砲4門を持っていたが、主砲身を損傷していたこともあり、鹵獲後は全面的に刷新され、30.5センチ連装砲1基、15.2センチ単装砲6連、12センチ単装砲6基といった、我が国の兵器体系に合わせたものに変更された。

船体は9700トンあまりと我が装甲巡洋艦並みの比較的小型艦で、沿岸作戦用の海防戦艦という性格が強く、旧式であったのも手伝って、修理中の一時期に二等戦艦に類別されたあとは海防艦籍とされた。

韓国や中国沿岸の警備任務などに使われたが、現役時代は短く、明治末年ごろには横須賀で砲術学校と海兵団の係留練習艦となり、大正4年に除籍。同年10月3日、伊勢湾外で戦艦「金剛」「比叡」の36センチ主砲の実艦標的として沈められた。

命名は鹵獲地点に近い旧国名だが、「ニコライ」の類似音を表すともいわれる。

二等戦艦「壱岐」 明治39年日本海軍籍時代

日本海軍編入時に艦橋および錨収納位置が変更され、艦橋後ろの探照灯、艦中央の見張合などが撤去された。

二等戦艦「壱岐」要目

艦名	壱岐
建造	サンクトペテルブルク フランコ=ルースキイ工場(ロシア)
起工	明治19年3月6日
進水	明治22年5月20日
竣工	明治24年5月13日 (日本艦籍編入:明治38年6月6日)
沈没	大正4年10月3日
除籍	大正4年5月1日
売却	大正5年5月16日

二等戦艦「壱岐」要目
日本艦として整備完了時

常備排水量	9,672 t
全長	101.6 m (垂線間長)
最大幅	20.42 m
平均吃水	7.8 m
主機	直立式3気筒3連成レシプロ蒸気機関×2
主缶	ベルヴィール罐・石炭焚×16基
出力	8,000hp
軸数	2
速力	15.5kt
航続力	10ktで4,900浬
兵装	30口径30.5cm連装砲×1、40口径15cm単装砲×6、40口径12cm単装砲×6、40口径7.6cm単装砲×6、47mm単装砲×10(明治43年)
装甲	複合甲鈑 舷側356mm、甲板63mm、砲塔側壁254mm、砲塔天蓋63mm、司令塔203mm
乗員数	625名

第三章◉日清・日露戦争の時代

「丹後」は配置などをイギリス艦に倣いつつ、船体のタンブルホーム等、フランスやアメリカ式の影響も随所に見られる設計で、副砲の15.2センチ速射砲12門のうち8門を、連装砲塔にまとめ左右両舷に配置するなど、砲力を重視していた。

30センチ級の主砲を持つロシア有力戦艦
日本海軍に編入後、ロシアへ返還される
戦艦「丹後」
旧・ロシア海軍戦艦「ポルタヴァ」

■列強に伍する性能の ロシア製戦艦

　明治38年8月、日本軍艦籍に編入された戦艦「丹後」は、ポルタヴァ級艦隊装甲艦のネームシップ「ポルタヴァ」の後身である。日本海軍が30センチ級の主砲を持つ戦艦をあいついで就役させていたことに対抗して建造されたもので、ロシア艦として初めて列強主力艦と同等の能力と性能を持った艦と評された。

　日露戦争では黄海海戦に参加後、旅順に停泊中、日本陸軍が占領した203高地から28センチ砲の砲撃を受け大破着底。講和後の明治38年7月に日本の業者によって浮揚、鹵獲されている。日本の艦籍に編入後、舞鶴工廠で応急修理を行ない、さらに横須賀工廠に回航して改装が行なわれた。内容は主缶の宮原式水管缶16基への換装、主兵装のアームストロング式への変更、艦尾発射管の廃止など大規模なもので、明治43年までかかっている。

　日本艦としての要目は、40口径30.5センチ連装砲2基、45口径15.2センチ連装砲塔4基、同単装砲4基、7.6センチ単装砲10基などで、4門の艦首水上魚雷発射管は38.1センチから45センチに変更されている。機関出力は1万600馬力、速力16.2ノットを発揮した。

　大正元年に1等海防艦に類別され、第一次大戦が始まると、我が国と同様に連合国側に立って参戦したロシアに返還することが決定され、大正5年4月4日に除籍後に引き渡された。ロシアではもとの艦名がガングート級戦艦で使用されていたため、改めて「チェスマ」と命名された。

　ロシア革命後はボルシェビキの白海艦隊に所属したが、損傷していて使用に堪えず、大正13年に解体されている。命名は艦籍を置いた舞鶴鎮守府管轄の地域の旧国名より。

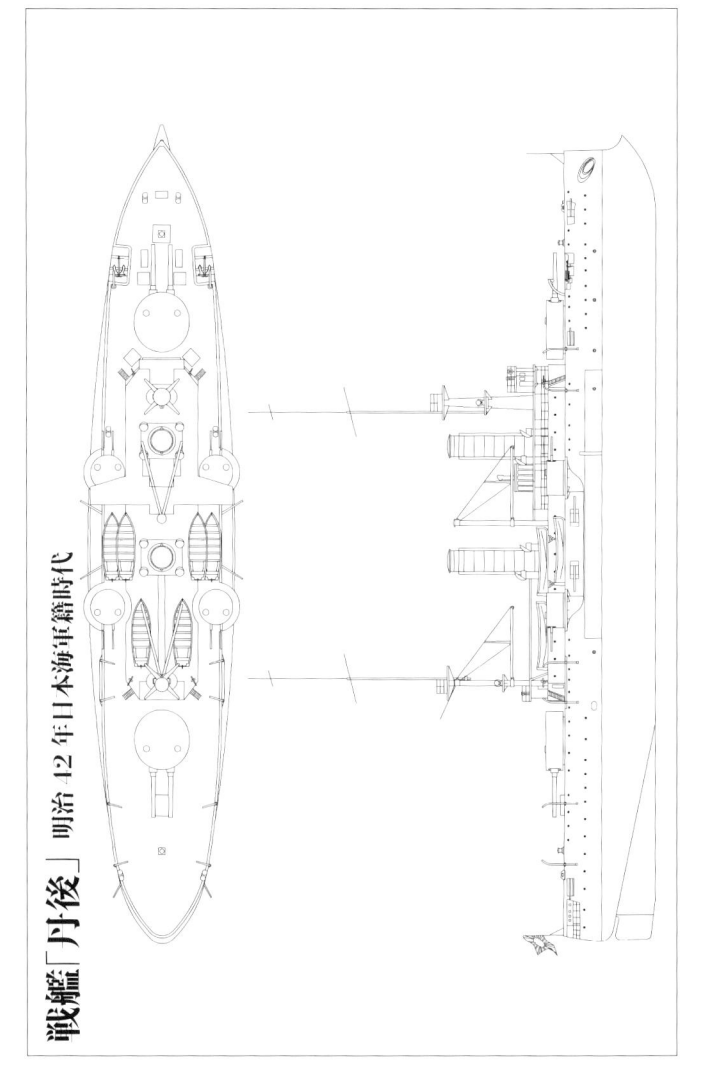

戦艦「丹後」明治42年日本海軍籍時代

戦艦「丹後」要目

艦名	丹後
建造	サンクトペテルブルク ニュー・アドミラルティ海軍造船所（ロシア）
起工	明治25年5月1日
進水	明治27年11月6日
竣工	明治30年（日本軍艦籍編入：明治38年8月）
除籍	大正5年4月4日
解体	大正13年

戦艦「丹後」要目
日本艦として整備完了時

常備排水量	10,960t
全長	108.66m（垂線間長）
最大幅	21.34m
平均吃水	7.77m
主機	直立式3気筒3連成レシプロ蒸気機関×2
主缶	宮原式水管罐・石炭焚×16
出力	10,600hp
軸数	2
速力	16.2kt
航続力	10ktで3,000浬
兵装	40口径30.5cm連装砲×2、40口径15cm連装砲×4、40口径15cm単装砲×4、40口径7.5cm単装砲×10、47mm単装砲×4、45cm水上魚雷発射管×4
装甲	クルップ甲鈑 舷側368ミリ、甲板76ミリ、砲塔防盾254mm、司令塔229mm
乗員数	668名

「相模」は旧ロシア艦隊装甲艦「ペレスウェート」で、ニュー・アドミラルティー工廠にて明治34年6月に竣工した。第1次大戦の勃発でロシア側に返還されたが、戦力となることなく、ドイツ潜水艦U73の設置した機雷で沈没してしまった。

フランス式設計によるロシアの快速戦艦
ロシアに返還されるも、回航途中に触雷沈没

一等戦艦「相模」
旧・ロシア海軍戦艦「ペレスウェート」

■ 同型艦2隻を鹵獲運用

鹵獲艦としては珍しく、同型艦2隻が日本軍艦籍に編入されたのが戦艦「相模」と「周防」からなる相模型である。前身はロシア海軍の戦艦（ロシアでは艦隊装甲艦と呼称）ペレスウェート級で、日露戦争で鹵獲され、修復・改装のうえ使用された。

基本設計は装甲巡洋艦「ロシア」のそれを拡大発展させたもの。当時のロシア戦艦に比較して速力と航続力において勝っていたが、砲力及び装甲は控えめであり、全体としては後代の巡洋戦艦のはしりともいえるコンセプトであった。

長船首楼型の船体は高い乾舷と顕著なタンブルホームを持つ、典型的なフランス式設計で、機関は直立式3気筒3連成レシプロ蒸気機関を3基搭載した3軸艦であるところが特色であった。

装甲甲鈑は「相模」がハーヴェイ甲鈑、改良型である「周防」はクルップ甲鈑が一部に使用されていた。

兵装は25.4センチ連装砲が2基、副砲として15.2センチ単装砲11門、7.5センチ単装砲20門、47ミリ単装砲20基などを装備し、ほかに38.1センチ魚雷発射管を水中2門、水上3門の計5門備えていた。

「相模」はネームシップたる旧「ペレスウェート」で、ニュー・アドミラルティー工廠で明治34年6月に竣工。「周防」は細部を改良した3番艦、旧「ポピエダ」で、サンクトペテルブルクのバルチック造船所で明治35年6月に竣工。いずれも太平洋艦隊に配属され、日露戦争では黄海海戦などに参加した。

損傷して旅順港に停泊中のところを砲撃により大破着底していたが、明治38年にあいついで日本側が浮揚させた。なお、2番艦「オスラビア」は日本海海戦で撃沈されている。

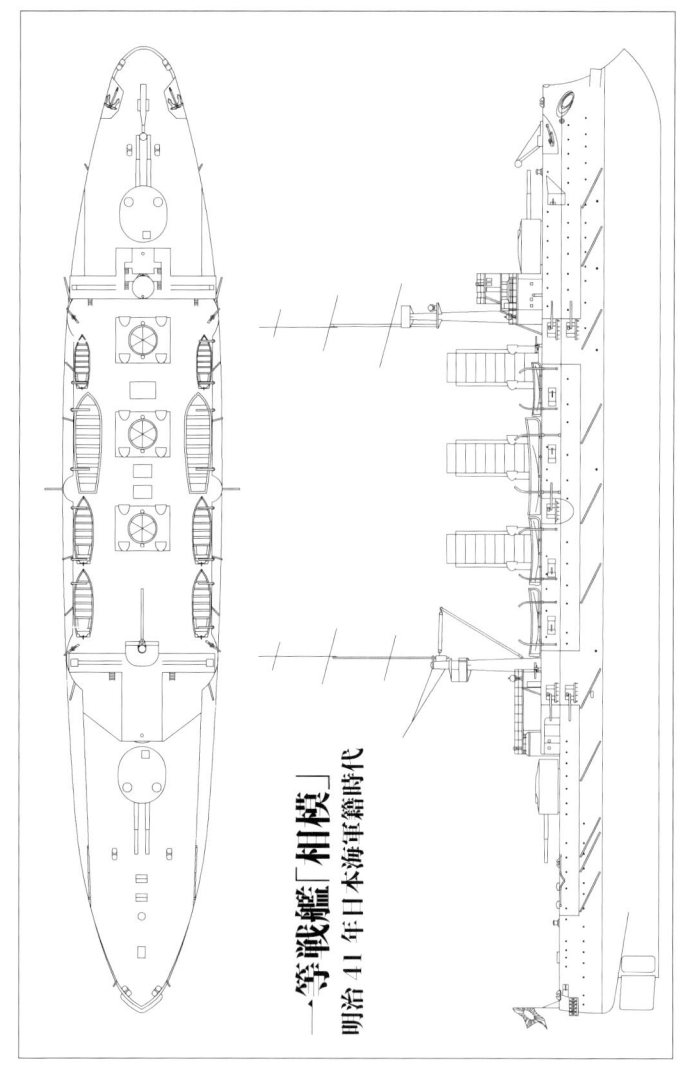

一等戦艦「相模」明治41年日本海軍籍時代

一等戦艦「相模」要目

艦名	相模
建造	ニューアドミラリティ工廠（ロシア）
起工	明治28年11月21日
進水	明治31年5月19日
竣工	明治34年6月
沈没	大正6年1月4日
除籍	大正4年4月4日

一等戦艦「相模」要目

新造時

常備排水量	12,674 t
全長	129.2 m
最大幅	21.93 m
平均吃水	7.82 m
主機	直立式3気筒3連成レシプロ蒸気機関×3
主缶	ベルヴィール罐・石炭焚×30基
出力	14,500hp
軸数	3
速力	18kt
航続力	10ktで10,000浬
兵装	45口径25.4cm連装砲×2、45口径15.2cm単装砲×7、6cm単装砲×16、47mm単装砲×2、45cm魚雷発射管×2
装甲	ハーヴェイ甲鈑　舷側229mm、甲板76mm、砲塔前盾229mm、砲塔天蓋64mm、司令塔152mm
乗員数	787名

「周防」の基本的な要目は「相模」とほぼ同様だが、装甲鈑は「相模」がハーヴェイ甲鈑であるのに対し、一部クルップ甲鈑も使用しているなどの違いがある。日本海軍への編入時に、武装を安式を中心としたものに改めたのは「相模」と同様だが、47ミリ砲を「相模」の2基に対して4基搭載しているなどの相違点がある。

「相模」の同型艦。砲力は控えめながら
速力、航続力に優れた優秀艦

一等戦艦「周防」
旧・ロシア海軍戦艦「ポピエダ」

■「相模」は露に返還
■「周防」は解体

「周防」の前に、日本海軍時代の「相模」について記そう。

「相模」は明治38年8月22日、日本軍艦籍に編入された。命名は艦籍を置いた横須賀の旧国名である。

明治39年1月から、改めて横須賀工廠で兵装等を我が国の仕様に改める改装が行なわれた。

主砲はそのままだが、副砲は安式45口径15.2センチ単装砲10門となり、47ミリ砲は7.6センチ砲16基に変更、水上魚雷発射管を廃止している。また復原性改善のため、800トンのバラストが搭載された。

第一次大戦の勃発により、「相模」はロシア海軍に買い戻され、大正5年4月4日にウラジオストックでロシア側に返還、旧艦名に復したが、同年5月、乗員の慣熟運転中に座礁、舞鶴工廠で修理されている。

しかし、大正6年1月6日、白海に回航途中、ポートサイド北方で触雷沈没してしまった。

「周防」は明治38年10月25日に日本軍艦籍に編入、佐世保で応急修理ののち、同じく横須賀で改装を行なった。兵装は「相模」と同一だが、「相模」のマストが前後とも筒檣なのに対し、より一般的な棒檣となっており識別できる。「周防」は明治41年10月に修理が完了し、大正元年8月28日には一等海防艦に類別された。第一次大戦時には青島攻略戦などに参加している。

大正11年、ワシントン条約により廃棄となり、同年4月1日に除籍された。7月13日、呉にて解体中に転覆沈没、戦後改めて引き上げ、解体されている。

命名は本来なら艦籍地である呉の旧名のはずだったが、すでに新戦艦名称に内定していたため、隣国である「周防」となった経緯がある。

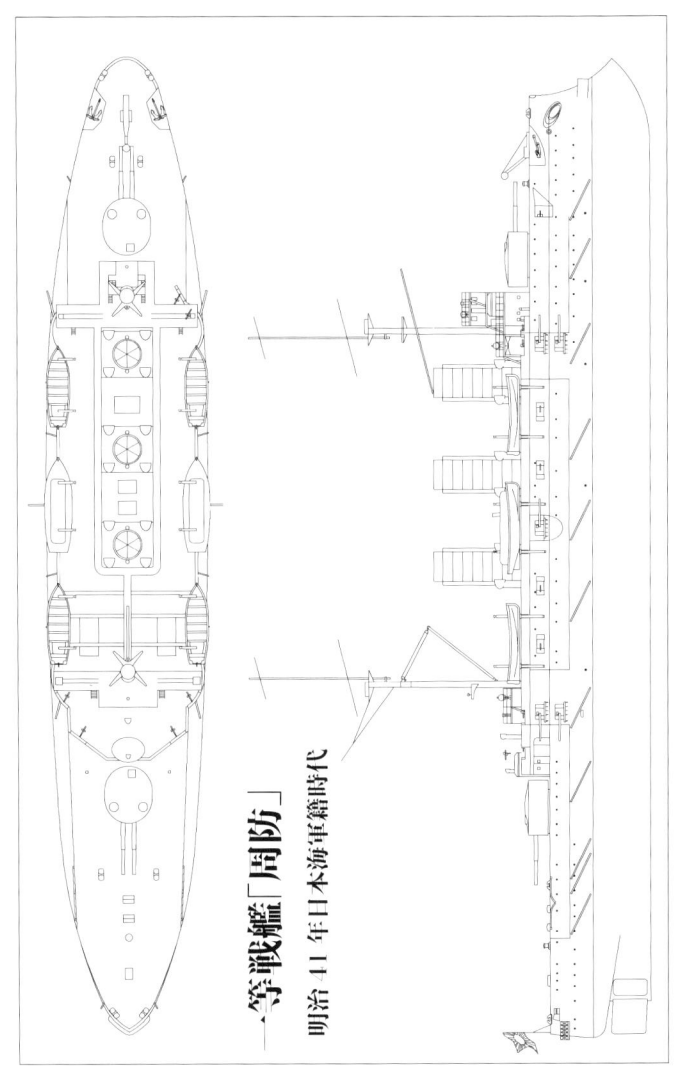

一等戦艦「周防」
明治41年日本海軍籍時代

一等戦艦「周防」要目

艦名	周防
建造	バルチック造船所（ロシア）
計画	明治31年8月1日
起工	明治33年5月24日
進水	明治35年7月31日
竣工	明治35年6月
沈没	大正11年4月1日
除籍	

旧「レトヴィザン」は、ロシア国内の造船所に余裕がなかったため、建造はアメリカのクランプ造船所で行なわれた。同時期、同所の隣の船台では我が国の巡洋艦「笠置」も建造されていたのは運命の皮肉というほかはない。

アメリカ建造の有力戦艦
鹵獲戦艦中随一の働きをみせる
一等戦艦「肥前」
旧・ロシア海軍戦艦「レトヴィザン」

■「三笠」がライバル
■アメリカ製優秀艦

　「肥前」もまたロシアからの鹵獲艦である。旧名を「レトヴィザン」といい、ペレスウェート級（後の「相模」と「周防」）が、我が国がイギリスに発注した新造戦艦（のちの富士型）に性能的に及ばないことから、これらに対抗しうる戦艦を、ということで計画された。

　設計は戦艦「ポチョムキン」をベースに速力と航洋性を向上させたもので、艦内動力のほとんどを電気式としていた点も特長であった。

　バランスの取れた性能により「三笠」のライバル艦と評された。「レトヴィザン」は明治34年12月に竣工、翌明治35年3月25日にロシア海軍に編入された。日露戦争では旅順艦隊に所属し、旅順港攻撃などで何度か損傷したが、旅順閉塞作戦の妨害、日本軍陣地の砲撃などに活躍した。明治37年12月6日、8月10日の黄海海戦で損傷後、港内に停泊していたが、日本陸軍の重砲射撃で大破着底、翌明治38年1月1日、旅順港占領によって日本に鹵獲され、浮揚のうえ9月24日、日本海軍籍に編入、「肥前」と命名された。命名は艦籍地とした佐世保がある長崎の旧国名である。

　改装は明治41年11月に完了、第一次大戦では「浅間」「出雲」とともに遣米支隊に所属、ドイツ東洋艦隊警戒のため南北アメリカ大陸沿岸からガラパゴス諸島まで足を伸ばし、戦時の航海としてはもっとも遠距離に進出した日本戦艦となった。

　大戦後もシベリア出兵等に参加、大正10年には一等海防艦となり、大正11年、ワシントン条約により、大正12年9月20日除籍。翌大正13年7月25日、豊後水道で艦砲射撃の実艦標的として沈められた。

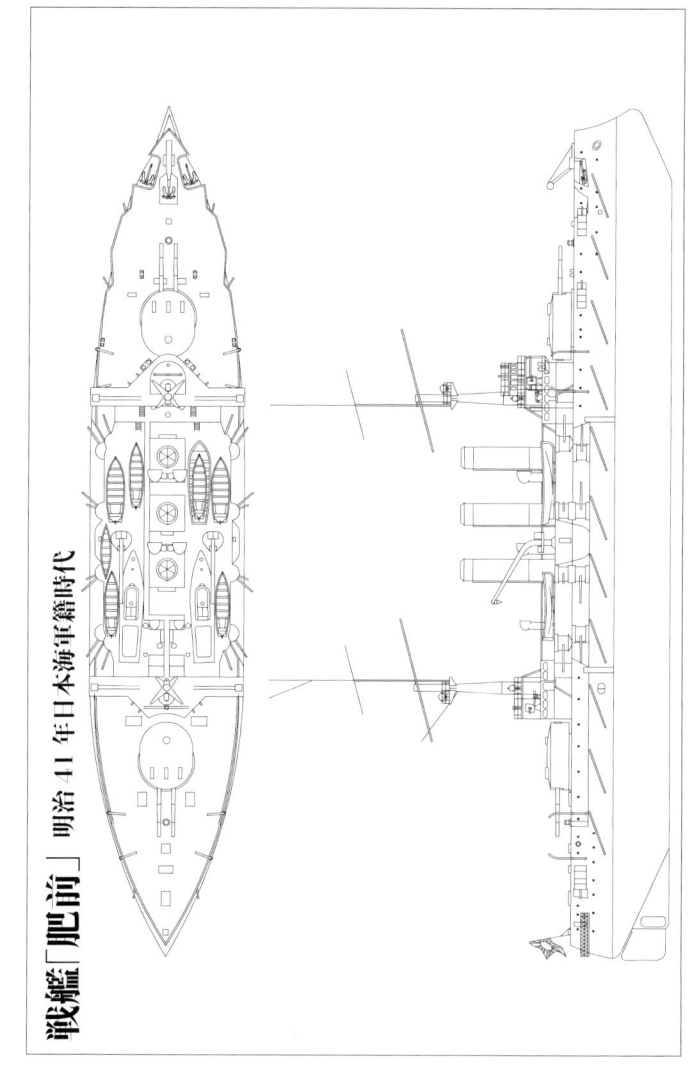

戦艦「肥前」明治41年日本海軍籍時代

一等戦艦「肥前」要目

艦名	肥前
建造	クランプ造船所（アメリカ）
計画	明治31年12月
起工	明治33年10月23日
進水	明治34年10月
	（日本海軍籍編入：明治38年9月24日）
除籍	大正12年9月20日
沈没	大正13年7月25日

一等戦艦「肥前」要目
日本艦として整備完了時

常備排水量	12,700 t	航続力	10ktで8,300浬
全長	113.45 m（垂線間長）	兵装	40口径30.5cm連装砲×2、45口径15cm単装砲×12、400口径7.6cm単装砲×14、47mm単装砲×4、45cm魚雷発射管×2
最大幅	22 m		
平均吃水	7.55 m		
主機	直立式3気筒3連成レシプロ蒸気機関×2		
主缶	ニクローズ式水管缶・石炭焚×24（宮原式水管缶×24基の説あり）	装甲	クルップ甲鈑　舷側229mm、甲板76mm、砲塔前盾229mm、砲塔天蓋51mm、司令塔254mm
出力	16,000hp		
軸数	2	乗員数	796名
速力	18.0kt		

第三章 ● 日清・日露戦争の時代

ボロジノ級は強火力な反面、かなりのトップヘビーで復元性が悪く、計画重量の大幅超過で舷側装甲の水線部分が喫水下になる欠点があったが、我が国による改装で是正された。缶室分離配置を採用した機関はバルチック造船所製で1万6500馬力を発生、日本海軍への再就役後は18ノットの速力を得ている。

日露戦争当時、ロシア最新・最大の戦艦。
同型艦4隻中、ただ1隻大破状態で生き残る

戦艦「石見」
旧・ロシア海軍戦艦「アリヨール」

戦艦「石見」明治40年日本海軍籍時代

日本海海戦時
最新・最大の露戦艦

我が国の30センチ砲搭載の戦艦に対抗するために生まれた、ロシアの30.5センチ砲搭載戦艦が「レトヴィザン」と「チェザレビッチ」だが、このうちフランスで建造された「チェザレビッチ」をベースに、ロシアが自国で改設計して建造したのがボロジノ級であった。

日露戦争当時、ボロジノ級はロシア最新・最大の戦闘艦で、日本海海戦には同型艦4隻が参加したが3隻が沈没、残った「アリヨール」も大破状態で降伏、鹵獲された。

「アリヨール」は浸水が激しく危険な状態だったため、舞鶴に緊急入港して応急修理を行なってから呉工廠に回航され、2年ほどかけて修理と改装が行なわれ、戦艦「石見」として再就役した。命名は旧国名で、現在の島根県西部にあたる。

日本海軍では上部構造物の簡略化と副砲塔の撤去などを行ない、このクラスの欠点であった重量過大と復元性の不良などの欠点を改正した。

明治40年11月に改装なった「石見」は戦艦に生まれ変わり、活躍が期待されたが、この時代の急激に発達した造艦技術により陳腐化が早く、現役時代は短かった。

大正3年からの第一次大戦では第2戦隊の所属艦として、青島攻略戦に参加している。大正7年からのシベリア出兵では、ウラジオストックやカムチャッカ方面に派遣され、陸戦隊員を上陸させるなど活動した。

しかし、ワシントン条約の削減対象となり、武装と装甲を撤去して標的艦となる。大正13年7月5日から9日にかけて、三浦半島城ヶ島西方海上で航空攻撃の実艦標的となり、7月10日に沈められた。京都府与謝郡与謝野町には、「石見」の主砲身を使った忠魂碑が現存する。

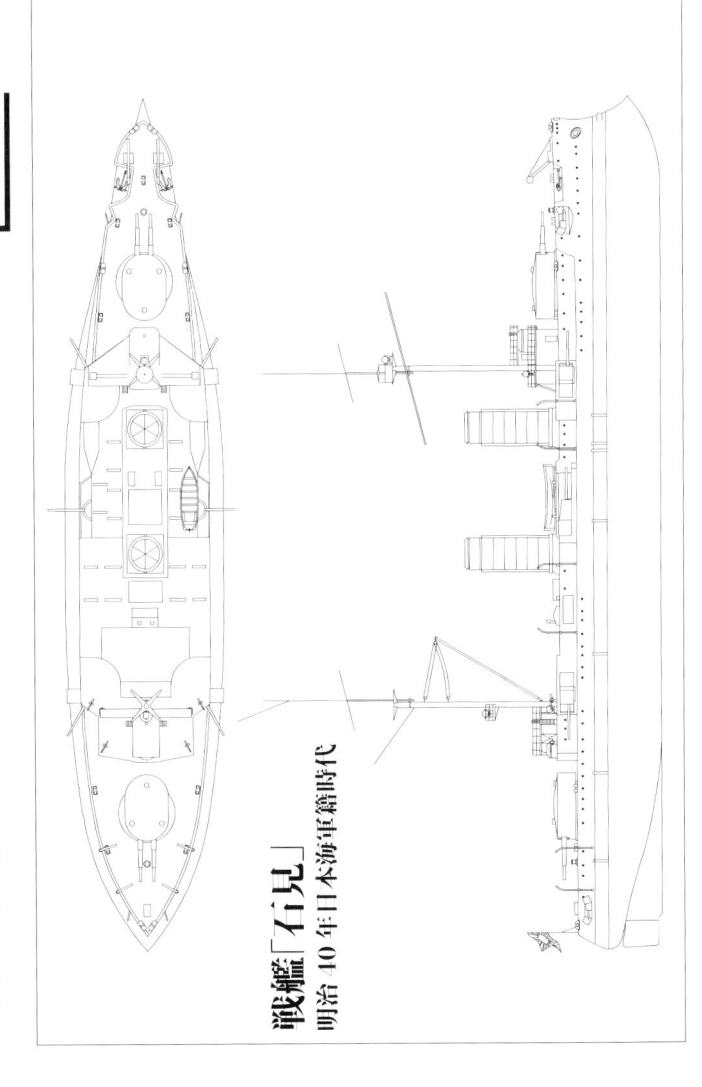

戦艦「石見」要目

艦名	石見
建造	サンクトペテルブルク海軍ガレルニ造船所（ロシア）
起工	明治33年5月20日
進水	明治35年7月6日
竣工	明治37年10月1日（日本艦として修理完了：明治40年11月）
沈没	大正13年7月10日
除籍	大正13年7月

戦艦「石見」要目

新造時

常備排水量	13,516t
全長	114.6m（垂線間長）
最大幅	23.16m
平均吃水	7.96m
主機	直立式4気筒3連成レシプロ蒸気機関×2
主缶	ベルヴィール式水管缶・石炭焚×20
出力	16,500hp
軸数	2
速力	18.0kt
航続力	10ktで8,500浬
兵装	40口径30.5cm連装砲×2、45口径20.3cm単装砲×6、40口径7.6cm単装砲×6、47mm単装砲×2、45cm水中魚雷発射管×2
装甲	Kc甲鈑 舷側最大194mm、甲板51+38mm、砲塔側盾254mm、砲塔天蓋63mm、司令塔203mm
乗員数	806名

「見島」は当時の我が国の装甲巡洋艦の半分ほどの大きさだったが、搭載砲は45口径25.4センチ連装砲塔2基を持ち、巡洋艦並みの打撃力を備えていた。複合甲鈑による装甲も小艦ながら比較的堅牢であった。

重兵装だが航洋性に劣る海防戦艦
極東に回航され、同型艦2隻鹵獲さる

戦艦「見島」
旧・ロシア海軍戦艦「アドミラル・セニャーウィン」

■沿岸用の海防戦艦だが

　二等海防艦「見島」は、ロシア海軍のアドミラル・ウジャーコフ級海防戦艦「アドミラル・セニャーウイン」の後身である。

　海防戦艦とは、比較的小型の艦型に大口径砲を搭載した沿岸防衛用の艦種のことで、攻撃力は大きいが浅喫水で航続距離が短い。

　日露戦争で我が軍に拿捕されたのは明治38年5月28日だが、同型艦の「アドミラル・ウジャーコフ」が深手を負いながらも「磐手」と「八雲」による降伏勧告を無視し、華々しく戦って散ったのに比べ、本艦は大きな損害を受けていなかったため、同年6月6日に日本艦籍に編入後、そのまま樺太攻略作戦に参加している。命名は拿捕現場に近い、山口県沖に浮ぶ見島から。

　日露戦終了後、改めて我が軍の規格に合わせる改装が行なわれ、この整備に明治40年6月までかかっている。整備後の「見島」は、主砲の25.4センチ砲は小改造でそのまま使用、副砲は安式40口径12センチ砲へ換装、他に同じく安式40口径7.6センチ砲4門、山内式短47ミリ砲2基、水上魚雷発射管4門は、口径を38.1センチから45センチに改正した。

　大正3年からの第一次大戦では、青島攻略作戦に出動。大正7年12月には、シベリヤ出兵に備えて艦首を耐氷構造に改造するとともに代償重量として前部第1主砲塔を撤去している。その後、ウラジオストック方面で行動している。

　大正11年4月1日には特務艇に類別され、潜水艇母艦として使われたが、昭和11年1月10日から廃艦第7号として実艦標的となった。

　同年9月、爆撃標的に使用されたのち、浸水により沈没した。

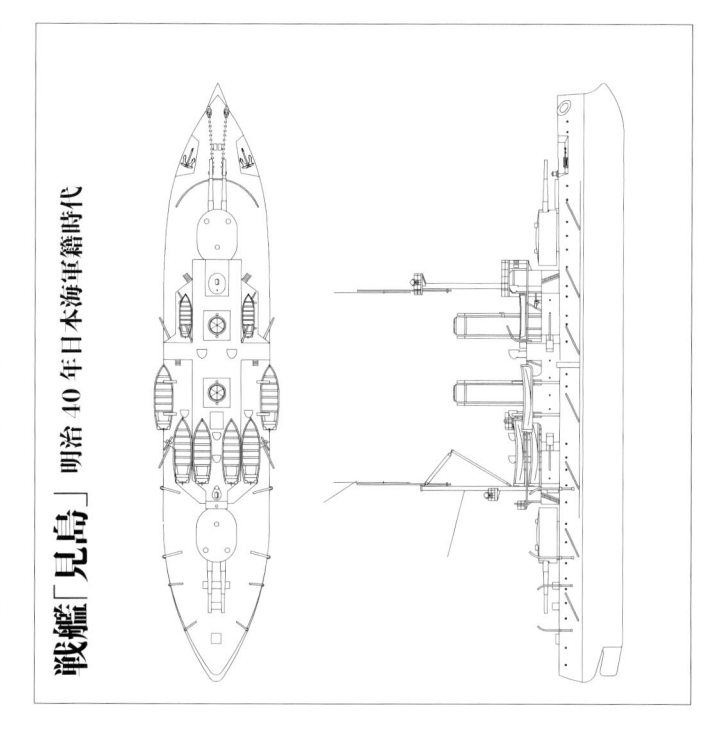

戦艦「見島」明治40年日本海軍籍時代

戦艦「見島」要目

艦名	見島
建造	バルチック造船所（ロシア）
起工	明治25年
進水	明治27年8月22日
竣工	明治29年
	（日本艦籍編入：明治38年6月6日）
沈没	昭和11年9月
除籍	昭和10年10月10日

戦艦「見島」要目

日本艦籍編入時

常備排水量	4,500 t	航続力	10ktで2,500浬
全長	79.4m（垂線間長）	兵装	45口径25.4cm連装砲×2、40口径12cm単装砲×4、40口径7.6cm単装砲×4、山内式短47mm単装砲×2、45cm水上魚雷発射管×4
最大幅	15.6 m		
平均吃水	5.4 m		
主機	直立式3気筒3連成レシプロ蒸気機関×2		
主缶	ベルビール罐・石炭焚×8基	装甲	複合甲鈑 舷側最大254mm、甲板76mm、砲塔防盾203mm、司令塔203mm
出力	5,000hp		
軸数	2		
速力	16kt	乗員数	400名

第三章●日清・日露戦争の時代

「沖島」は後部主砲の単装化など、武装が軽減されているが、これは当時のロシア艦の多くが抱えていたトップヘビーの傾向を改善し、復元性を増すための処置と思われる。機関は「見島」と同様で、日本艦籍編入後の出力も5000馬力と変わらないが、速力はやや低く15.4ノットと記録されている。

「見島」の同型艦だが後部主砲は単装に。
鹵獲後もほとんど活躍せず

戦艦「沖島」

旧・ロシア海軍戦艦「ゲネラル・アドミラル・グラーフ・アプラキシン」

「見島」とともに拿捕

　日本海海戦の折、「見島」となった「アドミラル・セニャーウイン」とともに艦隊を組んで戦い、同時に拿捕された同級艦があった。のちに二等海防艦「沖島」となった「ゲネラル・アドミラル・グラーフ・アプラキシン」である。
　「見島」同様、アドミラル・ウジャーコフ級の海防戦艦であり、基本的な艦型などは同様であるが、同級の最終艦（3番艦）ということで設計には多少の改正が加えられている。もっとも大きな変更は、船体後部に置かれた第2砲塔が単装化されていることだろう。
　「見島」と同じく、明治38年6月6日に日本艦籍に編入され、コンビを組んで昨日までの祖国の領土たる樺太攻略作戦に参加している。日露戦終了後にはこちらも整備と我が国の兵器体系に合わせるための改装が行なわれた。
　魚雷発射管を45センチとするなど、基本要領は「見島」と変わらないが、同艦では安式に変えられた副砲の12センチ砲は、ストックを使い切ってしまったのかロシアオリジナルのままとされた。
　また、47ミリ砲は保式（ホチキス式）の短47ミリ砲となった。
　「沖島」も第一次大戦では「見島」とともに青島攻略作戦に参加したが、戦歴はこれくらいで、大正11年4月1日に除籍されている。
　大正13年には廃艦となり、翌年に翌年に福岡県津屋崎町海岸で係留記念館として保存する予定で、日本海海戦戦跡保存会に払い下げられた。
　しかし荒天時に座礁・破壊してしまい断念され、最終的に昭和14年、現地において解体されている。命名の由来は拿捕した地点に近い、玄界灘に浮かぶ島の名である。

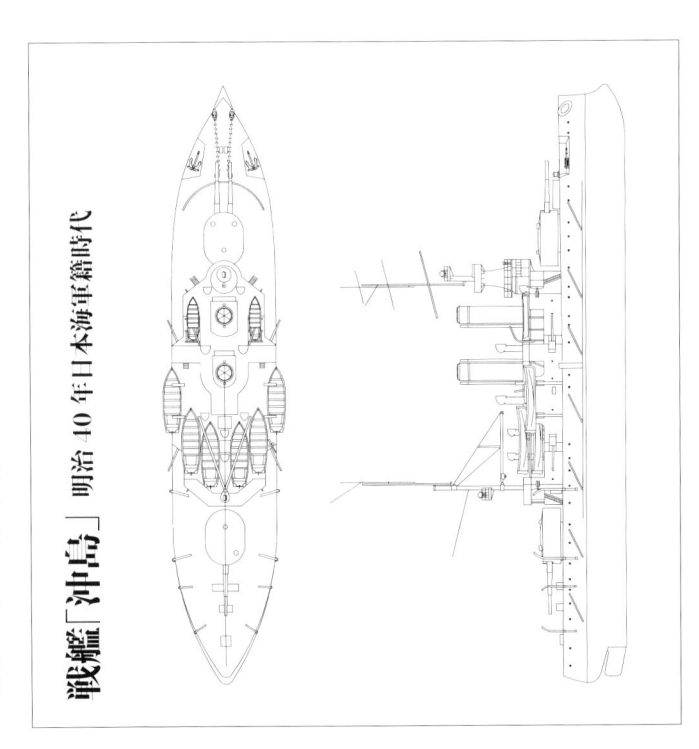

戦艦「沖島」明治40年日本海軍籍時代

戦艦「沖島」要目

艦名	沖島
建造	ニューアドミラリティ（ロシア）
起工	明治27年10月24日
進水	明治29年5月12日
竣工	明治32年
（日本艦籍編入：明治38年6月6日）	
除籍	大正11年4月1日
解体	昭和14年

沖島型練習艦要目

日本艦籍編入時

常備排水量	4,126t
全長	79.2m
最大幅	15.6m
平均吃水	5.1m
主機	直立型往復動蒸気機関（2気筒2段膨張式）×2基
主缶	ベルビール罐・石炭焚×8基
出力	5,000hp
軸数	2
速力	15.4kt
航続力	10ktで2,500浬
兵装	45口径25.4cm連装砲×1、同単装砲×1、45口径12cm単装砲×4、短47mm単装砲×2、45cm水上魚雷発射管×4
装甲	ハーヴェイ・ニッケル甲鈑　舷側最大216mm、甲板76mm、砲塔防盾203mm、司令塔203mm
乗員数	400名

太平洋戦争時の明治軍艦

日清・日露の戦争に勝利したため、喪失をまぬがれた軍艦は数多い。
当時は主力艦として活躍した軍艦で、太平洋戦争時には縁の下で働いた力持ちたちも数多い。

練習特務艦時代の「朝日」。舷側には、潜水艦救難用のブラケットが取り付けられている。

長寿艦艇の数々

日本海軍の主力艦で最も長命なのは、戦艦「三笠」である。

日露戦争での活躍は言うにおよばず、太平洋戦後は荒廃したものの、現在も神奈川県横須賀市の三笠公園に復元保存されている。日本のみならず、世界唯一の前ド級戦艦として今後も末永く保存されることを願ってやまない。

「三笠」は例外中の例外だが、装甲巡洋艦「八雲」のように、太平洋戦争中も黙々と働いた例がある。

当時の「八雲」の任務は、瀬戸内海を範囲とした、海兵団や兵学校の練習艦であった。すでに昭和15年、日本海軍初となる国産練習巡洋艦、香取型(「香取」「鹿島」「香椎」)が就役していた。しかし、緊迫化した日米関係のため香取型が練習巡洋艦任務に就いたのは数回で、開戦後は充実した設備を理由に旗艦として各戦線に投入されてしまう。

このため、本土に残された「八雲」などが練習艦任務を担っていた。

ただ、これは「八雲」だけではなく、装甲巡洋艦「出雲」「磐手」「浅間」ほか、同時期に建造され、太平洋戦争時に健在だった艦艇の多くに共通することである。

「八雲」の突出したところは、同年代の艦艇が大戦末期の本土空襲などで沈没したなかで終戦時健在であり、昭和21年6月まで特別輸送艦に類別され復員輸送艦として働いた点にある。

「八雲」は栄光に満ちた日本海海戦も、敗残の身となった戦後も、その老体に刻みこんだのだ。47年という艦齢をまっとうした「八雲」は、昭和22年4月に解体工事を終えた。

目まぐるしい「朝日」の変遷

艦齢では「八雲」におよばないが、日本海海戦で文字通りの主力となった戦艦「朝日」もよく働いた。

ワシントン軍縮条約で練習艦として保有が許されたため、武装を撤去して練習特務艦となる。

しかし当時は潜水艦の遭難が続いており、ブラケットなど潜水艦救難設備を設けて日本海軍初の潜水艦救難艦として改造された。

さらに昭和6、7年ごろには簡単な工作施設を設け工作艦となる。

昭和12年には正式に工作艦となり、日中戦争では上海や揚子江で任務に従事した。

日本海軍は昭和14年に新造の「明石」や、大正9年にロシア鹵獲艦を改造した「関東」ほか数隻しか工作艦を保有しなかったため、工作艦「朝日」の存在は貴重だった。なお、工作艦時代は潜水艦救難設備は撤去されている。

太平洋戦争開戦時は仏印のカムラン湾にいた。昭和17年2月にシンガポールが陥落すると同地のセレター軍港に進出し、新鋭工作艦「明石」とともに修理作業に従事した。

同年5月、北方に向かうことになった「朝日」は一度内地に帰還することになり、シンガポールを離れる。しかし低速、かつ船体の大きい「朝日」は5月25日深夜、カムラン湾南東で米潜水艦「サーモン」の雷撃を受けてしまう。

26日午前1時過ぎに「朝日」は沈没し、42年の艦齢を閉じた。

この「朝日」のように、新たな類別に変更された顕著な例として、敷設艦に改造された装甲巡洋艦「常磐」があげられる。

「常磐」は大正12年に砲や魚雷発射管の大半を撤去して敷設艦となったが、太平洋戦争時も現役としてマーシャル方面防備部隊の一員として働いていた。

大戦後半は敷設艦としても活動、終戦直前に大湊で空襲を受け、擱座して終戦を迎えている。

このほか練習特務艦として「敷島」「富士」「浅間」「春日」が終戦時に残存していたことを覚えておきたい。

第四章

ドレッドノート前後

国産主力艦たちは、英戦艦「ドレッドノート」の出現で一夜にして旧式化した。
"主力"となれなかった主力艦たちをここに紹介する。

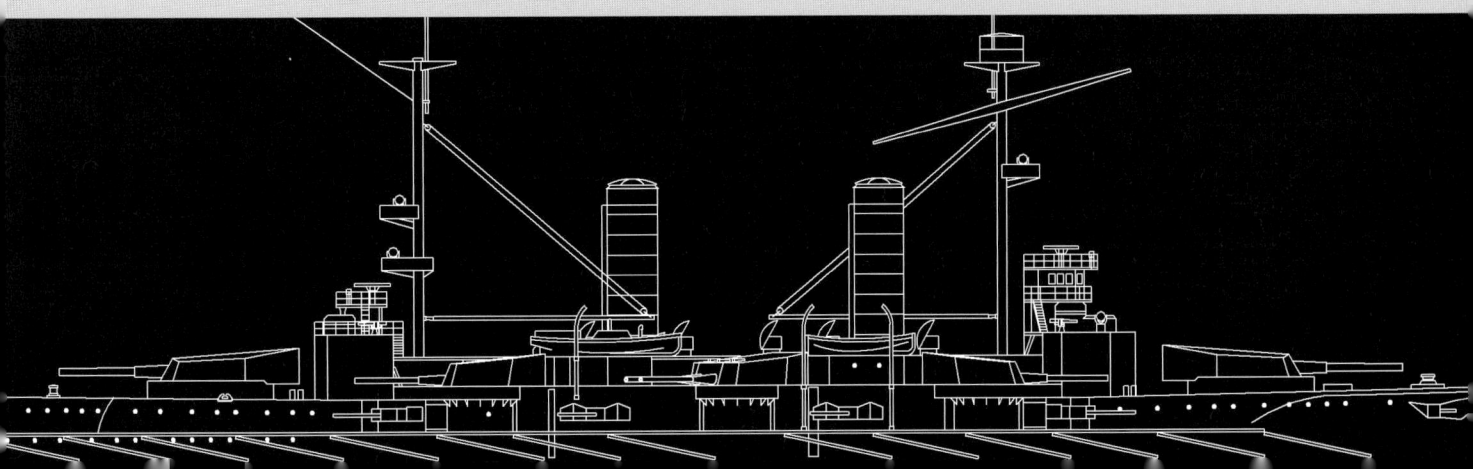

香取型の装甲は「三笠」同様にKC甲鈑を採用、舷側最大229ミリと最大装甲厚はほぼ同様であるが、建造中に起こった「初瀬」、「八島」の触雷沈没を教訓として、火薬庫に機雷防御対策を施している。

中間砲を初搭載した三笠の発展強化型
遠洋航海で諸外国にも馴染みが深い

香取型戦艦
香取、鹿島

■最後の外国建造戦艦 中間砲を初めて搭載

六六艦隊計画により6隻の近代的戦艦を揃えた日本海軍だったが、ロシアではこれに倍する数の戦艦を保有しており、また新鋭艦も建造中であると伝えられた。このため明治36年度計画により、「三笠」を上回る性能を持つ最新鋭戦艦をイギリスに発注することに決定した。これが「香取」「鹿島」の香取型戦艦で、戦艦として外国に発注した最後のクラスとなった。

当時イギリスで建造中だったキングエドワード7世級をベースとしたもので、「香取」はヴィッカース社、「鹿島」はアームストロング社へ発注されたが、建造を急ぐために基本仕様以外の部分については各造船所の自由裁量に任せたため、同型艦とはいえそれぞれに異なる部分が多い。

主砲は日本の新造戦艦としては初の採用となる45口径30.5センチ連装砲塔が船体中心線上に2基、装甲巡洋艦の主砲に匹敵する45口径25.4センチ中間砲が、単装砲塔に収められて両舷2門ずつ計4門。そして同じく副砲の45口径15.2センチ単装砲がケースメート式に計12門、他に単7.6センチ単装砲14門、単7.6センチ砲2門などが主なところであった。

なお、各砲の口径等は「香取」、「鹿島」ともに同様だが、設計と製造はそれぞれの造船所に一任していたため、「香取」がヴィッカース式(毘式)、「鹿島」が従来からのアームストロング式(安式)と異なる。ちなみに両艦が完成後の射撃テストではヴィッカース式砲を搭載した「香取」のほうが射撃速度が早く、その後我が海軍主力艦の主砲にはヴィッカース式が採用されることになる。

■御召艦として 海外を巡航

「香取」は明治40年、韓国を訪問する皇太子(のちの大正天皇)のお召艦となる。

明治44年にスターンウォーク(艦尾デッキ)を新設。大正2年11月10日、横須賀沖での第8回観艦式でお召艦。大正3年からの第一次大戦では南洋方面で警備活動を行ない、大正7年のシベリア出兵には第3艦隊旗艦として参加している。大正10年、皇太子(のちの昭和天皇)の御召艦としてヨーロッパの歴訪を花道に、ワシントン条約により廃棄が決定、大正12年9月20日に除籍となり、翌大正13年5月に舞鶴で解体された。

「鹿島」は大正7年、シベリア出兵に第3艦隊第5戦隊で参加し、沿海州の警備やデカストリ湾上陸支援を行なっている。大正10年の皇太子ヨーロッパ行幸に際しては、第3艦隊旗艦として同行している。大正12年9月20日、「香取」と同日に除籍となり、翌大正13年11月24日、三菱長崎(舞鶴との資料もあり)で解体が完了した。同艦の主砲は要塞砲に転用されている。

香取型の竣工は明治39年になってからであり、日露戦争には間に合わなかったが、戦没や事故で失われた3隻の戦艦「初瀬」「八島」「三笠」が欠けた戦力を補うものとして、また、これ以降の国産戦艦の技術的参考として本型の果たした役割は大きかったといえる。

名称は昭和期の練習巡洋艦に受け継がれ、現在でも海上自衛隊の練習艦にその名をとどめている。

第四章●ドレッドノート前後

「香取」は「鹿島」に比較して煙突の間隔が狭く、1番煙突が太くなっている点が識別点。艦首には衝角を持つが、これが装備された日本戦艦は本型が最後である。写真は解体中の「鹿島」。

香取型戦艦各艦要目

艦名	香取
建造	ヴィッカース社バロー・インファーネス工場（イギリス）
計画	明治36年
起工	明治37年4月27日
進水	明治38年7月4日
竣工	明治39年5月20日
沈没	
除籍	大正12年9月20日
売却	
解体	大正14年1月25日

艦名	鹿島
建造	アームストロング社エルジック工場（イギリス）
計画	明治36年
起工	明治37年2月29日
進水	明治38年3月22日
竣工	明治39年5月23日
沈没	
除籍	大正12年9月20日
売却	
解体	大正13年11月24日

香取型戦艦要目

新造時

常備排水量	15,950 t (鹿島 16,400t)
全長	128.0 m (鹿島 129.5 m)
最大幅	23.77 m (鹿島 23.81m)
平均吃水	8.23 m (鹿島 8.12m)
主機	直立式4気筒3連成レシプロ蒸気機関×2
主缶	ニクローズ式水管罐・石炭焚×20
出力	16,000hp (鹿島 15,800hp)
軸数	2
速力	18.5kt
航続力	10ktで10,000浬
兵装	45口径30.5cm連装砲×2、45口径25.4cm単装砲×4、45口径15.2cm単装砲×12、40口径7.6cm単装砲×14、短7.6cm砲×2、47mm単装砲×3、45cm水中魚雷発射管×5
装甲	Ks鋼　舷側最大229mm、甲板76mm、砲塔防盾229mm、司令塔229mm
乗員数	864名

香取型戦艦　明治39年竣工時

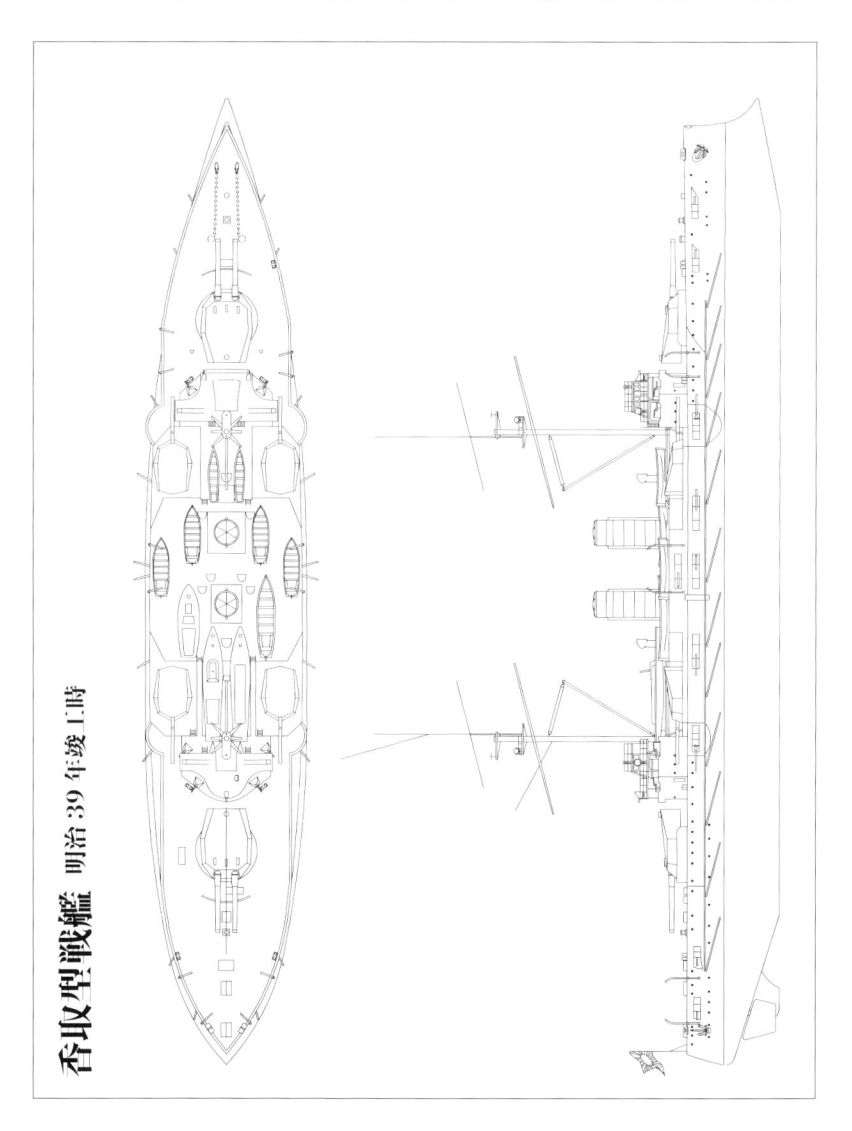

設計にあたってはイギリスで建造中の準弩級戦艦であるロード・ネルソン級を参考とし、中間砲を強化するなど、いわゆる2巨砲混載艦として世界最強の戦艦をめざしていた。

戦艦「薩摩」

建艦技術の礎となった初の国産戦艦

初の国産戦艦は世界最強をめざす

「薩摩」は明治37年5月、まだ日露戦争も序盤の段階で「八島」「初瀬」の2戦艦を触雷で失った日本海軍が、急遽建造を決定した初の国産戦艦である。

片舷砲力は「三笠」の2倍にも達し、排水量は1万9000トンを超え、出現当時は世界最大の戦艦であった。

東洋の小国が独力で世界一の戦艦を作り上げたことはまさに驚異であったらしく、「薩摩」の進水が成功するかどうか、横浜在住外国人の間では賭の対象になったほどである。

しかし、完成時はすでにイギリス海軍の「ドレッドノート」が竣工しており、「薩摩」は一世代前の戦艦となっていた。本艦の設計中、30.5センチ連装砲塔4基を船体中心線上に配置する案も検討されたといわれ、もし実現していればと惜しまれる。

それでも「薩摩」が有力艦であったことは確かであり、当初発射速度の遅さが問題となった主砲と中間砲も、砲塔機構の改良、発射技術の改善で大きな進歩をとげた。そして何よりも、この艦の建造によって得られたさまざまな技術的ノウハウが、のちの大和型にまでつながる我が国造船技術確立の大きな推進力になったことも確かである。

竣工した「薩摩」は第1艦隊第1戦隊に編入され、大正3年からの第一次大戦では戦艦「摂津」らとともに膠州湾封鎖作戦などに従事したあと、第2南遣枝隊の旗艦として巡洋艦「矢矧」「平戸」らとドイツ東洋艦隊の活動を封じるため、インド洋方面の通商保護などを行なった。

ワシントン条約により廃棄対象となり、大正13年9月2日、野島崎沖で戦艦「日向」「金剛」などの実艦標的として撃沈処分された。

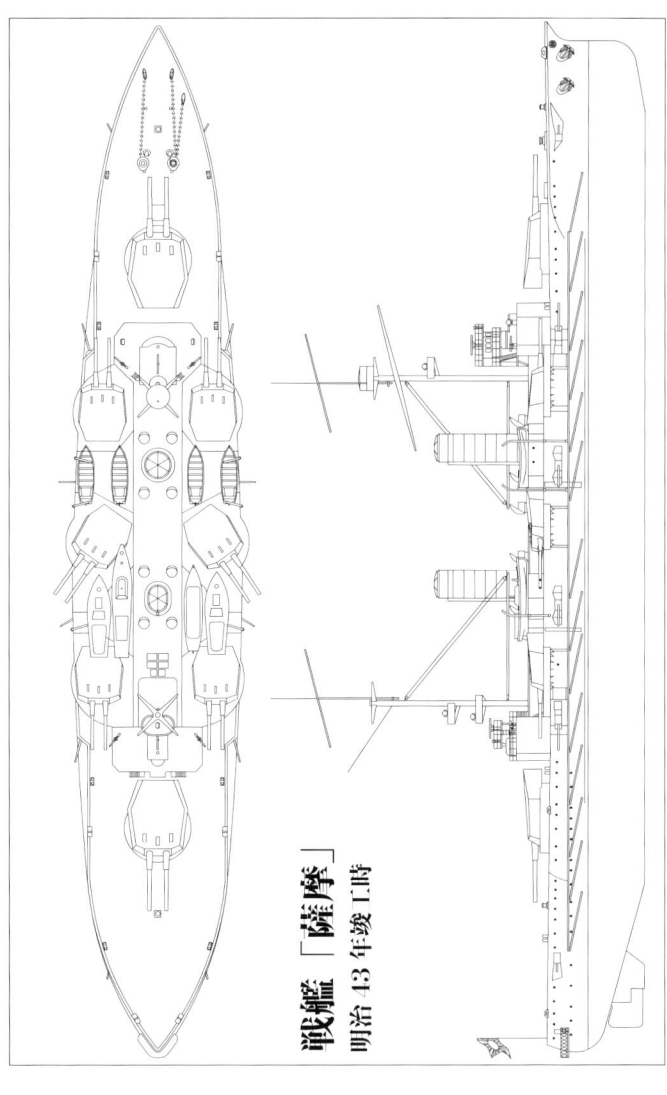

戦艦「薩摩」明治43年竣工時

戦艦「薩摩」要目

艦名	薩摩
建造	横須賀海軍工廠
計画	明治37年
起工	明治38年5月15日
進水	明治39年11月15日
竣工	明治43年3月25日
沈没	大正13年9月7日
除籍	大正12年9月20日

戦艦「薩摩」要目

新造時

常備排水量	19,372 t
全長	137.16 m（垂線間長）
最大幅	25.48 m
平均吃水	8.38 m
主機	直立式4気筒3連成レシプロ蒸気機関×2
主缶	宮原式水管缶罐・石炭重油混焼×20
出力	17,300hp
軸数	2
速力	18.25kt
航続力	不明（石炭：2,860t　重油：377t）
兵装	呉式45口径30.5cm連装砲×2、呉式45口径25.4cm連装砲×6、40口径12cm単装砲×12、7.6cm単装砲×4、短7.6cm単装砲×4、45cm水中魚雷発射管×5
装甲	KS鋼　舷側229mm（水線最厚部）、甲板76mm、砲塔防盾254mm、司令塔：254mm
乗員数	887名

第四章 ● ドレッドノート前後

「安芸」の兵装は基本的に「薩摩」と同様だが、副砲は「薩摩」の40口径12センチから45口径15.6センチ砲へと強化された。主砲と副砲は呉式から四一式へと変更されている。

薩摩型を基本とした初の蒸気タービン搭載戦艦　性能が大きく向上
戦艦「安芸」

■「薩摩」の同型艦として計画されるが

　「安芸」は「薩摩」と同様に日露戦争の臨時軍事費によって建造された国産戦艦である。当初、「薩摩」の同型艦として計画されたが、建造が約1年ほど後となったことで、多くの改正が行なわれており、別のクラス形式とされることが多い。

　最大の特徴は、日本戦艦で初めてタービン機関を搭載したことにある。これは宮原機関中将の英断によるもので、当時イギリス海軍が進めつつあったタービン化の流れに倣ったものだが、採用に先立ち、装甲巡洋艦「伊吹」をタービン装備の実験艦として建造、そのデータを得るまで進水後の工事を一時中断している。

　カーチス式直結タービン2基は、単缶容量を大きくした石炭・重油混焼の宮原式水管缶15基と組み合わせ、2万1600馬力を発生。これにより煙突が1本増えて3本煙突となり、全長が3メートル、排水量にして約450トンほど増加して、「薩摩」とは異なる艦容になった。機関出力が大幅に増えたこともあり、最高速力は日本戦艦としては初の20ノット超を記録、同時期の装甲巡洋艦と同一行動を可能とした。

　竣工した「安芸」は、第一次大戦では僚艦とともに戦艦「摂津」らと膠州湾封鎖作戦などに従事した後、黄海で警備任務についている。

　ワシントン条約により廃棄対象となり、大正13年9月7日、野島崎沖で戦艦「長門」「陸奥」らの実艦標的として撃沈処分された。

　「ドレッドノート」の出現により、「薩摩」と同じく完成前から前時代的戦艦という烙印を押されてしまったが、のちの艦艇建造に残した功績はきわめて大きい。

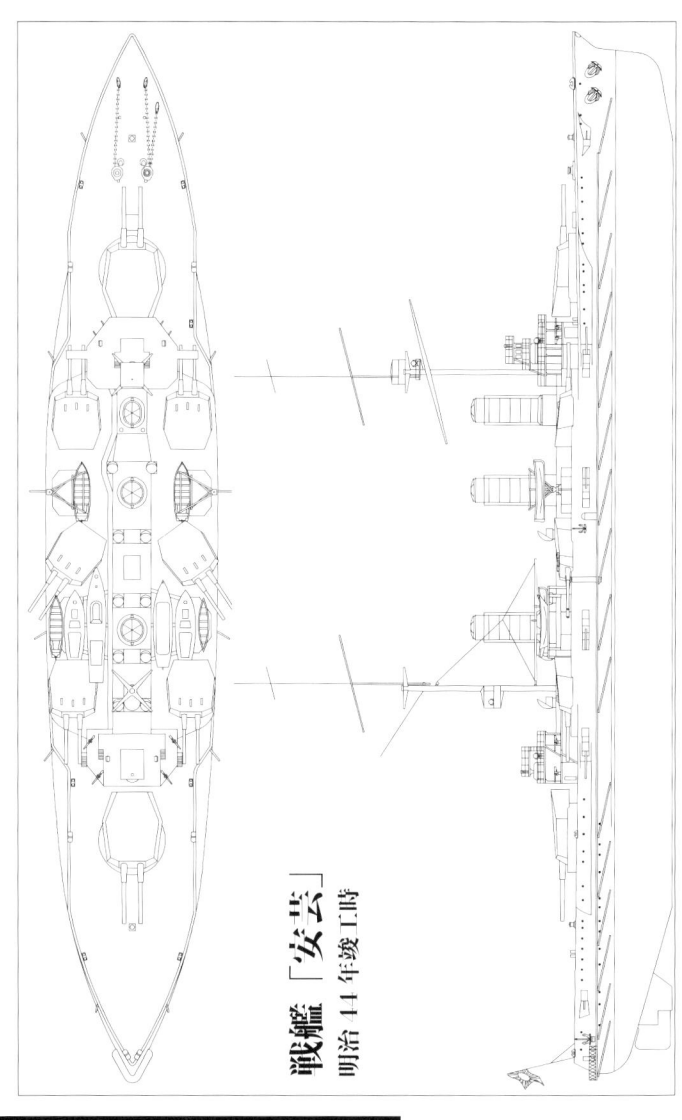

戦艦「安芸」明治44年竣工時

戦艦「安芸」要目

艦名	安芸
建造	呉海軍工廠
計画	明治37年
起工	明治39年3月15日
進水	明治40年4月14日
竣工	明治44年3月11日
沈没	大正13年9月7日
除籍	大正12年9月20日

戦艦「安芸」要目

新造時

常備排水量	19,800t
全長	140.21m（垂線間長）
最大幅	25.48m
平均吃水	8.38m
主機	カーチス式直結型タービン×2
主缶	宮原式水管缶・石炭重油混焼×15
出力	21,600hp
軸数	2
速力	20.0kt
航続力	不明（石炭3,000t　重油172t）
兵装	四一式45口径30.5cm連装砲×2、四一式45口径25.4cm連装砲×6、四一式45口径15.2cm単装砲×8、7.6cm単装砲×12、短7.6cm単装砲×4、45cm水中魚雷発射管×5
装甲	KS鋼 舷側229mm（水線最厚部）、甲板76mm、砲塔防盾254mm、司令塔：254mm
乗員数	931名

筑波型の主砲は艦の前後に搭載した45口径30.5センチ砲連装砲で、「筑波」はアームストロング社製を参考に国産した呉式、「生駒」は輸入したヴィッカース式が用いられた。写真は「筑波」。

石炭・重油混焼缶を初めて搭載した国産装甲巡洋艦
のちに巡洋戦艦に類別変更さる

筑波型装甲巡洋艦

筑波、生駒

■国産初の大型装甲巡洋艦

装甲巡洋艦「筑波」「生駒」の2艦は、戦艦「薩摩」「安芸」と同様に日露戦争中、臨時軍事費で計画された国産艦である。

起工は呉工廠だが、クレーンや鋲打ち機も満足に揃っていない状況下でありながら、戦時突貫工事によってわずか1年足らずという短期間で進水にこぎ着けている。明治初年以来、中・小型艦の建造や海外からの建造技術の習得によって、我が国の造船技術が地固めされていたことの証だといえるだろう。

日露戦争の終結により進水後は通常の建造ペースとなり、この間、新たに製作された重油噴燃装置が実用段階に入ったため、筑波型は我が国の新規建造艦としては初の石炭・重油混焼缶を搭載して完成している（「生駒」は当初より搭載を計画、「筑波」は途中で設計を変更）。

船体設計上で目につくのは、艦首の衝角を廃止し、クリッパー型の美しい造型となったこと。これは日本の主力艦としては初であり、日露戦争中の「春日」「吉野」の衝突事故と砲戦距離の延伸によって旧来のような衝角戦が現実味を失ったことによるものだが、列強にさきがけての試みであった。

ほかにもファイティングトップの完全廃止と上部構造物の簡素化や、機関部縦隔壁の廃止など、日露戦争の戦訓を随所に取り入れた設計となっていた。

■巡洋戦艦に類別される

戦艦並みの砲力と、巡洋艦の速力を併せ持った筑波型は、その後出現する巡洋戦艦の先駆けともいえるが、竣工は「薩摩」「安芸」と同じようにドレッドノートの出現後となった。

また就役直後に真の巡洋戦艦であるインヴィンシブル級が戦力化されると、筑波型の戦略的価値は大きく低下することになる。もっとも、それはこの時代の各国の主力艦のほとんどに当てはまることではあった。

「筑波」は竣工後、明治40年2月に臨時編成された遣外艦隊旗艦となり、巡洋艦「千歳」とともにハンプトン・ローズで行なわれたアメリカ植民300年記念祭に参列。往路は地中海経由、復路はイギリス、ドイツなどを訪問するなど、我が国の造船技術確立を大いにアピールした。

大正元年8月には装甲巡洋艦から巡洋戦艦に類別が変更され、大正3年からの第一次大戦時では第1南遣支隊を「生駒」とともに編成、ドイツ領南洋諸島攻略やインド洋まで進出しての通商保護等に活動した。

なお大正の初期の改装で、舷側下段の15.2センチ砲を廃止するとともに、上段の12センチ砲2門を撤去し、そこに15.2センチ砲を移設した。これにより15.2センチ砲10門、12センチ砲8門となった。ほぼ同じ改装は「生駒」にも実施されたが、こちらはさらに7.6センチ高角砲2門を装備している。

大正6年1月14日、横須賀港木ヶ浦に停泊中に前部火薬庫が爆発して沈没し、艦長以下152名が殉職。復旧は断念となり、翌大正7年〜8年にかけて浮揚・解体された。

「生駒」は就役後、明治43年のアルゼンチン独立100周年式典やロンドンで開かれた日英博覧会に参加後、ヨーロッパ各国を歴訪して国産艦の威容を見せつけた。

第一次大戦終了後の大正8年には砲術練習艦となり、ワシントン条約により廃棄が決定、大正12年9月20日に除籍、翌大正13年に長崎で解体されている。

第四章 ● ドレッドノート前後

第一次大戦で「生駒」は南遣艦隊の一員として香港やシンガポール、オーストラリアのタウンズビルに進出し、通商路保護活動を行なっている。

筑波型装甲巡洋艦要目

艦名	筑波
建造	呉海軍工廠
計画	明治 37 年
起工	明治 38 年 1 月 14 日
進水	明治 38 年 12 月 26 日
竣工	明治 40 年 1 月 14 日
沈没	大正 6 年 1 月 14 日
除籍	大正 6 年 9 月 1 日
解体	大正 8 年

艦名	生駒
建造	呉海軍工廠
計画	明治 37 年
起工	明治 38 年 3 月 15 日
進水	明治 39 年 4 月 9 日
竣工	明治 41 年 3 月 24 日
除籍	大正 12 年 9 月 20 日
解体	大正 14 年

筑波型装甲巡洋艦要目

新造時

常備排水量	13,750 t
全長	134.1 m
最大幅	22.8 m
平均吃水	7.95 m
主機	直立式 4 気筒 3 連成レシプロ蒸気機関× 2
主缶	宮原式水管缶・石炭重油混焼× 20
出力	20,500hp
軸数	2
速力	20.5kt
航続力	不明（生駒　石炭 1,911t、重油 160t）
兵装	45 口径 30.5cm 連装砲× 2、45 口径 15.2cm 単装砲× 12、40 口径 12cm 単装砲× 12、40 口径 7.6cm 単装砲× 4、短 7.6cm 砲× 2（生駒× 4）、45cm 水中魚雷発射管× 3
装甲	Kc 甲鈑　舷側 178mm、甲板 76mm、主砲防盾 178mm、司令塔 203mm
乗員数	879 名

筑波型装甲巡洋艦　明治 40 年竣工時

筑波型はこの時代としては珍しく、砲塔に天砲を装備したとする資料がある。写真では確認できなかったが、作図してみた。

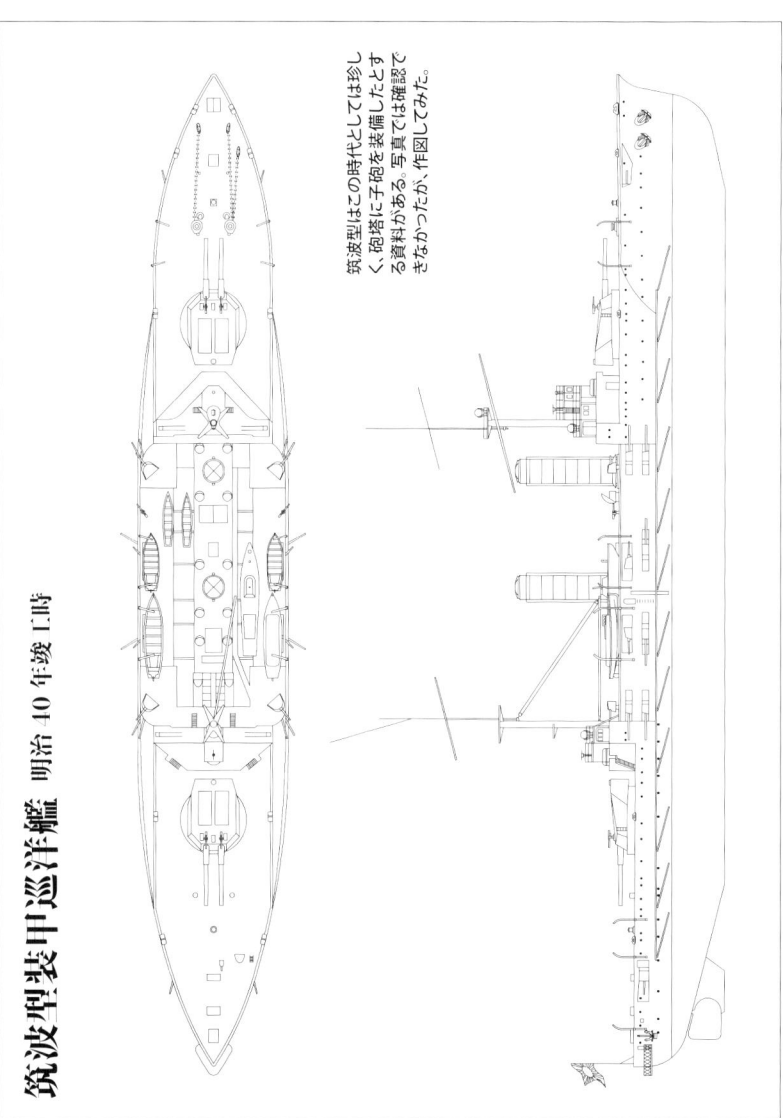

「鞍馬」は前後2檣が大型艦としては初の3脚檣とされたことも特長で、スマートな煙突と共に近代的な外観を与えることになった。ただし、完成の早かった「伊吹」は従来の棒檣のままである。

筑波型を強化・改良、砲力を強化
「伊吹」は蒸気タービンの実証艦に

鞍馬型装甲巡洋艦

鞍馬、伊吹

■戦艦と巡洋艦の砲力を併せ持つ

　鞍馬型は筑波型を強化・改良した装甲巡洋艦として起工された。この時期にはすでに日露戦争の大勢は決しており、ほかの損傷艦や鹵獲艦の整備等を優先させたことにより、工事は緩慢に進められた。

　鞍馬型は副砲を戦艦の中間砲サイズの20.3センチまで拡大、これを連装砲塔に収めて4基8門搭載、筑波型同様の30.5センチ連装2基4門の主砲と合わせ、日露戦争時の戦艦1隻と装甲巡洋艦1隻を合計した砲力を1隻だけで実現するというものであった。なお、2番艦の「伊吹」は機関にタービンを採用するなど準同型艦ともいえ、別のクラスとして扱われる場合もある。

　船体は筑波型と同じく船首楼型となっており、主砲後方には司令塔を組み込んだ艦橋を持ち、基部が一体化した前檣が配置され、ほぼ等間隔に並んだ細めで背の高い3本の煙突の後方に後檣が立つ。

　前後檣が大型艦としては初の三脚檣とされたことも特徴で、スマートな煙突とともに近代的な外観を与えることになった。しかし、完成の早かった「伊吹」は従来の棒檣のままである。

　最高速力は21.25ノットとなり、これは筑波型に比較して0.75ノットの向上であった。この「鞍馬」が、我が国の主力艦としては最後のレシプロ機関搭載艦となっている。

　「鞍馬」は竣工後、第2艦隊に編入され、3月7日には「日進」より旗艦を継承した。4月からは遣英艦隊旗艦として巡洋艦「利根」を率いてシンガポールやアデン、マルタ等を経てイギリスへ到着、6月24日のジョージ5世戴冠記念観艦式に参列している。帰路はフランス、イタリア、オーストリア等を訪問した。

　大正元年に巡洋戦艦に類別され、第一次大戦では「金剛」、「比叡」らと共に第1艦隊第3戦隊に所属し、津軽方面の哨戒任務についたあと、大正4年1月からはドイツ領であった南洋諸島の攻略に従事した。

　大正9年からの尼港事件では第3艦隊の旗艦としてシベリア、樺太方面で行動した。

　その後ワシントン条約で廃棄が決定され、大正12年9月20日に除籍。翌年1月19日までに神戸製鋼所で解体された。

■タービン装備の実験艦として

　2番艦の「伊吹」は、戦艦「安芸」用のタービン機関の実用実験艦として設計が変更され、起工後は急速に作業が進められ、わずか半年で進水するスピード記録を作っている。これは「ドレッドノート」に次ぐ短期工事の記録であり、竣工はそれから2年後の明治40年11月21日であった。戦時下の急速建造のためのテストケースだといわれている。竣工は「伊吹」のほうが早いため、伊吹型と呼ばれる場合もある。

　「伊吹」の機関は「安芸」と同形のカーチス式直結タービン2基で、最高速力は計画では22.5ノットだが、実際には公試での21.16ノットが限度だった。しかしこの経験はのちに「安芸」に生かされた。

　兵装は主砲にアームストロング社製のものが採用されている点以外、「鞍馬」とほぼ同様であった。

　「伊吹」は第一次大戦で英連邦軍とともにオセアニアやインド方面で船団護衛に従事し、尼港事件では「鞍馬」同様に樺太方面に派遣された。ワシントン条約で廃棄となり、大正12年9月20日に除籍。翌大正13年12月9日、神戸川崎造船所で解体されている。

第四章 ● ドレッドノート前後

鞍馬型は筑波型のコンセプトを継承しつつ、同時期のイギリス装甲巡洋艦アキリーズ級や、イタリア戦艦レジーナ・エレナ級も参考にし、より戦闘力の高い艦として建造された。

鞍馬型装甲巡洋艦 明治44年竣工時

鞍馬型装甲巡洋艦各艦要目

艦名	鞍馬
建造	横須賀海軍工廠
計画	明治37年
起工	明治38年8月23日
進水	明治40年10月21日
竣工	明治44年2月28日
除籍	大正12年9月20日
解体	大正13年1月19日

艦名	伊吹
建造	呉海軍工廠
計画	明治36年
起工	明治40年5月22日
進水	明治40年11月11日
竣工	明治42年11月1日
除籍	大正12年9月20日
解体	大正13年12月9日

鞍馬型装甲巡洋艦各艦要目

新造時

常備排水量	14,636t
全長	137.2m
最大幅	23.0m
平均吃水	7.97m
主機	直立式4気筒3連成レシプロ蒸気機関×2(伊吹 カーチス式直結型タービン×2)
主缶	宮原式水管罐・石炭重油混焼×28(伊吹×18)
出力	22,500hp(伊吹 24,000hp)
軸数	2
速力	21.25kt(伊吹 22.5kt)
航続力	不明 (石炭1,868t、重油288t (鞍馬 石炭2,000t、重油218t)
兵装	45口径30.5cm連装砲×2、45口径20.3cm連装砲×4、40口径12cm単装砲×14、40口径7.5cm単装砲×8、45cm水中魚雷発射管×3
装甲	Ks鋼 舷側178mm、甲板76mm、砲塔防盾178mm、司令塔229mm
乗員数	844名

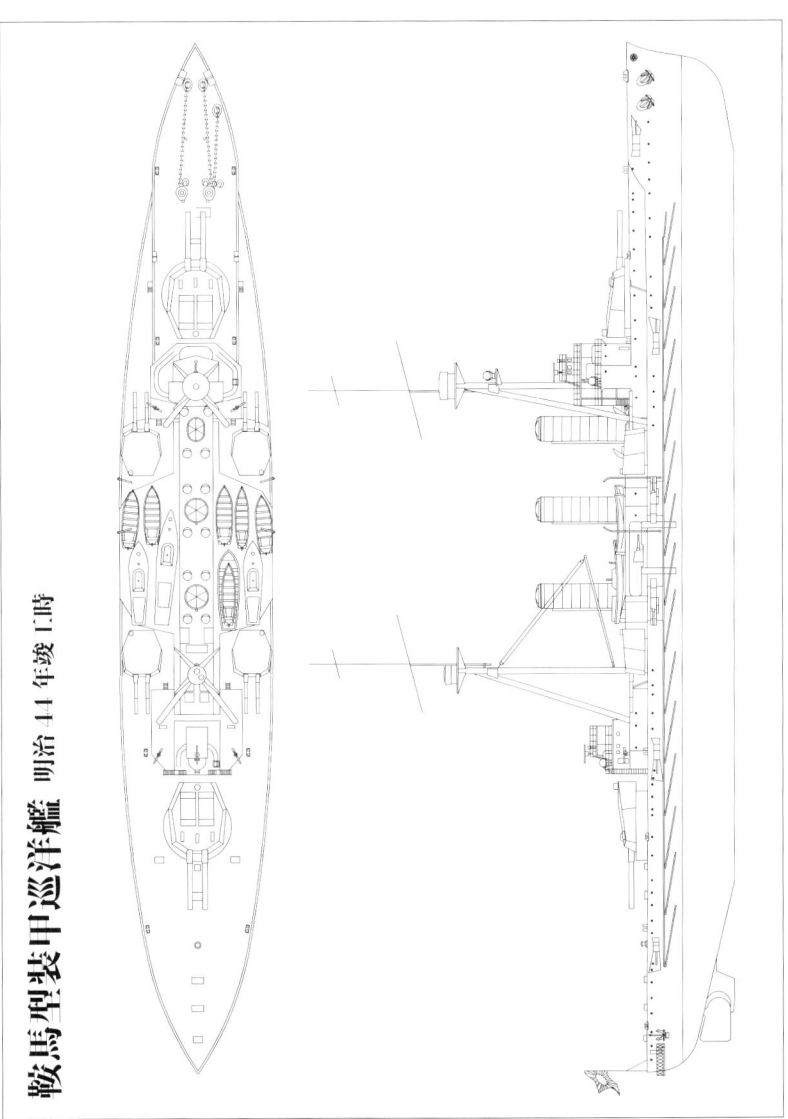

河内型は前後に3脚檣を持つ3本煙突艦で、第1煙突と第2、第3煙突の間が離れているのが特徴。これは、舷側主砲塔の弾薬庫位置の関係によるものだ。

我が国最初の弩級戦艦
主砲配置と口径不統一に不評あり

河内型戦艦
河内、摂津

■我が国初の弩級艦として誕生

　イギリス戦艦「ドレッドノート」が誕生したことで、それまでの各国の主力艦が一気に陳腐化してしまったことは先に述べた通りだが、その後続々と同種の艦（ドレッドノート級＝弩級艦と呼ばれた）が世界各国で建造されていく。

　我が国でもこの情勢をただ座視していたわけではなく、薩摩型の次の国産戦艦を初の弩級戦艦とする決定がなされた。これが「河内」「摂津（攝津）」からなる河内型である。

　河内型の主砲配置は、海外駐在武官等からもたらされる他国の建造情報などを勘案しつつさまざまな形式が検討されたが、結局「安芸」とほぼ同じとし、「安芸」では中間砲であった舷側甲板上の25.4センチ砲を30.5センチ砲に変更し、30.5センチ砲連装砲塔6基12門とした。亀甲型と呼ばれる配置である。

　この配置は片舷に指向できる砲力が8門止まりであり、全砲門の片舷指向が可能なイギリスのコロッサス級やアメリカのデラウェア級、フロリダ級などに比較してやや見劣りする観があった。ただ、日露戦の指揮官たちからは、このほうが乱戦時に左右両面の敵に即応できるという意見が大きかったともいわれる。

　主砲は「香取」での運用実績が良好なことから採用された、ヴィッカース社製30.5センチ砲で、前後の連装砲塔が50口径、舷側砲が45口径である。斉射時の射撃特性の違いについては、50口径側で装薬を加減することで初速を統一していた。なお50口径砲は通常装薬による射撃では大初速により長大な砲身にブレが生じ、命中率が低下するという問題点があった。内筒の摩耗も激しかったといわれている。

　河内型についてはこの口径の異なる主砲搭載を理由に弩級戦艦の定義に当てはまらないとする意見もあり、厳密には前弩級戦艦と弩級戦艦の中間に位置するクラスと考えられる。とはいえ、続く金剛型は超弩級巡洋戦艦であり、我が国唯一の弩級戦艦がこの河内型であった。

■標的艦として戦争末期まで健在

　船体は基本的に「安芸」の拡大改良型であり、搭載したカーチス式直結タービンは「安芸」に採用したものの低速域を使いやすくした改良型であった。川崎造船によるライセンス生産品で、出力は公称2万5000馬力だが、「河内」は公試中3万399馬力を計測している。

　おもしろいのは同型艦にもかかわらず、艦首の形状が異なる点で、「河内」が垂直艦首、「摂津」がクリッパー型だった。これは個艦識別のためとも、旗艦となる機会の多かった「河内」が、艦の威容を保つためともいわれるが真相は不明である。

　「河内」は第一次大戦で「摂津」らとともに第1艦隊第1戦隊に編入され、膠州湾封鎖作戦に従事したが、大正7年7月12日、徳山湾在泊中に前部火薬庫の爆発によって沈没。621名の殉職者を出し、そのまま現地で解体された。

　「摂津」は第一次大戦では第1艦隊旗艦となるが、大正12年10月、ワシントン条約により武装、装甲を撤去した標的艦となる。以後、縁の下の力持ち的存在として長期にわたって海軍の技量向上に活躍した。

　太平洋戦争終戦直前の昭和20年7月24日、江田島で繋留疎開中にアメリカ空母艦上機による攻撃で着底。同年11月20日除籍され、昭和22年に解体されている。

第四章 ● ドレッドノート前後

主砲実弾射撃中の「摂津」。河内型の装甲厚は「薩摩」、「安芸」より増厚されており、舷側最大で305ミリに達していた。もちろん標的艦に改装時の「摂津」はこれを撤去している。

河内型戦艦各艦要目

艦名	河内
建造	横須賀海軍工廠
計画	明治40年
起工	明治42年4月1日
進水	明治43年10月15日
竣工	明治45年3月31日
沈没	大正7年7月12日
除籍	大正7年9月21日
解体	不明

艦名	摂津
計画	明治40年
起工	明治42年1月18日
進水	明治44年3月30日
竣工	明治45年7月1日
沈没	昭和20年7月24日
除籍	昭和20年11月20日
解体	昭和22年

河内型戦艦要目

新造時

常備排水量	20,823t(摂津21,443t)
全長	152.4m(垂線間長)
最大幅	25.65m
平均吃水	8.23m(摂津8.47m)
主機	カーチス式直結型タービン×2
主缶	宮原式水管罐・石炭重油混焼×16
出力	25,000hp
軸数	2
速力	20.0kt
航続力	不明(石炭2300t、重油400t)
兵装	50口径30.5cm連装砲×2、45口径30.5cm連装砲×4、45口径15.2cm単装砲×10、40口径12cm単装砲×8、40口径7.6cm単装砲×16、45cm水中魚雷発射管×5
装甲	KC甲鈑 舷側水線305mm、甲板76mm、主砲塔防盾280mm、司令塔254mm
乗員数	999名(摂津986名)

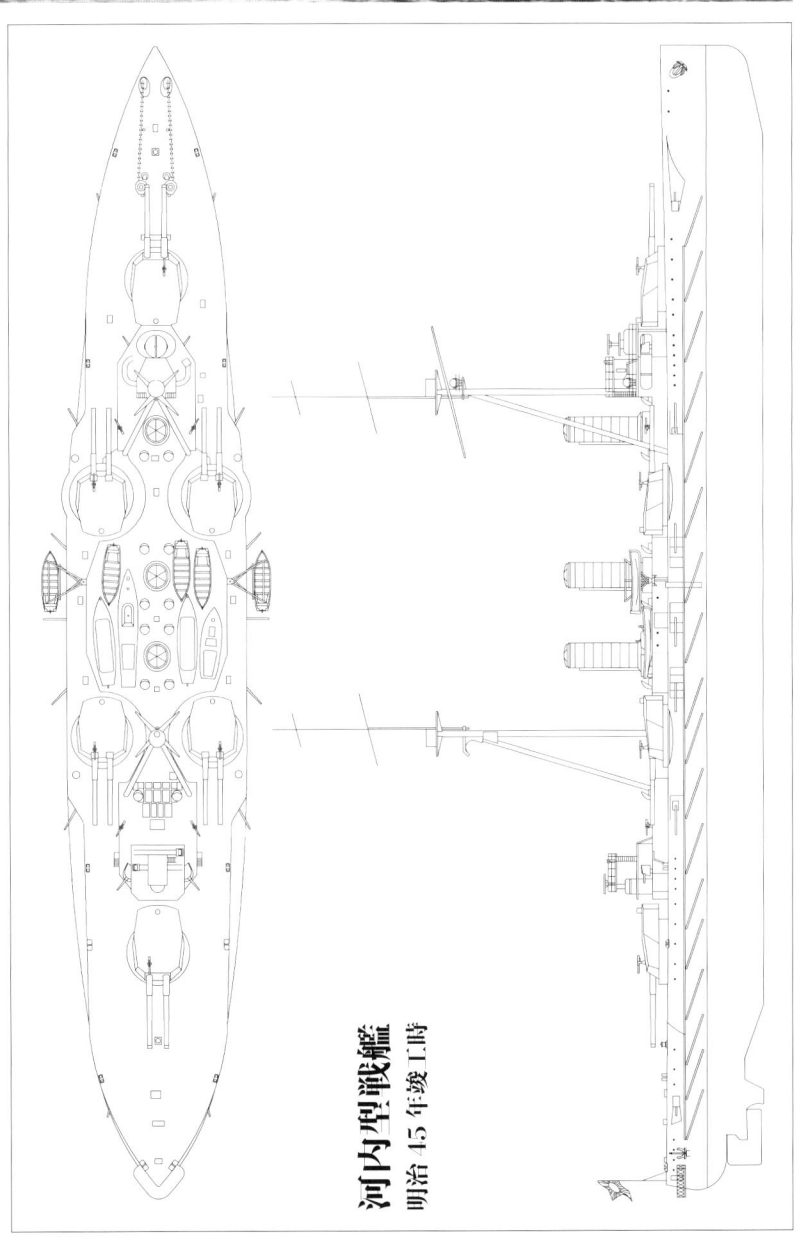

河内型戦艦 明治45年竣工時

幻となった艦隊計画

日本海軍には、計画されながらも諸事情で流れてしまった艦隊計画が存在する。その中心となる主力艦もまた、計画だけに終わったケースがほとんどである。

実験標的艦となった戦艦「土佐」。データ採取の指標とするため、船体に白線が引かれている。

明治3年の大艦隊計画

日本海軍が計画して、実現しなかった艦隊計画はさまざまだが、明治3年5月、まだ海軍省と陸軍省が設立される以前のこと、兵部省は「軍艦大小二百艘」として以下のような建艦計画を提出した。

その概要は(現代仮名遣いとした)、
・蒸気甲鉄艦大小50隻
・同、木鉄両製艦同70隻
・同、大砲船同60隻
・同、護送船同20隻

として、ほかに運送船20隻というものであった。常備人員は2万5000名とされ、200隻を10個の艦隊として、各20隻とする。

また、各艦隊は3分隊に分けられるものとして、細かい編成も定められていた。

この艦隊を20年かけて(7年ごと、3期)完成させ、その後も毎年10隻の新造艦を建造して常に新しい状態を保てるよう考えられていた。

8年ごとに代替の戦艦を建造する、のちの八八艦隊計画のようである。

この計画はあまりに遠大、予算もかかるために実現しなかったが、これが海軍最初の軍拡計画であり、大艦隊の建造計画であった。

明治5年には兵部省が廃止されて海軍省が設立されるが、以後も海軍は軍拡計画を立て、大正時代には八八艦隊計画が成立するが、ワシントン軍縮条約で流産となったのは周知の通りだ。

⑤、⑥計画による昭和25年の連合艦隊

今度は、日本海軍末期の艦隊計画をみてみよう。それが⑤計画と⑥計画である。この両計画は、アメリカが1940年に成立させた、両洋艦隊法に対抗すべく立案された。それだけ両洋艦隊法は、日本海軍にとって脅威だったのである。

このため日本海軍はまず、昭和16年に「昭和25年度戦時編制(案)」を作成。この案が実現できれば両洋艦隊法にも対抗できると考え、そのために必要な艦艇を2段階に分けて建造しようと計画した。

これが⑤計画と⑥計画である。二つの計画が完成し、強大な艦隊ができるのは、先述の通り昭和25年を予定していた。

⑤および⑥計画の原案は昭和16年の4～5月頃に決まったが、12月には太平洋戦争が始まってしまう。そして昭和17年6月、ミッドウェー海戦で日本海軍が主力空母4隻(実質的には、当時の主力艦である)を喪失する。これで⑤、⑥計画は中止となり、航空母艦の建造を中心として改⑤計画に変更されるのである。

大艦巨砲のきわみ 11隻の不沈戦艦

では、もし実現していたら？

肝心の主力艦であるが、計画が中止とならなければ、立案当時の趨勢どおり、依然として戦艦が主役と考えられていた。

⑤、⑥計画で計画された戦艦は7隻。これらはいずれも大和型か、それをベースとした発展型で、改大和型や超大和型戦艦と、それを上回る10万トンクラスの戦艦も予定されていた。この10万トン戦艦は、伊藤正徳氏の『連合艦隊の最後』などで「紀伊」「尾張」という名とともに記述されているが、詳細は不明である。この10万トン戦艦は4隻が建造予定ともいわれており、これが⑥計画戦艦に相当することになる。

つまり、大和型／改大和型の「大和」「武蔵」「信濃」「第111号艦」「第797号艦」の5隻に、超大和型の「第798号艦」「第799号艦」の2隻、さらに4隻の10万トン戦艦で、11隻もの巨艦が揃う可能性があった。

ただし米軍も、モンタナ級やそれを上回る戦艦が完成するはずで、簡単には勝てなかったと思われる。

第五章

超弩級戦艦の誕生

イギリスに「金剛」を発注し、日本海軍も超弩級戦艦を保有する。
以後は国産が定着し、いよいよ世界に冠たる大海軍国となっていく。

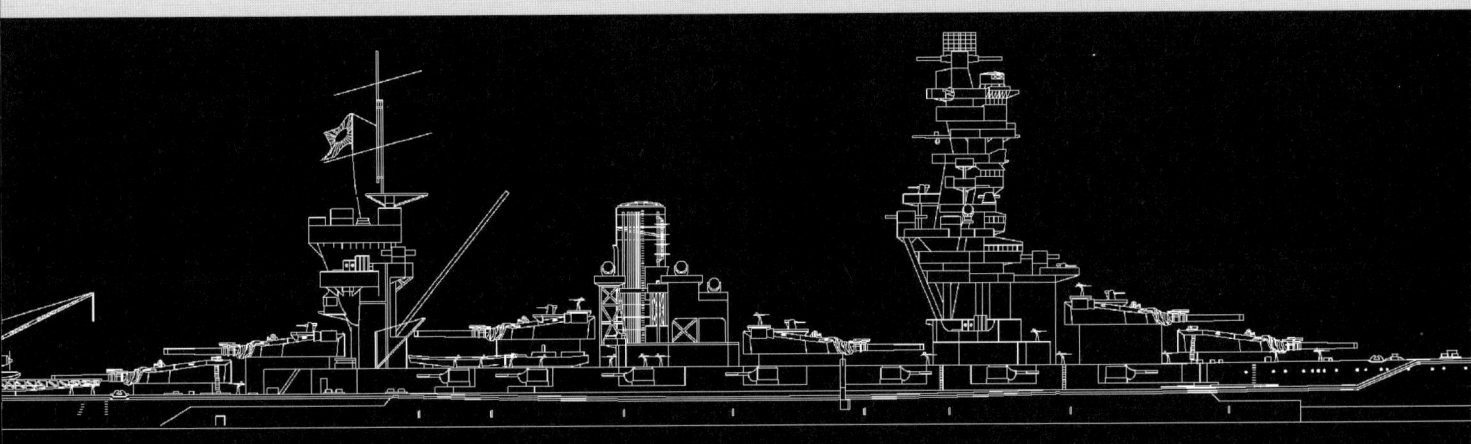

太平洋戦争で金剛型4隻が行動をともにしたのは、インド洋作戦時のみである。写真は昭和17年4月1日、単縦陣で展開中の手前から「金剛」「榛名」「霧島」「比叡」。

太平洋戦争では最古参ながら
もっとも活躍した高速戦艦
金剛型戦艦
金剛、比叡、榛名、霧島

日本海軍が運用した最後の外国製戦艦

　イギリス海軍が明治39年に竣工させた戦艦「ドレッドノート」は、それまでの戦艦を一気に旧式に追いやるほどの革新的な艦であった。この結果、列強各国の建艦競争はより一層の熱を帯びることになる。

　そのような情勢下、日本が日露戦争中から戦後にかけて建造した戦艦は軒並み旧式化し、隻数はともかく質的劣勢は歴然であった。このため、あらたに建造する装甲巡洋艦（のちの巡洋戦艦）はその劣勢を一気に挽回すべく、質的にも戦力的にも優れたものであることが求められた。

　この当時、すでに主力艦の国内建造は進められてはいたものの、軍艦建造にかけてイギリスは世界一といっても過言ではなかった。そこで新艦建造にあたっては、さらなる技術習得を兼ねて、一番艦のみをイギリスのヴィッカース社において建造し、残る三艦については国内で行なう方針が立てられた。

　こうして、日本から多数の技術者や監督官をイギリスに送り込んで明治44年1月17日にバーロー造船所において新艦の建造が開始された。これがのちの「金剛」であった。

　そして「比叡」はそれから遅れること10ヵ月、横須賀工廠で起工された。「榛名」は翌年3月に神戸川崎造船所で、「霧島」は同じく3月に三菱長崎造船所で起工された。

　ところで、3万トン近い大型主力艦が国内の民間造船所で建造されることは初めてであり、イギリスでの技術習得とあわせて、のちの日本の軍艦建造に及ぼした影響は極めて大きいといえる。そういう意味では、金剛型の建造は日本の建艦史においてエポックメイキングな出来事だった。そして「金剛」は外国で建造された最後の戦艦となった。

世界が羨む最新鋭艦

　金剛型の主砲口径の選定にあたっては、当初は30.5センチとする案が有力だった。当時建造中であった河内型戦艦は50口径の30.5センチ砲を搭載予定であり、これと同等のものを搭載することは、無難な選択である。

　しかしその一方で、各国は秘密裏に34センチもしくは35.5センチ砲の研究を進めていたことも事実である。

　この情報に接した海軍は、急遽金剛型の主砲を35.5センチとすることに決定し、建造先のヴィッカース社に対して35.5センチ試製砲も合わせて発注したのである。

　金剛型の最大の特徴はその高速性にあったといえる。もともと金剛型はその艦名の山の名が示す通り、戦艦ではなく（装甲）巡洋艦として計画されたこともあり、戦艦に比べて装甲は薄いものの、それを速力の優越で補うという考えのもとに設計されている。したがって、砲火力は戦艦と同等かそれ以上、速力は戦艦を遥かに凌ぐという、当初のもくろみどおりの艦となった。

　この高速性を実現するために船体も大型化したため、排水量、全長ともに金剛型は世界最大クラスとなったのである。

　つまり、日本は金剛型によって一気に世界トップクラスの艦を4隻も導入することに成功したわけだ。

　こうして金剛型各艦は大正2年から大正4年にかけて完成し、その偉容は列強各国の羨望の的となった。折りしも欧州は第一次世界大戦のさなかにあり、金剛型の優秀さを認めたイギリスは、これら4隻の借用を打診したほどであった。

第五章●超弩級戦艦の誕生

竣工時、アイリッシュ海で撮影された公試運転中の「金剛」。全力航走で27.54ノットを記録した。世界で初めて36センチ砲を搭載し、この当時世界最強を誇った。

昭和11年11月14日、第二次改装が完了し公試運転中の「金剛」。艦尾を延長、機関を換装したことで30ノットを発揮する高速戦艦となった。

金剛型戦艦各艦要目

艦名	金剛	艦名	比叡	艦名	榛名	艦名	霧島
建造	ヴィッカース社バーロー造船所	建造	横須賀海軍工廠	建造	川崎造船所	建造	三菱長崎造船所
計画	明治40年度計画（明治44年度計画で艦型変更）	計画	明治37年度計画（明治44年度計画で艦型変更）	計画	明治36年度計画（明治44年度計画で艦型変更）	計画	明治36年度計画（明治44年度計画で艦型変更）
起工	明治44年1月17日	起工	明治44年11月4日	起工	大正元年3月16日	起工	大正元年3月17日
進水	大正元年5月18日	進水	大正2年11月21日	進水	大正2年12月14日	進水	大正2年12月1日
竣工	大正2年8月16日	竣工	大正3年8月4日	竣工	大正4年4月19日	竣工	大正4年4月19日
沈没	昭和19年11月21日	沈没	昭和17年11月13日	沈没	昭和20年7月28日	沈没	昭和17年11月15日
除籍	昭和20年1月20日	除籍	昭和17年12月20日	除籍	昭和20年11月20日	除籍	昭和17年12月20日
解体		解体		解体	昭和21年7月4日	解体	

■2度の大改装で近代化

第一次世界大戦当時、金剛型4隻による巡洋戦艦戦隊は名実ともに世界最強を謳われるほどだったが、大戦中に発生したジュトランド沖海戦によって巡洋戦艦の弱点が明らかとなった。すなわち、垂直装甲の薄さもさることながら、水平防御力の低さは致命的だった。

このため、金剛型各艦は戦訓に基づき、昭和3年から昭和6年にかけて、大幅な改装を実施するに到った。主な改装点としては、防御装甲の強化、主砲仰角の引き上げ、前檣楼の近代化、バルジの装着などである。しかし、このために排水量が大幅に増加し、速度は26ノット程度に低下した。そしてこれは事実上、戦艦に生まれ変わったことを意味していた。そのため、これまであった巡洋戦艦という類別は廃止され、金剛型は正式に戦艦へと類別変更されることになるのである。

ただその一方で、ワシントン軍縮条約の結果、戦艦保有数を9隻と定められた日本は既存艦の隻数を減らす必要があり、そのため「比叡」は練習戦艦とされた。この結果、後部主砲塔一基を撤去されたほか、速度も制限されたために主機の一部を撤去されている。

その後、昭和8年から昭和10年にかけて、艦齢が20年に達したこともあり、金剛型は2回目の大がかりな改装を行なうことになる。この改装によって主機が全面交換され、速度は30ノットという高速を発揮できるようになった。この高速戦艦化により、金剛型はのちに空母機動部隊の随伴艦となる。

また、この改装に合わせて比叡も戦艦として復帰することとなった。そしてほかの僚艦と異なり、「比叡」は改装にあたって新型戦艦（大和型）のテストベッドとして、方位盤や測距義などの各種新装備を搭載した。この結果、改装には4年の月日が費やされている。

■使い勝手の良い戦艦

金剛型戦艦ほど、太平洋戦争で酷使された日本の戦艦はない。真珠湾攻撃にはじまり、ミッドウェー、ソロモン海、マリアナ、レイテと、まさに大きな戦いには必ずといっていいほど金剛型戦艦の姿があった。

太平洋戦争勃発時、「金剛」は「榛名」とともにマレー上陸作戦を支援。その後、インド洋作戦やミッドウェー海戦にも参加。ガダルカナル島をめぐるソロモン海の戦いではヘンダーソン飛行場を砲撃した。レイテ沖海戦でも活躍したが、内地へ帰投する途上、台湾沖で米潜「シーライオン」の雷撃を受け沈没した。

二番艦である「比叡」は練習戦艦時代にたびたびお召し艦を務め、太平洋戦争では南雲機動部隊の直衛艦として真珠湾攻撃に参加。昭和17年11月、ガダルカナル島砲撃のために「霧島」とともに出撃した「比叡」は米艦隊と遭遇し、第三次ソロモン海戦が勃発する。この海戦で集中砲火を浴びた「比叡」は翌日自沈した。

「榛名」の戦歴はおおむね「金剛」と同一であるが、レイテ沖海戦後は燃料不足もあって出撃の機会もないままに呉で停泊中、米機動部隊による空襲で大破着底してしまった。

四番艦「霧島」の戦歴は「比叡」とほぼ同一である。「比叡」が失われた翌日、再びガダルカナル島へ向かう途中で遭遇した米戦艦「ワシントン」「サウスダコタ」と激しい砲撃戦を展開し、多数の命中弾を浴び、翌15日に沈没している。

金剛型こそ、日本海軍でも有数の活躍を見せた戦艦だったといえよう。

練習戦艦時代の「比叡」。この時期、観艦式ではお召艦、大演習では統監艦に用いられた。昭和天皇も、何度も乗艦した「比叡」沈没の際は大いに嘆いたといわれる。

昭和14年12月5日、宿毛湾を全力航走する「比叡」。練習戦艦から、4年ぶりに戦艦へ復帰した際の姿である。大和型の実験工事も含め、金剛型の中ではもっとも大規模な改装工事となった。

昭和5年4月、第一次近代化改装工事を終えた「霧島」。重油専燃缶への換装に伴い缶室が減少、煙突も3本から2本となった。前檣が檣楼化するなど、より近代的な外観となっている。

昭和21年4月30日、江田島の「榛名」。金剛型で最後に残った「榛名」も、昭和20年7月28日の呉空襲で甚大な損害を受けて沈座した。しかし、最後までその姿を海上にとどめていた。

第五章 ● 超弩級戦艦の誕生

金剛型戦艦要目

新造時

常備排水量	27,500t
基準排水量	26,330t
全長	214.6m
最大幅	28.04m
平均吃水	8.4m
主機	パーソンズ式直結型タービン×2
主缶	ヤーロー混焼缶×36（比叡　イ号艦本式混焼缶×36　榛名、霧島　ロ号艦本式混焼缶×36）
出力	64,000hp
軸数	4
速力	27.5kt
航続力	14ktで8,000浬
兵装	45口径36cm連装砲×4、50口径15cm単装砲×16、40口径7.62cm単装砲×8、53.3cm魚雷発射管×6
装甲	舷側203mm（水線部）、甲板32mm、司令塔254mm、主砲塔前盾254mm
乗員数	1221名

第二次近代改装後

常備排水量	
基準排水量	31,720t（比叡、榛名、霧島 32,156t）
公試排水量	36,314t（比叡37,000t　榛名36,601t　霧島36,668t）
全長	219.34m（比叡222m　榛名222.05m　霧島219.61m）
最大幅	31.04m（比叡31.97m　榛名31.02m　霧島31.01m）
平均吃水	9.60m（比叡9.37m　榛名9.72m　霧島9.73m）
主機	艦本式オールギヤードタービン×4
主缶	ロ号艦本式専焼缶×8（榛名　×11）
出力	136,000hp
軸数	4
速力	30.3kt（比叡29.7kt　榛名30.5kt　霧島29.8kt）
航続力	18ktで9,800浬（榛名18ktで10,000浬　霧島18ktで9,850浬）
兵装	45口径36cm連装砲×4、50口径15cm単装砲×14、40口径12.7cm連装高角砲×2
搭載機	水偵×3
装甲	舷側203mm+25mm（水線部）、甲板102mm、司令塔254mm、主砲塔前盾254mm
乗員数	1,437名（比叡1,222名　榛名1,437名　霧島1,440名）

巡洋戦艦「金剛」 大正2年竣工時

戦艦「金剛」 昭和6年第一次改装時

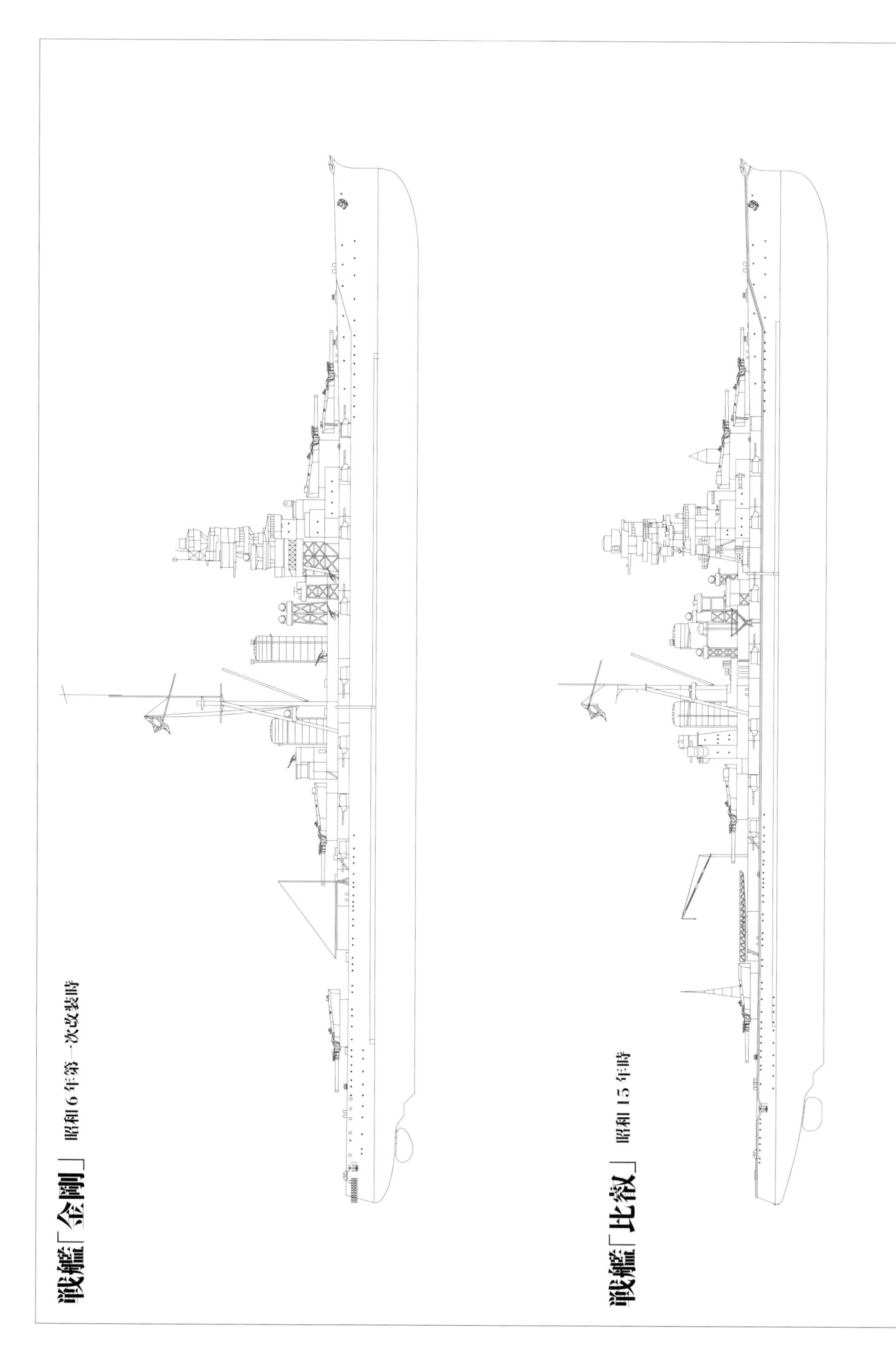

戦艦「比叡」 昭和15年時

第五章 ● 超弩級戦艦の誕生

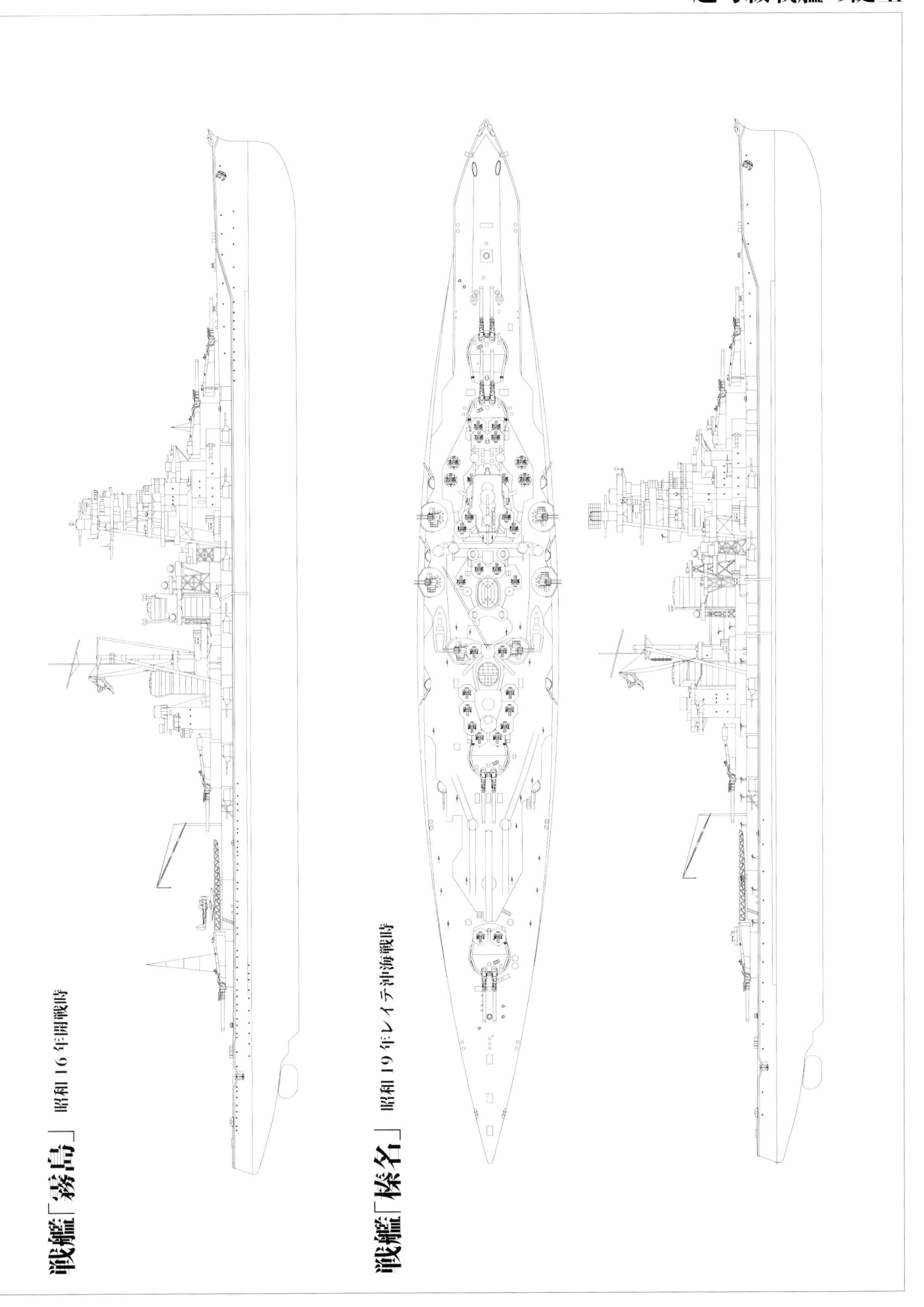

戦艦「霧島」 昭和16年開戦時

戦艦「榛名」 昭和19年レイテ沖海戦時

昭和14年4月27日に撮影された「扶桑」。すでに第二次近代化改装工事を終えた状態である。「扶桑」ならではの特異な前檣楼は魅力に富んでいる。

日本海軍最初の超弩級戦艦として誕生しながら、
太平洋戦争では低速のため活躍できず

扶桑型戦艦
扶桑、山城

■竣工当時は世界最大にして最強

扶桑型戦艦は、日本海軍が初めて建造した超弩級戦艦である。

その建造計画は、明治44年度計画にさかのぼり、同型艦として大正2年計画で「山城」「伊勢」「日向」が建造されることになった。ただし「伊勢」「日向」は設計を変更、伊勢型戦艦として建造される。

大正3年に「扶桑」が、4年に「山城」が進水し、竣工はそれぞれ大正4年と6年であった。

扶桑型は世界で初めて排水量が3万トンを超えた軍艦であり、36センチ砲12門は当時の世界トップクラスの重武装であった。

速力は22.5ノットと竣工当初から低速の印象もあるが、仮想敵である当時の米戦艦よりも2ノットほど速い。つまり竣工当時の「扶桑」は、世界でも随一の重武装にして高速の戦艦であった。

その反面、防御面では当時の列強戦艦に見劣りした。これは6基もの主砲塔を積んだことが装甲の割り当て重量に影響したためだ。

砲塔配置にも問題があった。機関室を挟んで3番、4番砲塔を配置したことで後年、機関室にボイラーの増備を困難にさせた。

さらに主砲斉射時に艦全体を爆風が覆い、上部構造物の各種機器にも影響するという重大な欠点も露呈してしまった。

このため扶桑型は、何度もの改装が実施されることになる。

■たび重なる改装にも性能は向上せず

太平洋戦争突入まで、扶桑型はたびたび改装を行なった。一時期などは、行動よりもドックで改装していた期間が長いほどである。

「扶桑」が完成した2年後から両艦ともたびたびの改装が実施され、その都度、各種指揮装置、指揮所の設置、航空兵装の追加、主砲仰角の引き上げ、爆風対策のための諸処置、防御の充実などが行なわれた。

近代化改装工事は「扶桑」が昭和5年から着手されたが、この際は排水量が増大し、煙突が1本となる。

続く第二次近代化改装は、第一次近代化工事終了からわずか1年後、昭和9年9月から開始され、昭和10年2月に完了した。

この時は主砲の仰角をさらに引き上げ、バルジを増設して艦尾を延長、機関も5000馬力ほど増えて24.7ノットの発揮が可能となった。

改装によって「扶桑」の前檣楼は複雑化し、独特のくびれた形状は軍艦ファンの人気が高い。

「山城」の改装は1回のみだが、昭和5年12月から昭和10年3月までと、4年以上に渡っている。

改装の細目は「扶桑」に準じているが、カタパルト位置などは「扶桑」の欠陥を訂正し、前檣楼も安定した。

扶桑型の幾度もの改装は、それだけ多くの問題を抱えていた証でもあった。それでも速力と防御はほかの戦艦に見劣りしたことは否めず、太平洋戦争で長らく扶桑型から活躍の場を奪うことになる。

その後、太平洋戦争開戦をにらんだ昭和14年に出師準備としてさらに改装が行なわれ、舷外電路や応急注排水装置などが設置された。

しかしすでに、扶桑型の艦齢は25年を超えており、老巧戦艦であることは否めなかった。

■太平洋戦争開戦スリガオ海峡で沈没

昭和16年12月8日、日本海軍の第1航空艦隊は真珠湾を奇襲、太平洋戦争が勃発した。「扶桑」「山城」

第五章 ● 超弩級戦艦の誕生

昭和9年12月14日、大改装公試中の「山城」。「扶桑」やほかの艦が二度に分けて行なった近代化改装を、「山城」は一度に実施した。

扶桑型戦艦各艦要目

艦名	扶桑	艦名	山城
建造	呉海軍工廠	建造	横須賀海軍工廠
計画	明治36年	計画	大正2年
起工	明治45年3月11日	起工	大正2年11月20日
進水	大正3年3月28日	進水	大正4年11月3日
竣工	大正4年11月8日	竣工	大正6年3月31日
沈没	昭和19年10月25日	沈没	昭和19年10月25日
除籍	昭和20年8月31日	除籍	昭和20年8月31日

は帰投してくる機動部隊の支援と称して第1艦隊の一員として出撃した。

しかしこの行動は燃料の浪費、加棒目当てとの批判も多く、行って帰ってくるだけの航海であった。

以後も昭和17年4月に、東京を初空襲した米機動部隊を追撃しているが捕捉できるわけもなく、6月のミッドウェー海戦でも出撃はしたものの、戦闘の機会はなかった。

「山城」は一時期、練習戦艦として仕様されたが、ある意味で最適な運用といえるだろう。

「扶桑」は陸兵輸送などの裏方任務に就くが、機動部隊に随伴し行動した金剛型戦艦を別にすれば、日本戦艦は活躍の機会に恵まれていない。一時期は渾作戦の旗艦となるが、実施されることはなかった。

昭和19年9月、来るべきレイテ沖海戦に備えて「扶桑」は第2艦隊第2戦隊に僚艦「山城」とともに編入される。当初は第1戦隊のいる第1遊撃部隊の予定もあったが、低速のため忌避されたという。

このため、別働隊である第一遊撃部隊第三部隊の中核となるのである。

昭和19年、西村祥治中将指揮のもと第三部隊は「山城」を旗艦としてリンガ泊地を出撃。栗田中将の第1、第2遊撃部隊とは別コースでレイテをめざした。途中で空襲により「扶桑」は爆弾1発が命中したものの、それ以外の損害はなく、艦隊は進撃を続けた。

10月24日の夜から艦隊はスリガオ海峡入り口で米魚雷艇の攻撃にさらされ、明くる25日、オルデンドルフ少将の戦艦部隊と戦闘を開始した。

「扶桑」は魚雷4本が命中して落伍、その後大爆発して沈没し、阪匡身艦長以下、全員が戦死した。

戦闘を続ける「山城」もまた砲弾と魚雷が命中、沈没した。生存者は数名とも10名程度とも伝えられる。

竣工間もない「扶桑」。主砲や速力などカタログデータとしては世界一である反面、幾多の欠陥を内包していた。大正6年には前檣楼頂部に方位盤照準装置を搭載する。

工事により、3脚檣を檣楼に改めた昭和4年頃の「山城」。この時期に航空機も搭載されており、4番砲塔上にその姿が見える。

扶桑型戦艦要目

新造時

常備排水量	30,600t
基準排水量	29,326t
全長	205.13m
最大幅	28.65m
平均吃水	8.69m
主機	ブラウン・カーチス式直結タービン×2
主缶	宮原式石炭・重油混焼水管×24
出力	40,000hp
軸数	4
速力	22.5kt
航続力	14ktで8,000浬
兵装	45口径36cm連装砲×6、50口径15cm単装砲×16、短7.6cm単装砲×12、53cm魚雷発射管×6
装甲	舷側305mm（水線部）、甲板64mm、司令塔302mm（山城356mm）、主砲塔前盾280mm
乗員数	1,193名

第二次近代改装後

常備排水量	34,700t（山城34,500t）
基準排水量	39,154t（山城38,383t）
全長	212.75m
最大幅	33.22m
平均吃水	9.72m（山城9.76m）
主機	艦本式オールギヤードタービン×4
主缶	ロ号艦本式専焼×4、ハ号艦本式専焼×2
出力	75000hp
軸数	4
速力	24.7kt（山城24.5kt）
航続力	16ktで11,800浬（山城10,000浬）
兵装	45口径36cm連装砲×6、50口径15cm単装砲×14、単7.6cm単装砲×12、40口径12.7cm連装高角砲×4、13mm4連装機銃×4（山城40mm連装機銃×2、13mm4連装機銃×2）
搭載機	水偵×3
装甲	舷側305mm（水線部）、甲板102mm、司令塔302mm（山城356mm）、主砲塔前盾280mm
乗員数	1,221名

最終時

常備排水量	39,150t（山城38,350t）
全長	212.75m
最大幅	33.22m
平均吃水	9.69m
主機	艦本式オールギヤードタービン×4
主缶	ロ号艦本式重油専焼缶×4
出力	75000hp
軸数	4
速力	24.7kt（山城24.5kt）
航続力	16ktで11,800浬（山城10,000浬）
兵装	45口径36cm連装砲×6、50口径15cm単装砲×16（山城14）、40口径12.7cm連装高角×4、25mm3連装機銃×8、25mm連装機銃×16（山城17）、25mm単装機銃×39（山城34）、13mm単装機銃×10（山城連装×3、単装×10）
搭載機	水偵×3
装甲	舷側305mm（水線部）、甲板102mm、司令塔302mm（山城356mm）、主砲塔前盾280mm
乗員数	1,396名（山城1,445名）

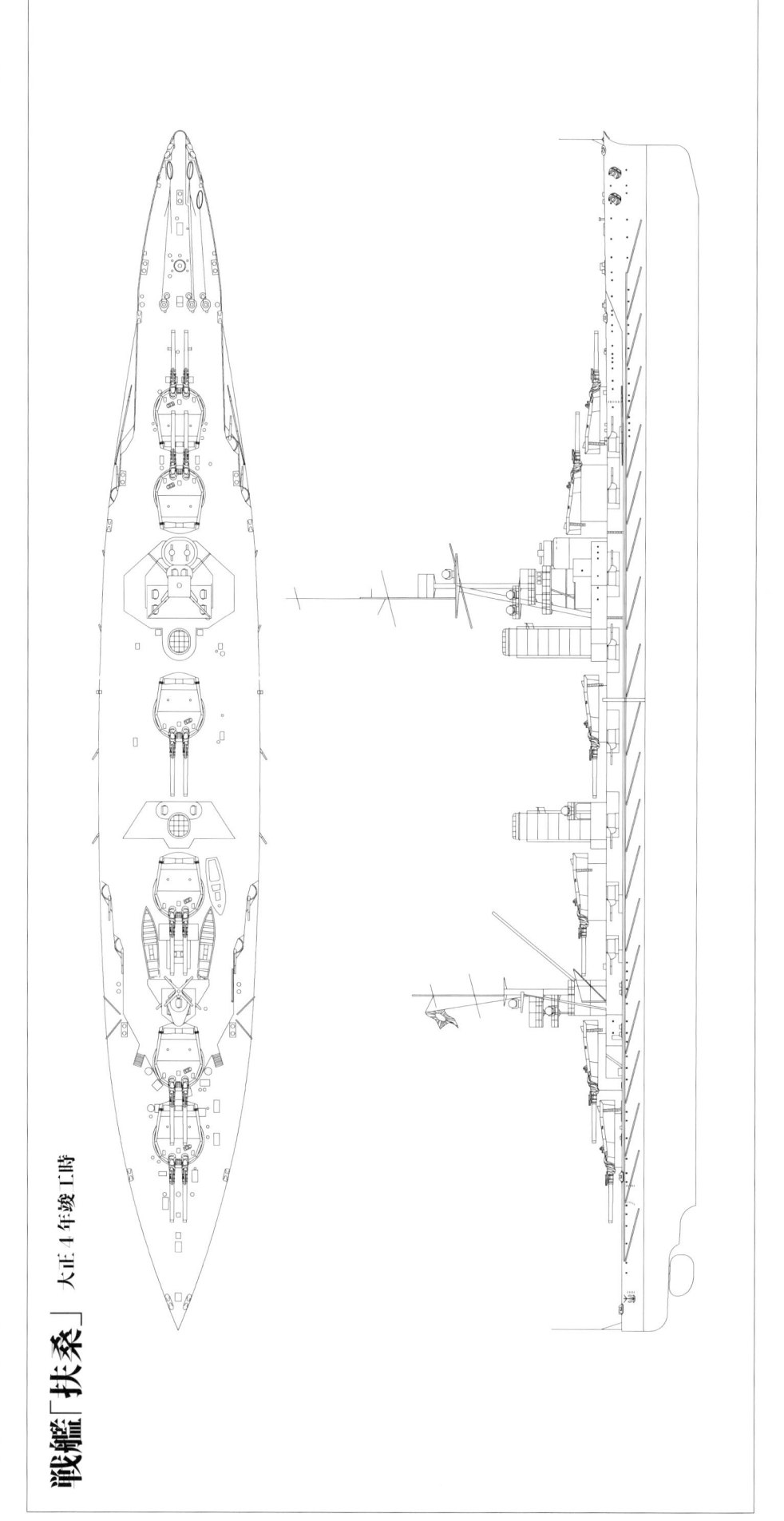

戦艦「扶桑」 大正4年竣工時

第五章 ● 超弩級戦艦の誕生

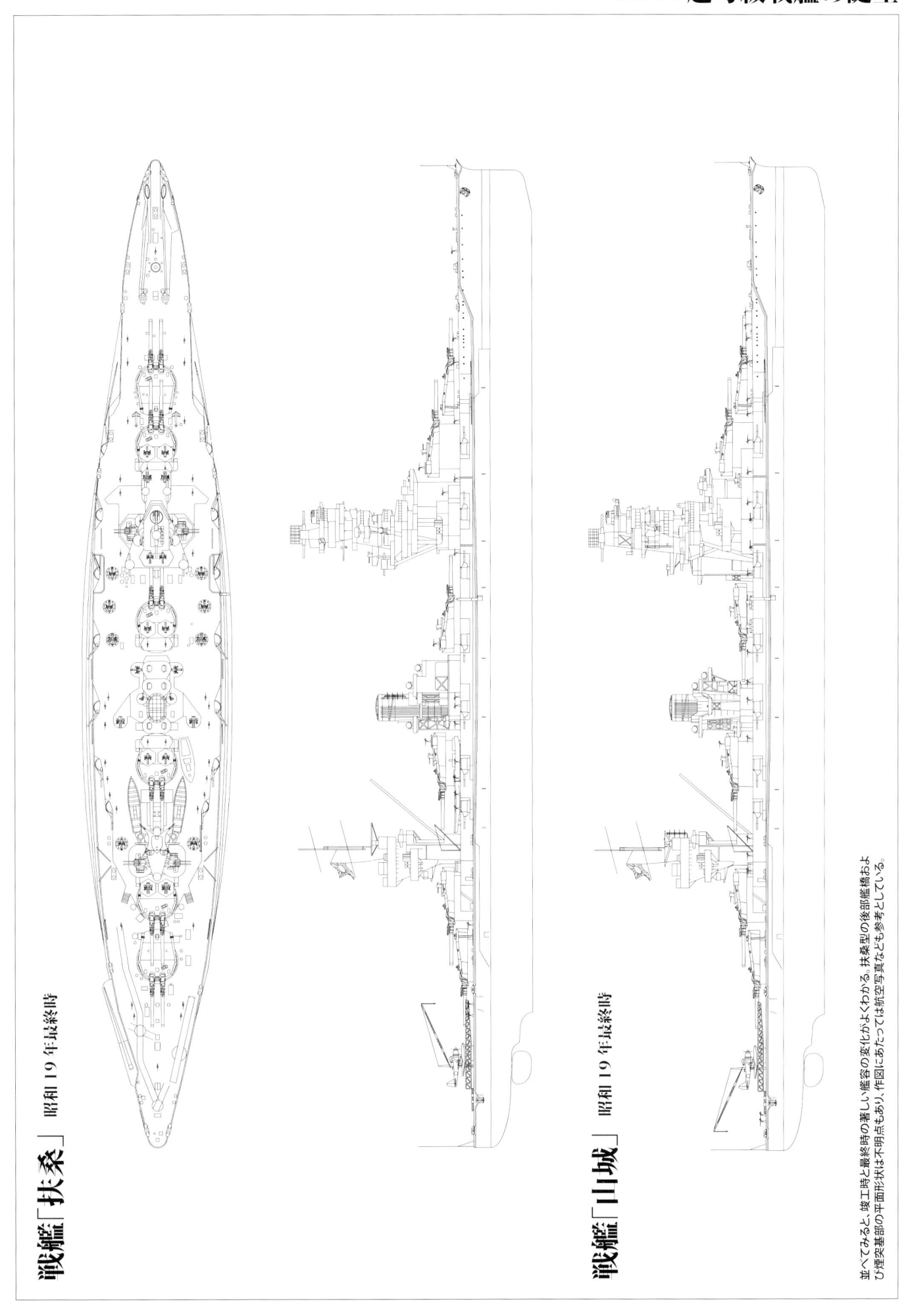

戦艦「扶桑」 昭和19年最終時

戦艦「山城」 昭和19年最終時

並べてみると、竣工時と最終時の著しい艦容の変化がよくわかる。扶桑型の後部艦橋および煙突基部の平面形状は不明点もあり、作図にあたっては航空写真などを参考としている。

昭和15年12月4日、大改装後の「日向」。伊勢型と長門型の近代化改装は、扶桑型と金剛型が一次と二次に分けた改装を一挙に行なった。内容は前檣楼が一新され、防御力の増大、艦尾の延長、機銃の増設など大規模なものとなった。

扶桑型の改良型として誕生
世界唯一の航空戦艦に改装される

伊勢型戦艦／航空戦艦
伊勢、日向

■扶桑型の設計を変更
■改善された主砲配置

　超ド級戦艦として建造された扶桑型は、兵装、排水量、航続力と、竣工当時は世界一といっても過言ではない性能を有していた。だが第一次世界大戦におけるジュトランド沖海戦は、各国戦艦の防御力の問題、とくに水平防御の脆弱性を白日の下にさらけ出すことになった。

　またそれ以外にも、扶桑型にはさまざまな問題点が指摘されており、その問題点を克服した新戦艦を建造することになった。

　これが伊勢型戦艦であり、設計上の類似点も多いことから、改扶桑型とも呼ばれる存在である。

　扶桑型からの改善点として、まっさきに挙げられるのが主砲配置の変更である。扶桑型の主砲配置は結果として射撃指揮に困難を生じたのみならず、主砲発射時の爆風が艦橋に及ぼす影響も指摘されていた。伊勢型はこの点を改め、3番、4番砲塔を缶室群の後方にまとめたために射撃指揮が改善され、また弾火薬庫の防御力を向上させることにも成功した。ただその反面、最上甲板が第3砲塔の前までになったため、居住区はかなり減少することになった。扶桑型よりも乗員数が増えているにもかかわらず、居住区が減少したことによって艦内環境は悪化し、かなり不評だったと言われている。

　兵装面に関してはもう一つ、副砲の口径が変更されたことが大きな特徴である。扶桑型では15センチ砲が用いられていたが、伊勢型ではこれを14センチ砲とし、代わりに砲門数を20門とした。口径をあえて小さくしたのは、砲弾をより小型化して発射効率を上げることを考えたためである。

　このほか伊勢型の改良点としては、防御力の強化と方位盤射撃装置の採用が挙げられる。また、機関馬力も増加したため、扶桑型よりも若干速度が向上している。

■出撃準備完了！

　伊勢型に対する改装は度々実施されている。伊勢を例にとると大正10年の砲機構の改善（主砲の最大仰角を30度に引き上げ）を皮切りに、昭和3年（艦橋の墻楼化、魚雷防御網の撤去など）、昭和5年（5番主砲塔上に水上偵察機を搭載）昭和7年（対空兵装強化）、昭和8年（カタパルトの設置など）と、少しずつ改善されているのがわかる。なお、日向についても同様の改装が実施されている。

　とはいえ、時代の経過とともに戦艦が旧式化することは避けられず、伊勢は昭和10年（日向は昭和9年）より、呉工廠において近代化のための大規模な改装を施すことになった。

　主な改善点としては、主機を艦本式タービンに換装し、主缶はロ号艦本式重油専焼缶8基に変更した。これによって速度および航続距離の性能が向上した。また、缶が減少した影響で煙突は1本にまとめられている。

　兵装面では主砲の最大仰角がさらに引き上げられ、43度となった。これにより最大射程は3万3000メートルとなり、遠距離砲戦用に射撃指揮装置を改善したほか、艦橋頂部は10メートル測距儀を備えた。なお、一部副砲の撤去はこの時に実施された。また、船体関係では艦尾を7.3メートル延長して直進性を向上させ、主機換装とあわせて約1ノットの増速に成功している。さらに、水中防御力の強化と浮揚力の増加のため、艦側にバルジを装着した。

　そのほか、カタパルトや揚収用クレーンの設置、注排水装置の導入、弾火薬庫上部甲板の増強などが挙げ

第五章 ● **超弩級戦艦の誕生**

昭和19年10月のレイテ沖海戦に、伊勢型戦艦の第4航空戦隊は、囮機動部隊として出撃した。写真は「伊勢」で、1番主砲から三式弾を発射した瞬間。「伊勢」「日向」とも驚嘆すべき操艦によって損害は軽微だった。

伊勢型戦艦各艦要目

艦名	伊勢	艦名	日向
建造	川崎造船所	建造	三菱長崎造船所
計画	大正2年度	計画	大正2年度
起工	大正4年5月10日	起工	大正4年5月6日
進水	大正5年11月12日	進水	大正6年1月27日
竣工	大正6年12月15日	竣工	大正7年4月30日
沈没	昭和20年7月28日	沈没	昭和20年7月24日
除籍	昭和20年11月20日	除籍	昭和20年11月20日
解体	昭和22年7月4日	解体	昭和22年7月4日

昭和5～6年頃の「伊勢」。3回目の改装工事を受けた時期で、煙突には排煙逆流防止のスクリーン、5番砲塔には水偵が確認できる。

大正6年、新造時の「日向」。全力公試運転中で、24ノットを記録した。扶桑型の設計を改め、背負い式となった、3、4番砲塔が見て取れる。

られる。この近代化改装が施された状態で、伊勢型は太平洋戦争の開戦を迎えることになる。

航空戦艦へ生まれ変わる

こうして、連合艦隊第1艦隊の主力の一翼を担うものとして期待された伊勢型戦艦であったが、いざ戦争が開始されると、主役の座は航空機に奪われてしまっていた。このため、他の戦艦と同様、伊勢型の出番はなかなか回ってこなかった。

それでも、連合艦隊が総力を挙げて取りかかったミッドウェー海戦に「伊勢」「日向」も参加すべく、その直前に主砲射撃訓練を実施していた。この時、「日向」の五番砲塔が大爆発を起し、54名が殉職する大事故が発生した。

「日向」は5番砲塔跡に蓋をして、その上に25ミリ連装機銃を搭載するという応急処置を施し、この状態でミッドウェー海戦に参加している。

しかし、海戦は日本が4隻の正規空母を失うという惨敗となり、戦艦の空母への改造が討議される。

候補を絞り込んだ結果、先の「日向」の事故と、時間が惜しいという理由から伊勢型の2隻を改造することに決したのである。

改造にあたっては全通甲板を有する完全空母化、3番砲塔より後ろを飛行甲板とする案、5番砲塔より後ろを改造する案などが出されたが、5番砲塔より後ろを飛行甲板に改造する案に落ち着いた。改装は昭和18年までに実施されている。

しかし、昭和19年10月の捷一号作戦で伊勢型は航空機を持たない状態で小沢艦隊の一部としてレイテ沖海戦に参加する。空母が次々と被弾・撃沈されるなかで、ハリネズミのような対空兵装の甲斐もあって「伊勢」「日向」は無事に帰還。

その後、輸送作戦である北号作戦を成功させたものの、その後は燃料不足で呉に係留されたままとなり7月25日、28日の米艦上機の空襲により、両艦は大破着底する。この時、「伊勢」の主砲身内には砲弾が残されたままで、そのままでは危険なため発砲が命令された。

虚空に向けて放ったこの一弾こそ、日本海軍の戦艦が最後に行なった主砲発射であった。

昭和8年9月25日、特別大演習を終えて大阪湾で撮影された「伊勢」。前檣楼の長い信号ヤードがこの時期の特徴だ。

戦後、米軍により撮影された「伊勢」。日本戦艦最後の射撃を行ない、まさに満身創痍となって力尽きた。まだら状の迷彩が施されており、この他にも対空用の擬装も行なわれた。

第五章 ◉ 超弩級戦艦の誕生

伊勢型戦艦要目

新造時

常備排水量	31,260t
基準排水量	29,990t
公試排水量	
全長	208.18m
最大幅	28.65m
平均吃水	8.73m
主機	ブラウン・カーチス（日向：パーソンズ式）式直結型タービン×2
主缶	ロ号艦本式混焼缶×24
出力	45,000hp
軸数	4
速力	23.0kt
航続力	14ktで9,680浬
兵装	45口径36cm連装砲×6、50口径14cm単装砲×20、40口径7.6cm単装高角砲×4、短7.6cm単装砲×12、53cm魚雷発射管×6
装甲	舷側305mm（水線部）、甲板53mm+30mm、司令塔356mm、主砲塔前盾305mm
乗員数	1360名

第二次近代改装後

基準排水量	35,800t（日向：36,000t）
公試排水量	40,169t（日向：39,657t）
全長	213.5m（日向：213.36m）
最大幅	31.75m（日向：31.70m）
平均吃水	9.45m（日向：9.21m）
主機	艦本式ギヤード・タービン×4
主缶	ロ号艦本式専焼缶×8
出力	80,000hp
軸数	4
速力	25.4kt（日向：25.3kt）
航続力	16ktで11,100浬（日向：16ktで7870浬）
兵装	45口径36cm連装砲×6、50口径14cm単装砲×18、40口径12.7cm連装高角砲×4、短7.6cm単装砲×12、25mm連装機銃×10
搭載機	水偵×3
装甲	舷側305mm（水線部）、甲板135mm+32mm、司令塔356mm、主砲塔前盾305mm
乗員数	1385名（日向：1376名）

最終時（航空戦艦）

基準排水量	35,350t（日向：35,200t）
公試排水量	38,676t（日向：38,500t）
全長	219.62m
最大幅	33.83m
平均吃水	9.03m
主機	艦本式ギヤード・タービン×4
主缶	ロ号艦本式専焼缶×8
出力	80,000hp
軸数	4
速力	25.3kt（日向：25.1kt）
航続力	16ktで9,449浬（日向：16ktで9,000浬）
兵装	45口径36cm連装砲×4、40口径12.7cm連装高角砲×8、25mm三連装機銃×19
搭載機	艦爆×11、水偵×11（予定のみ）
装甲	舷側305mm（水線部）、甲板135mm+32mm、司令塔356mm、主砲塔前盾305mm
乗員数	1463名

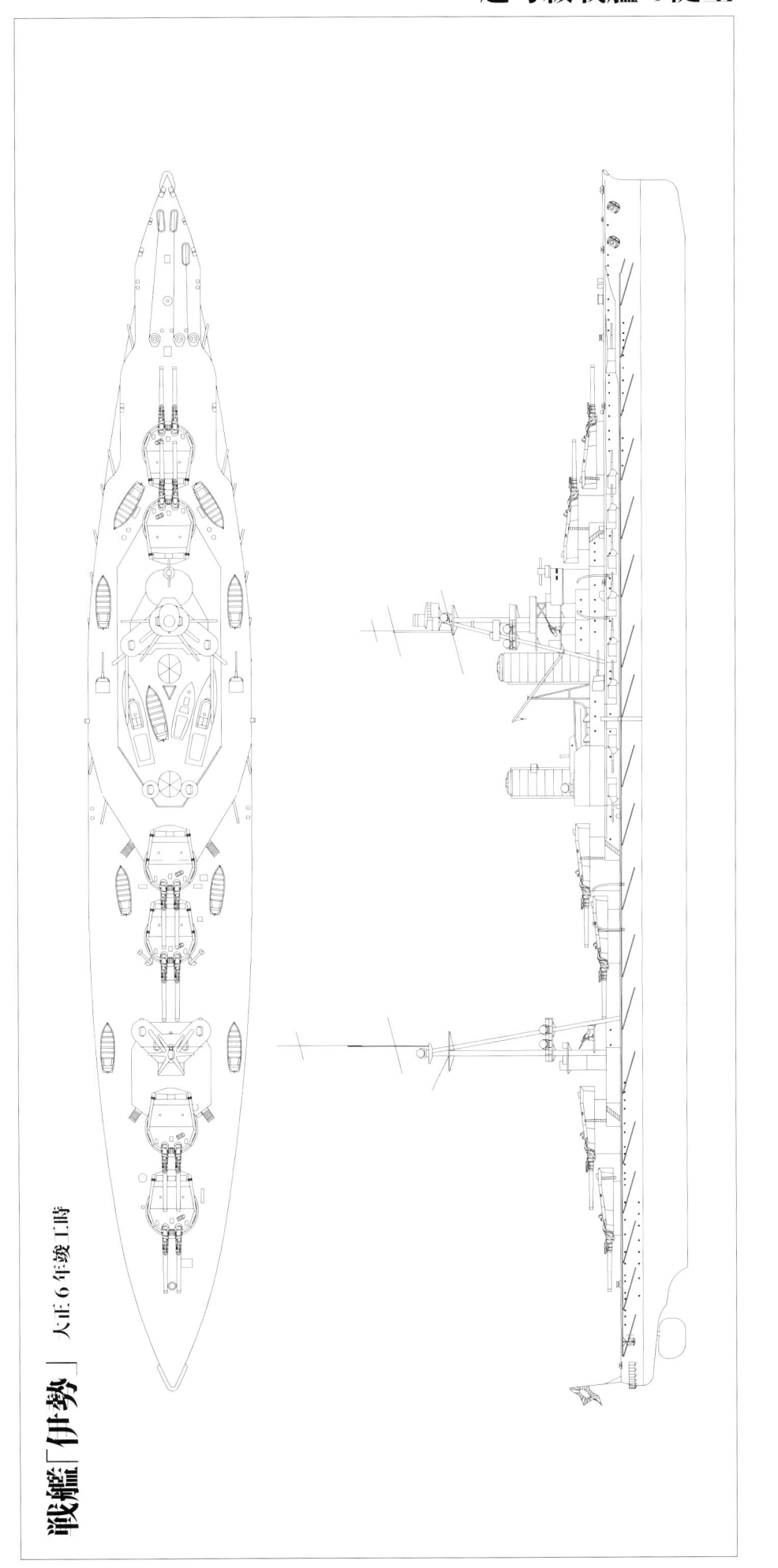

戦艦「伊勢」 大正6年竣工時

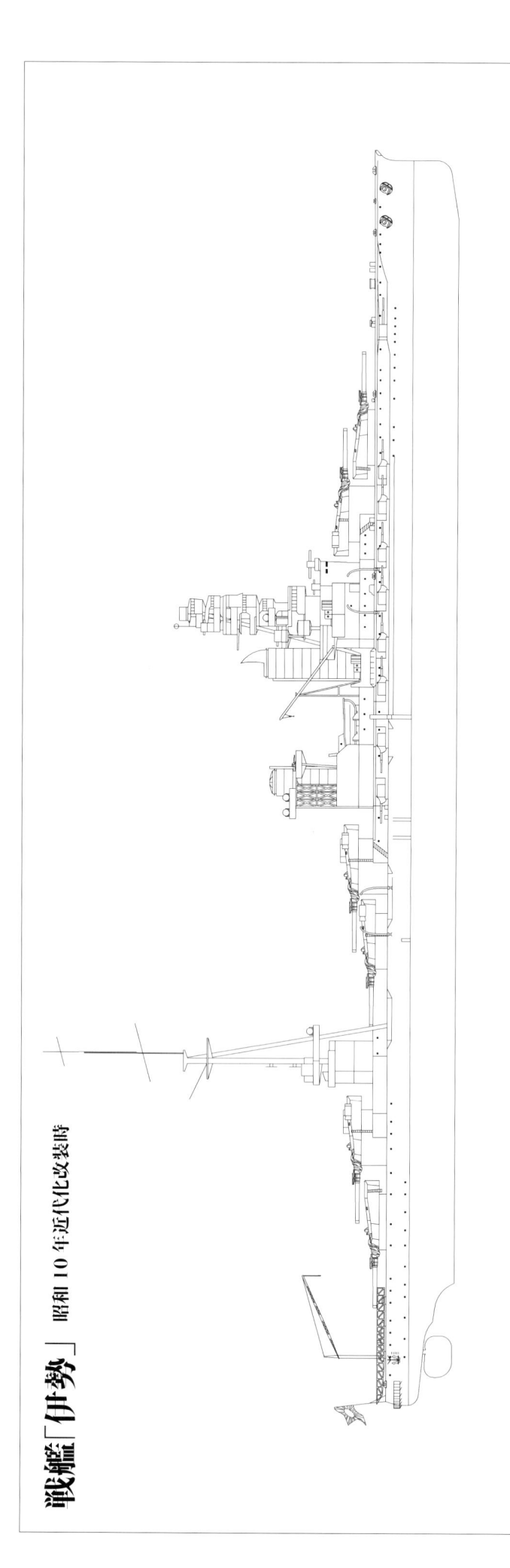

戦艦「伊勢」 昭和10年近代化改装時

戦艦「日向」 昭和17年ミッドウェー海戦時

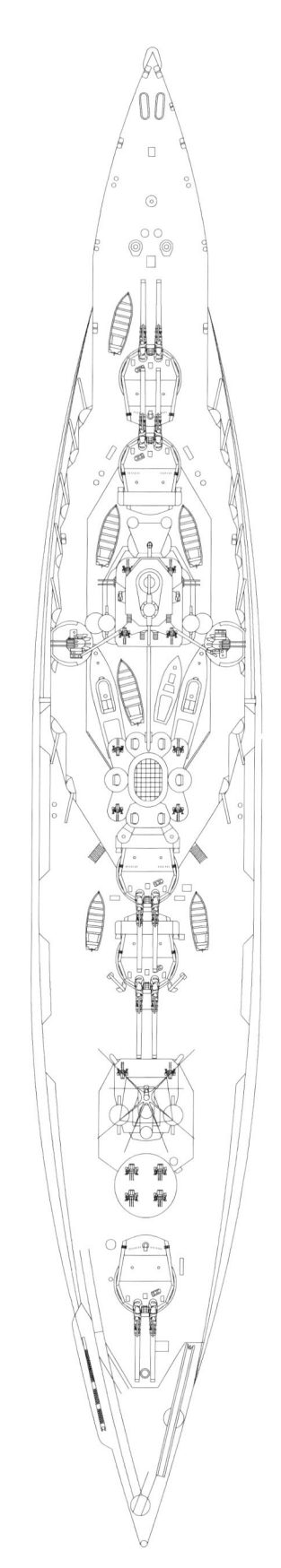

第五章 ◉ **超弩級戦艦の誕生**

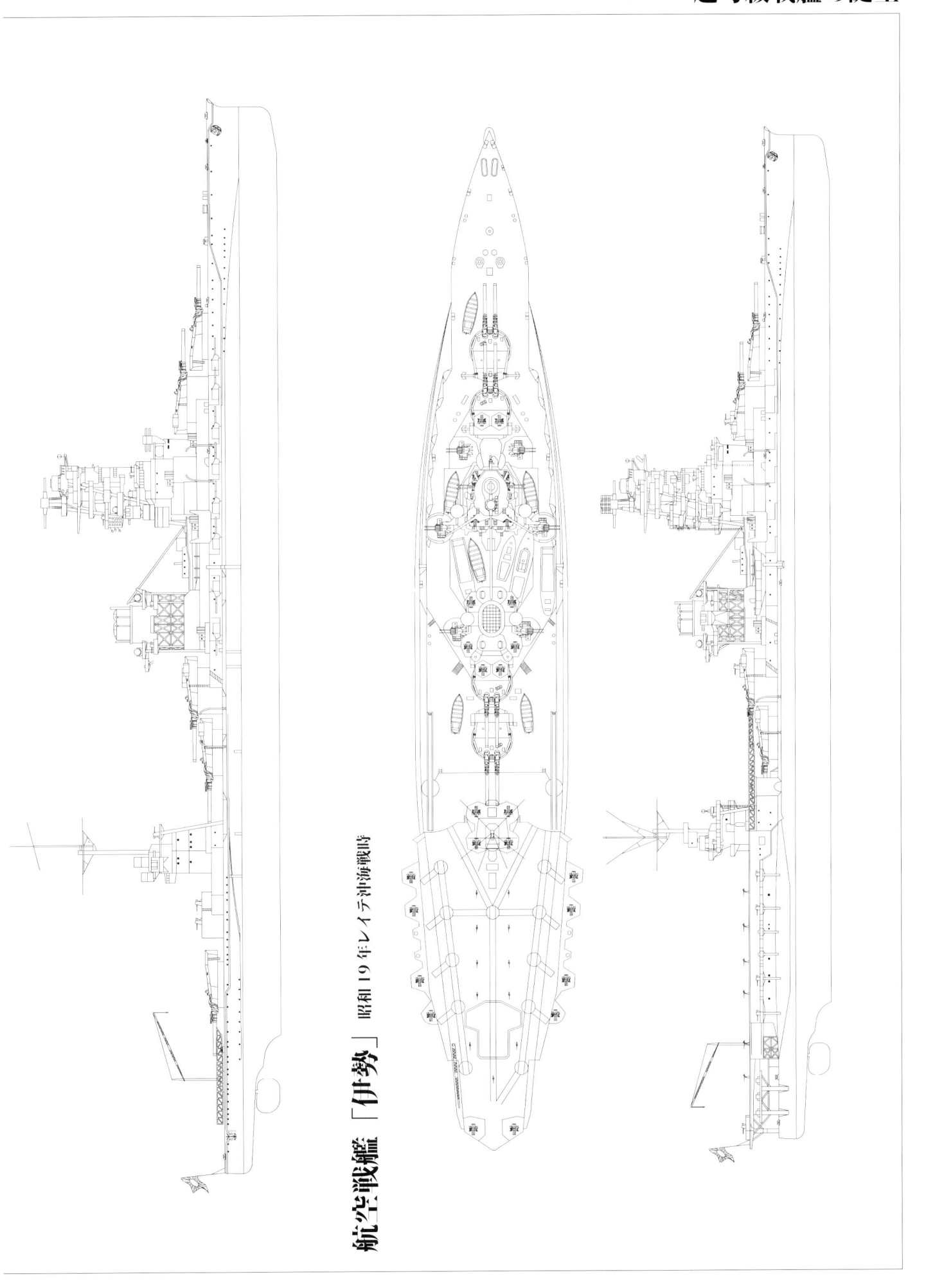

航空戦艦「伊勢」 昭和19年レイテ沖海戦時

老兵は死なず
トルコ海軍を支える有力艦となる

戦艦「トルグート・レイス」

旧・ドイツ海軍戦艦「ヴァイセンブルク」

■ドイツ大海軍への道
■初の前ド級戦艦

　現在からは想像しづらいが、かつてドイツは、イギリスと覇を競うほどの大海軍国だった時期がある。

　普仏戦争に勝利したプロシアは、統一ドイツ帝国を建国するや軍備の増強に邁進した。やがてヴィルヘルム2世が即位すると、海軍力の増強にも力を入れ始めることになる。

　大海軍建造の第一歩として、1890年度計画で建造された初めての前弩級戦艦（装甲艦）がブランデンブルク級であり、その3番艦にあたるのが「ヴァイセンブルク」である。

　この艦が設計、建造された当時のドイツの仮想敵国はフランスであり、それゆえに戦艦の設計にあたっても、フランス海軍との洋上決戦を想定して行なわれた。

　ところが、この艦が建造される以前のドイツでは海軍力はあまり重視されておらず、大洋での海戦に耐えられる大型艦建造のノウハウも充分とはいえなかった。

　そのため、本艦建造にあたっては、仮想敵国であるフランス艦が大いに参考にされており、艦形や建造思想などには似通った点が見受けられる。

　ブランデンブルク級の砲塔配置は、この時代にしては先進的といえる。前部・中部・後部にそれぞれ連装砲塔を配置し、28センチ6門を片舷に指向できる戦艦は、当時としては本級だけである。なお、本級の主砲は前後部の主砲は40口径だが、中部の主砲は35口径とやや短くなっている。

　これは中部砲塔を両舷に指向可能な旋回砲塔とした結果、長砲身にすると構造物との接触が避けられず、砲身を短くせざるをえなかったものと思われる。ただし、片舷にすべての主砲を指向できるとはいえ、当時の射撃方法では一斉射は不可能で、砲塔ごとに各個射撃を行なうことになっていた。

　防御もフランス艦に範をとっており、舷側の水線部は装甲帯となっているが、重量の関係からその上下幅は狭く、充分とはいえなかった。

　もっとも、建造された当時としては本級は世界的に見ても優良艦だったといえる。短時日でこれほどの戦艦を建造したドイツの底力は恐るべきものであった。

■トルコ海軍で
■余生をまっとう

　そのブランデンブルク級3番艦である「ヴァイセンブルク」であるが、竣工後は同型艦4隻とともに第1戦隊を編成し、北清事変に派遣された。

　その後ヴィルヘルムスハーフェン工廠に入渠し、明治37年9月に近代化改装を終えている。

　しかし、イギリスの「ドレッドノート」の出現は本級を旧式戦艦の座に追いやり、もはや第一線兵力としては期待できないものとなっていた。

　そのため、本艦は1番艦とともに明治43年9月12日にトルコへ売却され、その名を「トルグート・レイス」と改めた。

　建艦競争を繰り広げる英独にあってはもはや旧式艦にすぎなかったが、ギリシアの装甲巡洋艦に対抗する戦力として、トルコ海軍にとっては有力な戦艦であった。

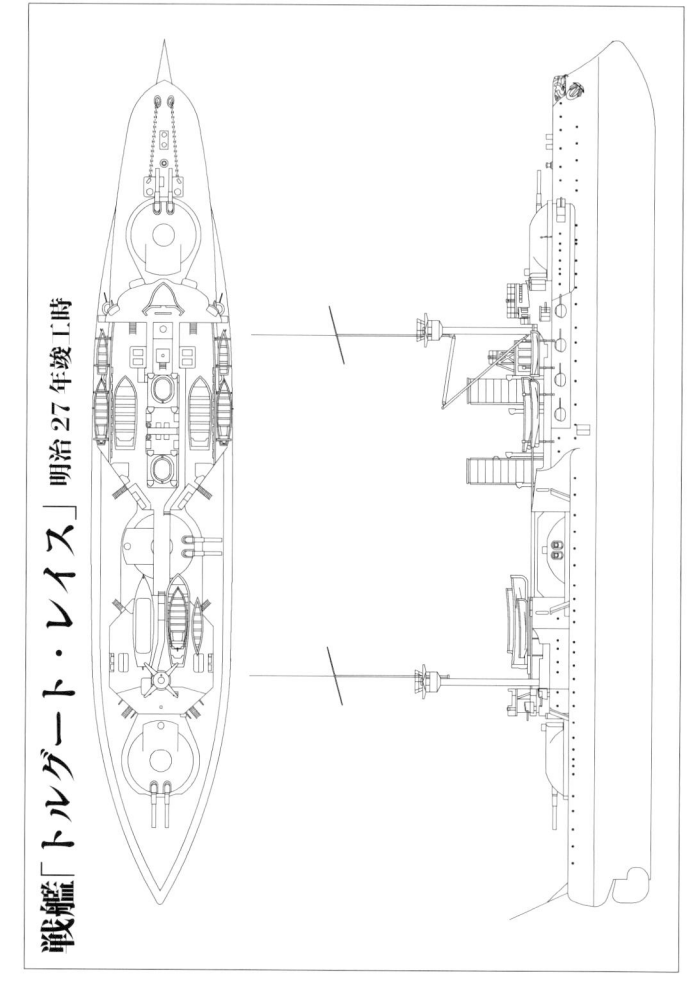

　その後、「トルグート・レイス」はバルカン戦争、第一次世界大戦に参加し、戦後まで生き残った。しかし、敗戦のため賠償艦として日本へ引き渡されることになったのである。

　ところが、日本はこの受取りを拒否。今さらこのような旧式艦を手に入れたところで使い道もなく、回航費用や維持費を考えれば妥当な采配だっただろう。

　こうして東洋への回航を免れた本艦は、その後も新生トルコ海軍に在籍、大正13年には練習艦に改造され、昭和13年にかけて解体された。

戦艦「トルグート・レイス」明治27年竣工時

戦艦「トルグート・レイス」要目

艦名	トルグート・レイス
建造	A・G・ヴルカン／シュティティン造船所
計画	1890年度計画
起工	明治23年
進水	明治24年12月14日
竣工	明治27年6月5日
除籍	明治43年9月12日ドイツ海軍除籍
売却	明治43年　トルコに売却 大正13年トルコ海軍除籍
解体	昭和13年

戦艦「トルグート・レイス」要目

新造時

常備排水量	10,013t	航続力	10ktで4,500浬
全長	115.7m	兵装	40口径28cm連装砲×2、35口径28cm連装砲×1、10.5cm単装砲×6、8.8cm単装砲×8、37mm機関砲×12、45cm魚雷発射管×6
最大幅	19.5m		
平均吃水	7.8m		
主機	レシプロ×2		
主缶	円缶×12	装甲	舷側400mm（水線部）、甲板60mm、司令塔300mm、主砲塔前盾120mm
出力	9,000hp		
軸数	2		
速力	16kt	乗員数	568名

第五章◉超弩級戦艦の誕生

度重なる設計変更でド級戦艦へ
ドイツ海軍の一翼を担う
戦艦「ナッソー」
旧・ドイツ海軍戦艦「ナッソー」

■紆余曲折の末に誕生

ブランデンブルク級をはじめとして、カイザー・フリードリッヒ3世級、ヴィステルバッハ級など、ドイツ海軍では多くの前ド級戦艦を建造して造艦技術を高めていった。そして、その後も建艦熱は一層高まり、より強力な戦艦を欲していた。

そして、ドイツ海軍は第二次艦隊法における第二期建造分として新戦艦の設計を明治36年より開始した。

1906、7年度計画艦として建造が決まったこのクラスはナッソー級と呼ばれ、当初は主砲の28センチ連装砲塔を前後に各1基、副砲を24センチに拡大して連装砲塔に納め、片舷4基ずつで合計16門として設計された。弾着観測の複雑化を嫌って中間砲は搭載されなかったが、そのぶん副砲の数を増やしたために、当時としてはかなりの重火力を誇る前ド級戦艦になるはずだった。

ところが、本級の設計中にイギリスが「ドレッドノート」を建造中との情報が飛び込んできたために、再度、設計の見直しが行なわれることになった。

新たな設計では24センチの副砲塔を28センチの単装砲塔に変更し、副砲については従来通りの17センチとしたうえでケースメートへ格納することとした。

ところが、この設計案がようやくまとまった頃に、「ドレッドノート」の全容が明らかとなる。「ドレッドノート」は30.5センチ連装砲5基10門を備え、片舷にはこのうちの8門を指向することができる単一巨砲艦である。

ナッソー級もこれに対抗すべく、舷側部の主砲を連装砲塔として、片舷に2基ずつ配置した。この配置方法はちょうど同じ頃に日本で建造された河内型と同一である。

この結果、ナッソー級はドレッドノートと同様、片舷に4基8門の主砲を指向することができ、なおかつドレッドノートにはない15センチ副砲を12門備えていた（片舷6門でケースメートに配置）。

■賠償艦となるも本国で解体

こうしてドイツ初のド級戦艦として設計がまとまったナッソー級は、明治40年より建造が開始される。建造命令は明治39年3月31日に出されていたため、本来であればもっと早く着工するはずだったのだが、度重なる設計変更で艦のサイズが巨大化し、建造に先立って船台の改修を行なわなければならなくなったためだ。

完成した「ナッソー」は、速力と砲力では「ドレッドノート」に劣るものの、防御力ではこれを上回るものとされた。

そして「ナッソー」をはじめ、本級は第一次世界大戦では主力戦艦群の一角を占め、第1戦隊としてジュトランド沖海戦にも参加した。しかし戦争がドイツの敗北に終ると、ヴェルサイユ条約によって賠償艦の指定を受ける。そして「ナッソー」は日本海軍へ引渡されることになったが、日本へ回航されることなく、大正10年に解体された。

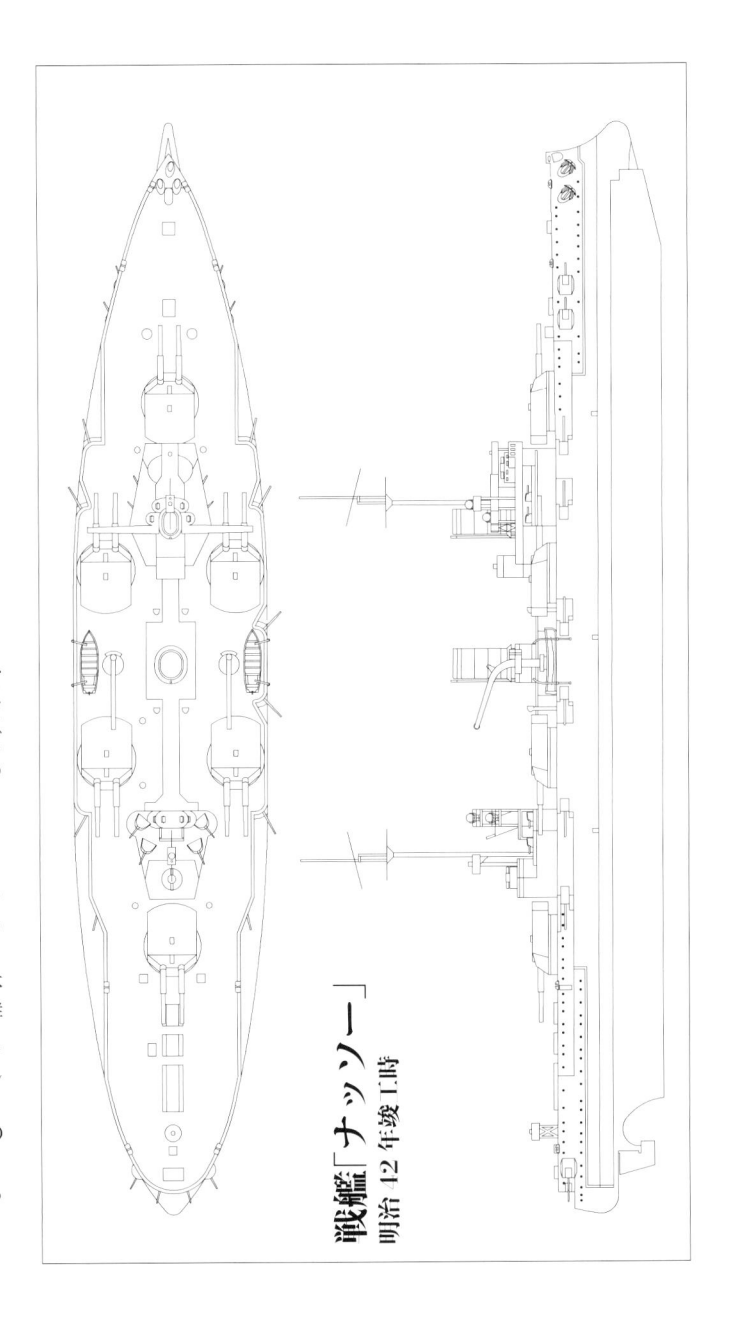

戦艦「ナッソー」明治42年竣工時

ナッソー型戦艦要目

艦名	ナッソー
建造	ヴィルヘルムスハーフェン海軍工廠
計画	1906～7年度計画
起工	明治40年7月22日
進水	明治41年3月7日
竣工	明治42年10月1日
除籍	大正8年11月5日
解体	大正9年

ナッソー型戦艦要目

新造時

常備排水量	18,873t	航続力	10ktで9,400浬
全長	146.1m	兵装	45口径28cm連装砲×6、15cm単装砲×12、8.8cm単装砲×16、45cm魚雷発射管×6
最大幅	26.9m		
平均吃水	8.67m		
主機	レシプロ×3	装甲	舷側300mm（水線部）、甲板80mm、司令塔400mm、主砲塔前盾280mm
主缶	シュルツ・ソニークラフト缶×12		
出力	22,000hp		
軸数	3	乗員数	1008名
速力	19.5kt		

ナッソー級の拡大改良型も
解体の運命を辿る

戦艦「オルデンブルク」

旧・ドイツ戦艦「オルデンブルク」

■ 名実ともにド級戦艦へ

ナッソー級の就役でようやくド級戦艦を戦力化したドイツ海軍だったが、イギリスに比べてド級戦艦の配備が遅れていることは明白だった。

そのため、ドイツでは第二次艦隊法を明治41年に改訂し、建艦スピードを早めることにした。この結果、明治41年からの4年間で、毎年3隻ずつ、合計12隻の戦艦建造に踏み出したのである。

ヘルゴラント級戦艦は1908年度計画艦としてその第一陣となり、同型艦3隻は明治41年に起工し、残る1隻の「オルテンブルク」は明治42年3月1日にシーヒャウ社において起工された。

ヘルゴラント級は主砲を50口径30.5センチ6基12門とし、主砲の配置方法は前級のナッソー級とまったく同一であった。ヘルゴラント級において主砲口径が30.5センチと列強のド級戦艦と同等になり、ようやくドイツでも名実ともにド級戦艦時代に突入したことになる。

なお主砲の配置について、この頃には首尾線上にすべての砲を配置するのが主流になりつつあったが、ドイツ海軍では非戦闘側にも主砲があるほうが好ましいとの考えから、あえて前級を踏襲している。

また、本級は主砲の口径こそ異なるものの、基本的にはナッソー級の拡大改良版と呼べる戦艦といえる。運用についてもナッソー級4隻とともに同一戦隊を構成することが最初から考えられており、それゆえに本級は主砲の最大仰角を敢えて13.5度に抑えて、ナッソー級戦艦の射程に合わせている。

さらに、煙突の数など、上部構造物のレイアウトなどもナッソー級とは異なっていたが、基本的な設計は前級を踏襲し、水中防御についても縦通魚雷防御隔壁の導入や、ハニカム構造による区画の細分化は受け継がれている。

また、ナッソー級に比べて船体を拡大したため、缶室と弾薬庫の位置関係が改善できたほか、前檣と第一煙突との距離を離し、排煙の影響を抑えることに成功している。

■ 儚い生涯

本級の1番〜3番艦は明治44年に竣工し、4番艦である「オルデンブルク」は翌年5月1日に竣工している。

竣工が大戦直前ということもあり、本級は目立った改装は行なわれていないが、外観上の変更点として、「オルデンブルク」は大正2年に煙突が新造時より3メートルほど高く改装されている。また、ナッソー級と同様、大戦中に8.8センチ砲はすべて撤去され、同口径の高角砲に置換えられた。

ヘルゴラント級は第一次世界大戦時にジュットランド沖海戦に参加。しかし敗戦の結果、本級各艦は日米英仏に賠償艦として引き渡されることになった。

大正9年、日本に引き渡された「オルデンブルク」は回航されることなく、同年6月にイギリスの業者へ売却されたのち、翌年にオランダにおいて解体されて、その生涯を閉じた。

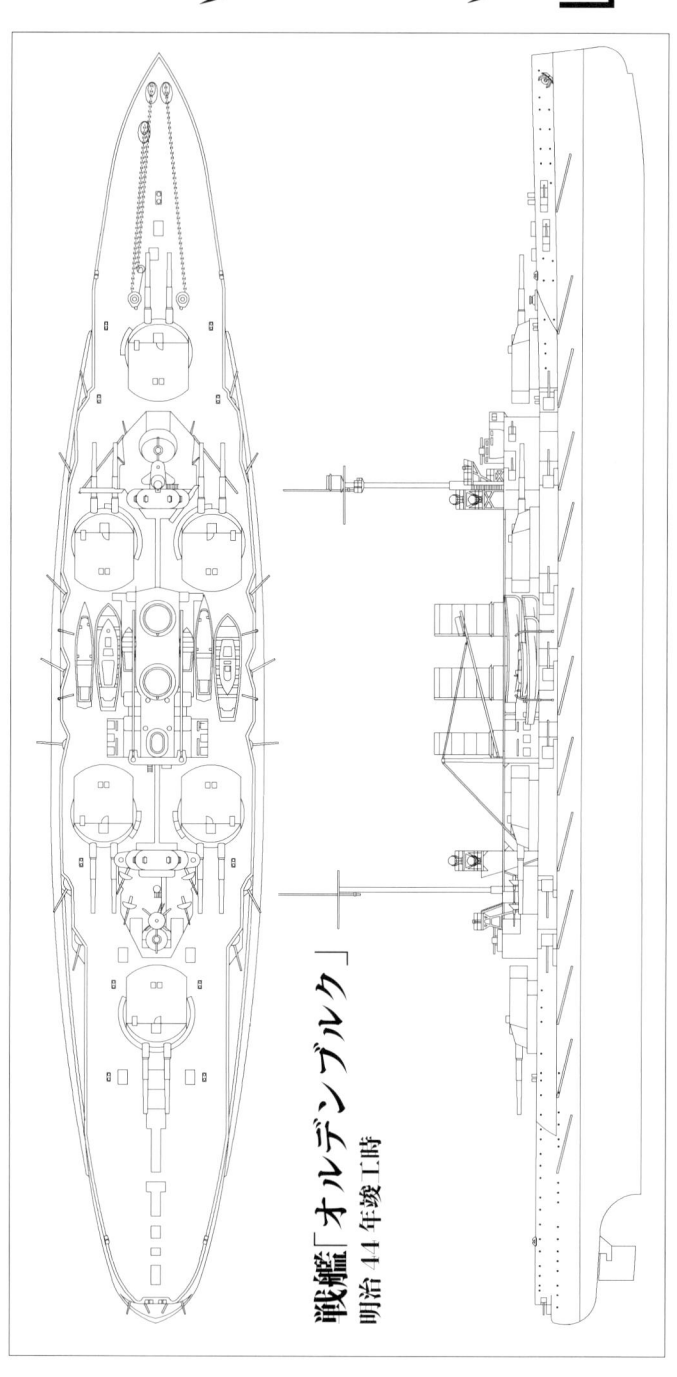

戦艦「オルデンブルク」明治44年竣工時

ヘルゴラント型戦艦各艦要目

艦名	オルデンブルグ
建造	シーヒャウ社
計画	1908年度
起工	明治42年3月1日
進水	明治43年6月30日
竣工	大正元年7月1日
除籍	大正8年11月5日
売却	大正9年6月
解体	大正10年

ヘルゴラント型戦艦要目

新造時

常備排水量	22,808t	航続力	18ktで3,600浬
全長	167.2m	兵装	50口径30.5cm連装砲×6、15cm単装砲×14、8.8cm単装砲×14、50cm魚雷発射管×6
最大幅	28.5m		
平均吃水	8.81m		
主機	レシプロ×3	装甲	舷側300mm(水線部)、甲板80mm、司令塔400mm、主砲塔前盾3000mm
主缶	シュルツ・ソニークラフト缶×15		
出力	28,000hp		
軸数	3	乗員数	1113名
速力	20.3kt		

第六章

八八艦隊計画

戦艦8隻、巡洋戦艦8隻───。日本海軍創設以来の壮大な艦隊計画は、
軍縮条約によってうたかたの夢と消え去った。

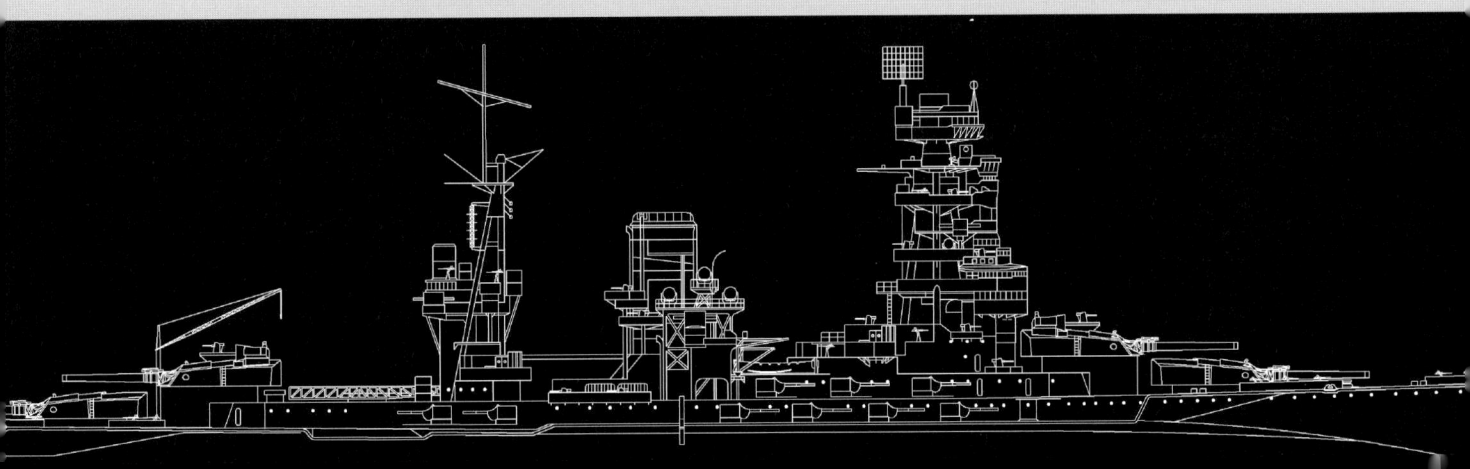

大正14年5月28日に撮影された「陸奥」。排煙の逆流防止を徹底させるべく「陸奥」は大正12年末に煙突の屈曲化工事を行ない、良好な結果を得た。

八八艦隊計画第1グループは国民にもっとも親しまれる
長門型戦艦
長門、陸奥

長門型戦艦各艦要目

艦名	長門	艦名	陸奥
建造	呉工廠	建造	横須賀工廠
計画	大正5年度	計画	大正6年度
起工	大正6年8月28日	起工	大正7年6月1日
進水	大正8年11月9日	進水	大正9年5月31日
竣工	大正9年11月25日	竣工	大正10年11月22日
沈没	昭和21年7月25日	沈没	昭和18年6月8日
除籍	昭和20年9月15日	除籍	昭和18年9月1日

■八四艦隊計画
■戦訓により設計変更

日露戦争後に策定された「帝國国防方針」により、米国を仮想敵国とした海軍は八八艦隊の建設を目指した。しかしすぐに実現できる国力はなく、当面は巡洋戦艦4隻、戦艦4隻に加えて戦艦4隻の建造を企図する。すなわち八四艦隊である。

この八四艦隊を実現すべく建造されたのが長門型戦艦であった。

設計にあたっては、主砲口径と門数をどうするかが焦点となった。この当時、列強各国の戦艦の主砲は14インチ（35.6センチ）であり、また扶桑型、伊勢型も同口径だったことから、35.6センチ砲とする案もあった。しかし、この頃すでにイギリスでは15インチ（38.1センチ）砲搭載の新型戦艦が登場しており、16インチ（40.6センチ）砲搭載艦も早晩登場するものと考えられた。

もともと日本海軍の思想は量より質であり、他に先んじて高性能艦を保有することにある。こうした事情も手伝って、長門型の主砲は40センチ砲に決まったのである。

設計がまとめられた長門型だが、ジュトランド沖海戦の結果、起工直前になって設計の見直しを迫られることになる。

設計変更に際して長門型は甲板部および砲塔部の防御力を強化したほか、機関部の変更も合わせて行なった。オール・ギヤード・タービンの搭載により、速度は26.5ノットに達したが、公称は23ノットとされていた。

長門型は世界で初めて40センチ砲を搭載した戦艦となり、防御についてもジュトランド沖海戦の戦訓を取り入れ、高速を発揮と、文字どおり世界一の戦艦だった。

■世界のビッグセブン
■活躍の機会に恵まれず

ところが「長門」が竣工した当時、列強各国の国家財政は危機的状況にあった。こうした情勢下で締結されたのがワシントン海軍軍縮条約である。同条約によって各国は主力艦の建造を禁じられたほか、既存の艦艇の処分をも行なうことになる。

こうして、軍縮条約前に竣工していた「長門」と「陸奥」、米国の「メリーランド」に加え、米英各2隻の合計7隻のみが40センチ砲を搭載する新型戦艦となった。そしてこれら7隻はビッグセブンと呼ばれ、太平洋戦争がはじまるまで世界の海に君臨することになるのである。

ネイバル・ホリデーといわれた期間を通じて、長門型の2隻は日本海軍の象徴であった。「長門」「陸奥」は長らく連合艦隊の旗艦を努め、国民に親しまれた。

また、太平洋戦争開戦時に開戦を命じる「ニイタカヤマノボレ」を打電したのも「長門」であった。

しかし、戦争はすでに戦艦の時代ではなく、「長門」「陸奥」が活躍する場はほとんど失われていた。

「大和」の竣工とともに連合艦隊旗艦の座を譲り渡した「長門」は、「陸奥」とともにミッドウェー海戦に第一戦隊として参加するも、為すことなく帰還している。

その後も活躍の機会はないまま柱島で待機状態が続くが、昭和18年6月3日、「陸奥」は第3砲塔が大爆発を起こして沈没。

一方、「長門」はマリアナ沖海戦、レイテ沖海戦に参加するが大きな戦果はなく、内地へ帰還後は燃料不足もあって横須賀港に係留されて終戦を迎える。

そして戦後は米軍の原爆実験に供され、その生涯を終えた。

第六章 ◉ 八八艦隊計画

新造時の「長門」。舷側の魚雷防御ビームは「陸奥」には設けられず、「長門」も大正10年に撤去した。

昭和11年7月27日、大改装中に館山沖を全力公試運転中の「陸奥」。前檣楼頂部の射撃方位盤が未装備だ。

戦後の「長門」。米軍に接収され、昭和21年7月25日、ビキニ環礁沖の原爆実験に供され人知れず沈没した。

長門型戦艦要目

新造時

常備排水量	33,800t
基準排水量	32720t
全長	215.80m
最大幅	28.96m
平均吃水	9.14m
主機	技本式オール・ギヤード・タービン
主缶	ロ号艦本式重油専焼缶×16　ロ号艦本式混焼缶×6
出力	80,000hp
軸数	4
速力	26.5kt
航続力	16ktで5,500浬
兵装	45口径40cm連装砲×4、50口径14cm単装砲×20、40口径7.6cm単装高角砲×4、短7.6cm単装砲×8、53.3cm魚雷発射管×8
装甲	舷側305mm（水線部）、甲板70mm+76mm、司令塔356mm、主砲塔前盾305mm
乗員数	1333名

第二次近代改装後

基準排水量	39,130t（陸奥：39,050t）
公試排水量	43,580t（陸奥：43,400t）
全長	224.94m（陸奥：224.5m）
最大幅	34.6m
平均吃水	9.49m（陸奥：9.46m）
主機	技本式オール・ギヤード・タービン
主缶	ロ号艦本式重油専焼缶×10
出力	82,000hp
軸数	4
速力	25.0kt（陸奥：25.3kt）
航続力	16ktで10,600浬（陸奥：16ktで10,090浬）
兵装	45口径40cm連装砲×4、50口径14cm単装砲×18、40口径12.7cm連装高角砲×4、40mm連装機銃×2
搭載機	水偵×3
装甲	舷側305mm（水線部）、甲板125mm+51mm、司令塔356mm、主砲塔前盾500mm
乗員数	1368名

最終時

基準排水量	39,130t（陸奥：39,050t）
公試排水量	43,580t（陸奥：43,400t）
全長	224.94m（陸奥：224.5m）
最大幅	34.6m
平均吃水	9.49m（陸奥：9.46m）
主機	技本式オール・ギヤード・タービン
主缶	ロ号艦本式重油専焼缶×10
出力	82,000hp
軸数	4
速力	25kt（陸奥：25.3kt）
航続力	16ktで10,600浬（陸奥：16ktで10,090浬）
兵装	45口径40cm連装砲×4、50口径14cm単装砲×18、40口径12.7cm連装高角砲×4、25mm三連装機銃×16、25mm連装機銃×10、25mm機銃×30
搭載機	水偵×3
装甲	舷側305mm（水線部）、甲板125mm+51mm、司令塔370mm、主砲塔前盾500mm
乗員数	1368名

戦艦「長門」 大正9年竣工時

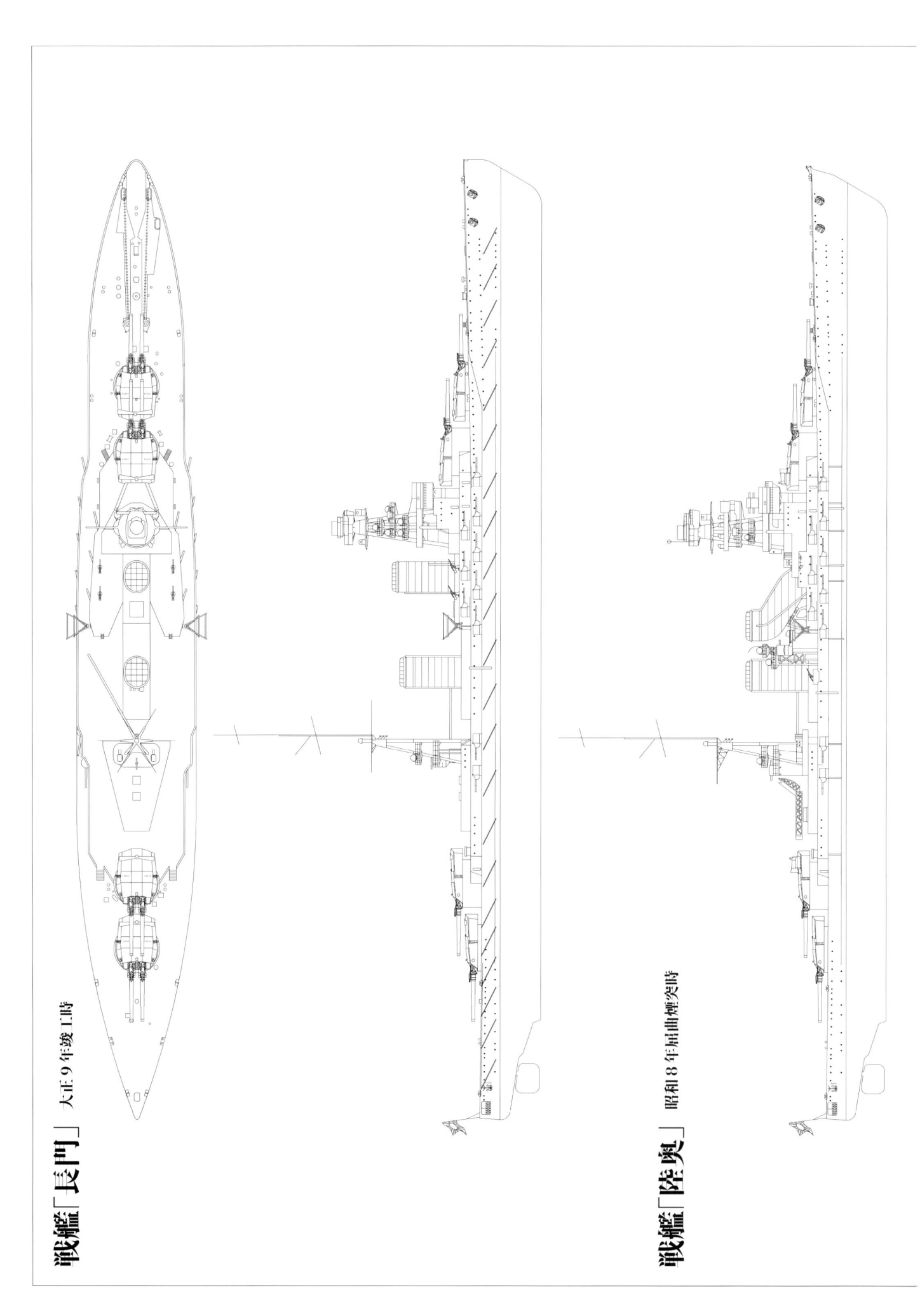

戦艦「陸奥」 昭和8年砲熕改装時

第六章 ● 八八艦隊計画

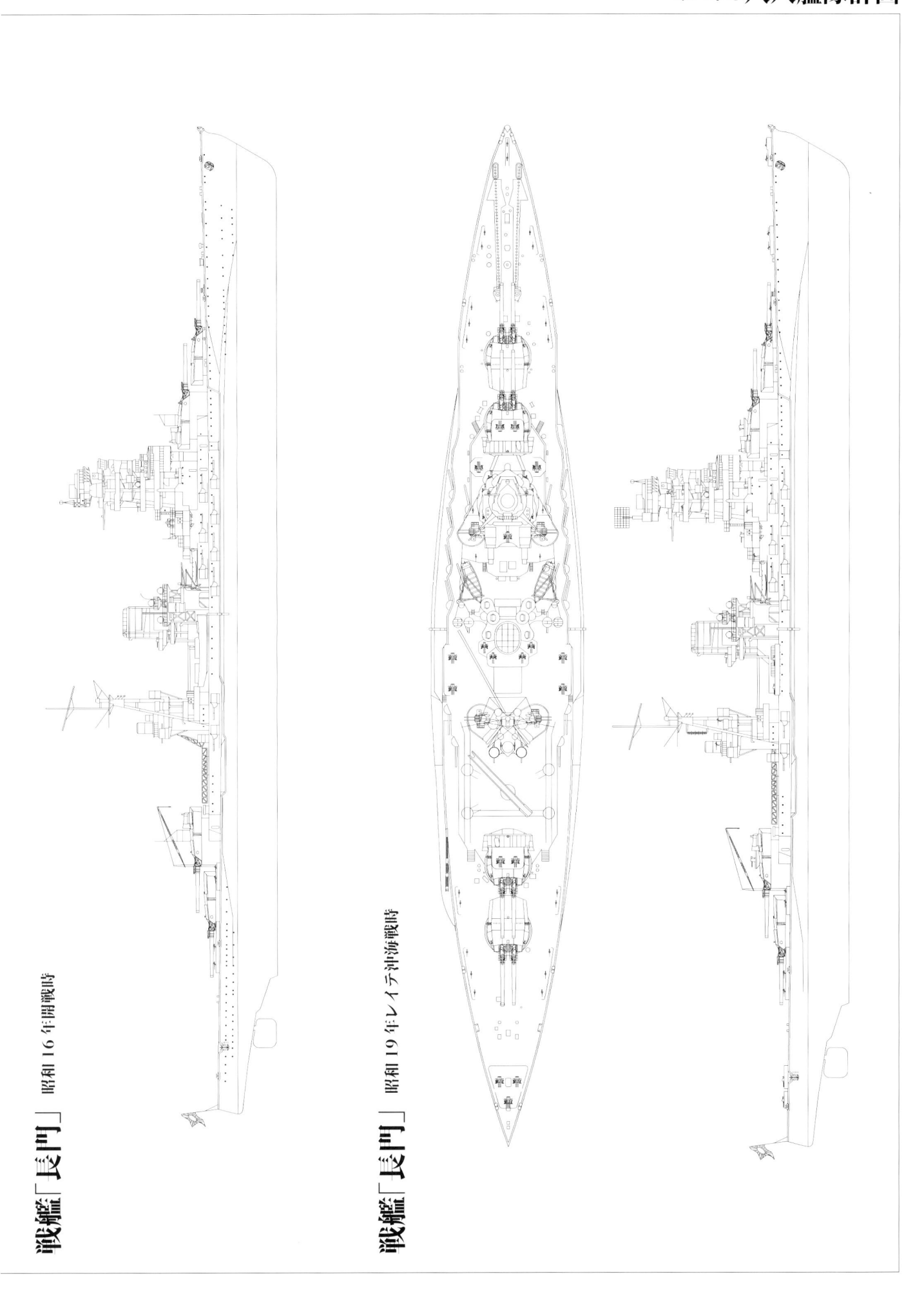

戦艦「長門」 昭和16年開戦時

戦艦「長門」 昭和19年レイテ沖海戦時

加賀型戦艦の想像図。長門型以上に強力な戦艦として、八八艦隊の中堅的存在となるはずだった。「土佐」の進水式では、くす玉が開かないアクシデントも発生している。

長門型の拡大型戦艦
航空母艦と実験艦に転ず

加賀型戦艦
加賀、土佐

長門型の拡大改良版
攻走守の性能向上

　日露戦争後の明治40年に、その後の日本海軍の方向性を決める「帝國国防方針」が決定された。これによって海軍の仮想敵国は米国と定められ、対抗しうる戦力の整備が求められた。これがのちの八八艦隊計画の基礎となる。

　しかし、日露戦争後の日本は経済的に疲弊しており、また大量の外債の発行によって財政は火の車であった。それゆえ、多額の予算を必要とする艦隊整備は遅々として進まなかった。

　このため、一気に八八艦隊を整備することは困難と判断され、大正5年に海軍が提出したのが八四艦隊計画である。これは艦齢8年未満の戦艦8隻、巡洋戦艦4隻を整備するという計画だった。

　これが大正5、6年度計画として帝国議会を通過したため、「長門」「陸奥」「加賀」「土佐」戦艦4隻と、「天城」「赤城」の巡洋戦艦2隻の建造が開始されることになった。

　その第一陣として設計、建設されたのが長門型戦艦2隻であり、加賀型の2隻はこれに次ぐ第3、第4番艦になるはずであった。

　ところが、第一次世界大戦におけるジュトランド沖海戦の戦訓により、戦艦および巡洋戦艦の防御力は大幅な見直しを迫られることになる。このため、長門型も急遽設計の見直しが行なわれたが、時間的な制約もあり、完璧とはいかなかった。

　そのため、第3、第4番艦となるはずだった加賀型は長門型をベースとした拡大改良版として誕生することになったのである。そして「加賀」は川崎造船所において大正9年7月に、「土佐」は三菱長崎造船所において大正9年2月に起工された。

　加賀型の主砲は長門型と同じ45口径40.6センチ砲だが、砲塔が1基増えて10門となっている。これは単に攻撃力の増大というだけでなく、主砲散布界における命中率の向上を見込んでのことでもあった。

　攻撃力においても長門型を上まわるが、さらに優れていた点は防御力であろう。そもそもポスト・ジュトランド型として建造された長門型の防御力をさらに飛躍させるために加賀は設計されており、戦訓がおおいに活かされている。

　まず特筆すべきは舷側装甲である。装甲厚こそ279ミリで長門型の305ミリを下まわるが、垂直ではなく15度の傾斜を付けたために実質的には長門型の防御力よりも強化されている。

　大落下角で飛来する砲弾に対して煙突および煙路は弱点となる部分であったが、この点にも配慮して、煙路の開口部の壁には防御用の装甲鈑が張られている。

　また、加賀型からは建造当初よりバルジが装着された。

　なお主缶の性能向上に伴い、長門型の21個に対して加賀型の缶は12個と減少し、これによって煙突も1本に集約されている。また馬力も長門型を上まわる9万1000馬力となり、このため重量が6000トンほど増えているにもかかわらず、最高速度は長門型と同等を実現した。

殊勲甲の標的艦

　加賀型の2隻はワシントン海軍軍縮条約のために廃艦処分にされる運命にあった。

　しかし、空母へ改装される予定だった「天城」が関東大震災によって破損したために、急遽「加賀」が空母へ改装されることとなり、「土佐」のみが標的実験艦となったのである。

114

加賀型戦艦各艦要目

艦名	加賀	艦名	土佐
建造	川崎造船所	建造	三菱長崎造船所
計画	大正6年度	計画	大正6年度
起工	大正9年7月19日	起工	大正9年2月16日
進水	大正10年11月17日	進水	大正10年12月18日
沈没	昭和17年6月5日	沈没	大正14年2月9日
除籍	昭和17年8月10日	除籍	

加賀型戦艦要目

新造時

常備排水量	39,900t
全長	234.09m
最大幅	31.36m
平均吃水	9.37m
主機	ブラウン・カーチス式ギヤード・タービン×4（土佐：パーソンズ式）
主缶	ロ号艦本式重油専焼缶×8　ロ号艦本式混焼缶×4
出力	91,000hp
軸数	4
速力	26.5kt
航続力	14ktで8,000浬
兵装	45口径40cm連装砲×5、50口径14cm単装砲×20、40口径7.6cm単装高角砲×4、61cm魚雷発射管×8
装甲	舷側279mm（水線部）、甲板102mm+76mm、司令塔356mm、主砲塔前盾305mm
乗員数	不明

　空母「加賀」については周知のとおり、上海事変に出動したほか、真珠湾攻撃を皮切りに南雲機動部隊の主力として、ミッドウェー海戦で沈没するまで大活躍している。

　標的艦となった「土佐」だが、これは日本海軍にとって極めて貴重な存在であった。というのも、最新鋭戦艦に対する標的実験など通常行なえるはずがないからである。

　特に主砲弾実験では、約2万メートルの距離から発射された40センチ弾と同じ効果となるように実験が繰り返されたが、その際に至近距離に落下した砲弾が水中を進み、その水中弾によって思いがけない被害が水線下で発生することが判明した。これによって、のちに九一式徹甲弾が開発されたのである。

　また、それ以外にも貴重なデータを残して、大正14年2月9日、艦名の由来である土佐沖で自沈処分されたのであった。

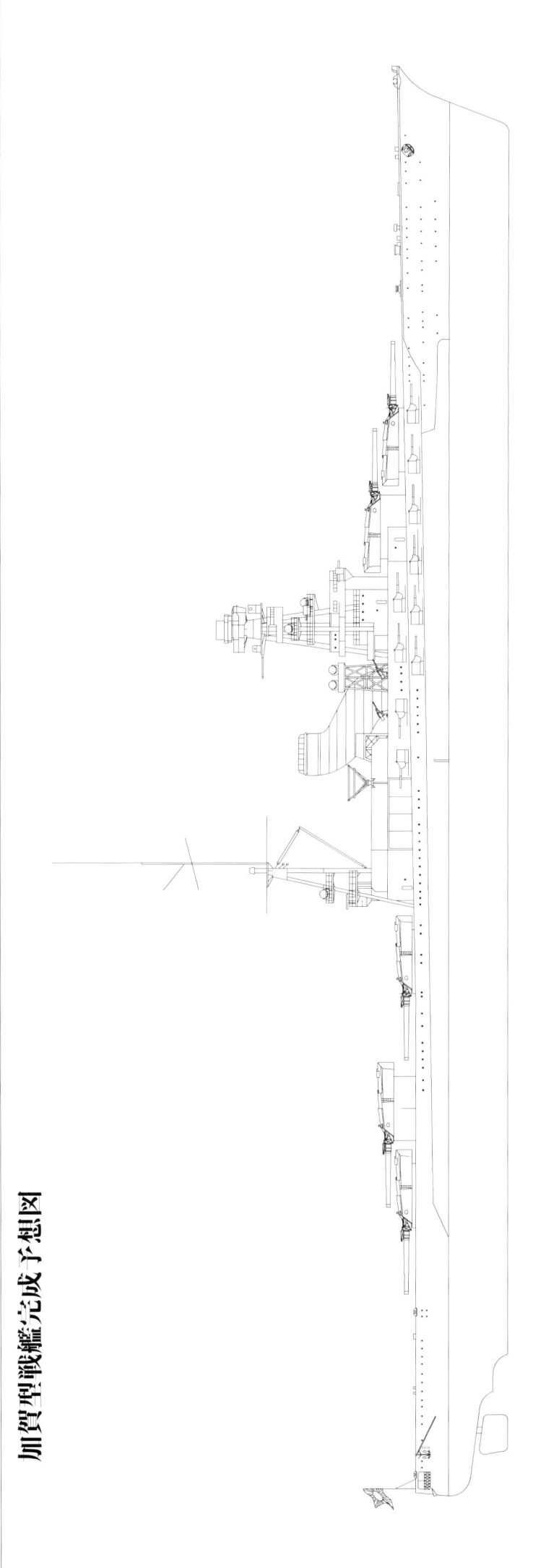

加賀型戦艦完成予想図

八八艦隊の巡洋戦艦として起工された「赤城」は、ワシントン条約のあおりを受けて大正11年12月15日に航空母艦へ改造されることとなった。大正12年11月19日に正式に航空母艦に類別され、昭和2年3月25日に竣工。この時は写真のような三段飛行甲板を有する姿であったが、艦体部分は戦艦時代の様子を色濃く残していた。

八八艦隊最初の巡洋戦艦は
加賀型戦艦がベースに

天城型巡洋戦艦

天城、赤城、高雄、愛宕

■加賀型の船体を延長
■実質的には高速戦艦

八八艦隊における初の巡洋戦艦となる天城型は、加賀型戦艦をベースとして計画された。

まず加賀型の船体を12.2メートル延長、これで余裕のある配置が可能となった。

30ノットの高速を実現すべく、ボイラーは加賀型よりも6基多い19基が搭載された。そのため、煙突は2本となっている。

ただしこれは天城型の原案であり、改正案では2本の煙突を湾曲させ、1本の凸型にまとめている。すでに完成した長門型戦艦が、煙突からの排煙の問題に頭を痛めていただけに、どのような形にせよ形状は原案通りとはならなかったであろう。

防御に関しては巡洋戦艦ということもあり、ベースとなった加賀型にはおよばない。

しかし舷側装甲を12度傾斜させ、長門型より薄くもほぼ同じ防御力を実現した。舷側装甲で浮いたぶんは水平防御に回しており、これは長門型よりも厚い。

武装であるが、これも加賀型同様に45口径41センチ連装砲を5基搭載とした。さらに副砲はすべて上甲板へ同一線上にまとめられた。ただし数は加賀型より4門少ない16門とされている。

完成していれば、「高速だが装甲が薄いのが巡洋戦艦」という従来のイメージを脱却し、「攻守備えた高速戦艦」となっていたことだろう。

ちなみに、天城型はほかの八八艦隊計画艦と違い、設計時から航空機の搭載・運揚が考慮されていた。

そのため当初の設計図には、4番主砲の上に航空機滑走台が描かれていた。しかし改正図では繋留気球が作図されており、まだ時期尚早であった。

とはいえ、もし完成していれば、いずれかのタイミングで滑走台やカタパルトなど、航空兵装が設置されたのであろう。

■天城型各艦の
■数奇な運命

天城型は大正9年12月6日に2番艦の「赤城」が、12月16日には1番艦の「天城」が起工された。

3番艦「愛宕」、4番艦「高雄」も大正10年に起工となるが、これらはすべて大正11年2月5日に建造中止となった。ワシントン海軍軍縮条約によるものだ。

「天城」「赤城」は条約に則り航空母艦への改造が決定し、「愛宕」「高雄」は解体となった。

しかし大正12年9月1日、関東大震災が発生。強烈な地震は、船台上の「天城」を解体とするほどの被害をもたらした。このため、廃艦が予定されていた加賀型戦艦「加賀」の空母改造が決定した。

「赤城」は大正14年4月22日に進水し、昭和2年3月25日、特異な三段飛行甲板を持つ空母として誕生した。

昭和13年には飛行甲板を全通式に改装、強力な大型空母となる。

太平洋戦争開戦時は第1航空艦隊の旗艦として真珠湾攻撃、インド洋作戦などに参加。

昭和17年6月のミッドウェー海戦で沈没するが、「赤城」が旗艦だった時代こそ日本機動部隊、そして日本海軍の絶頂期であった。そうした事実を鑑みると、「赤城」こそ主力艦中の主力艦だったとも言える。

なお「天城」の名は雲龍型航空母艦に、「愛宕」「高雄」は高雄型重巡に受け継がれている。

第六章 ● 八八艦隊計画

天城型巡洋戦艦各艦要目

艦名	天城	艦名	赤城
建造	横須賀工廠	建造	呉工廠
計画	大正6年度	計画	大正6年度
起工	大正9年12月16日	起工	大正9年12月3日
進水		進水	大正14年4月22日
竣工		竣工	昭和2年3月25日
沈没		沈没	昭和17年6月6日
除籍		除籍	昭和17年9月25日
解体	大正13年7月15日		

艦名	高雄	艦名	愛宕
建造	三菱長崎造船所	建造	川崎造船所
計画	大正7年度	計画	大正7年度
起工	大正10年12月19日	起工	大正10年11月22日
進水		進水	
竣工		竣工	
沈没		沈没	
除籍		除籍	大正14年4月14日
解体	大正14年		

天城型巡洋戦艦要目

新造時

常備排水量	41,200 t
全長	252.37 m
最大幅	31.36 m
平均吃水	9.45 m
主機	技本式ギヤード・タービン×4
主缶	ロ号式艦本式重油専燃缶×11、ロ号艦本式混焼缶×8
出力	131,200hp
軸数	4
速力	30.0kt
航続力	14ktで約8,000浬
兵装	45口径41cm連装砲×5、50口径14cm単装砲×16、45口径12cm連装高角砲×4、61cm魚雷発射管×8
装甲	舷側254mm（水線部）、甲板95m、司令塔330mm
乗員数	不明

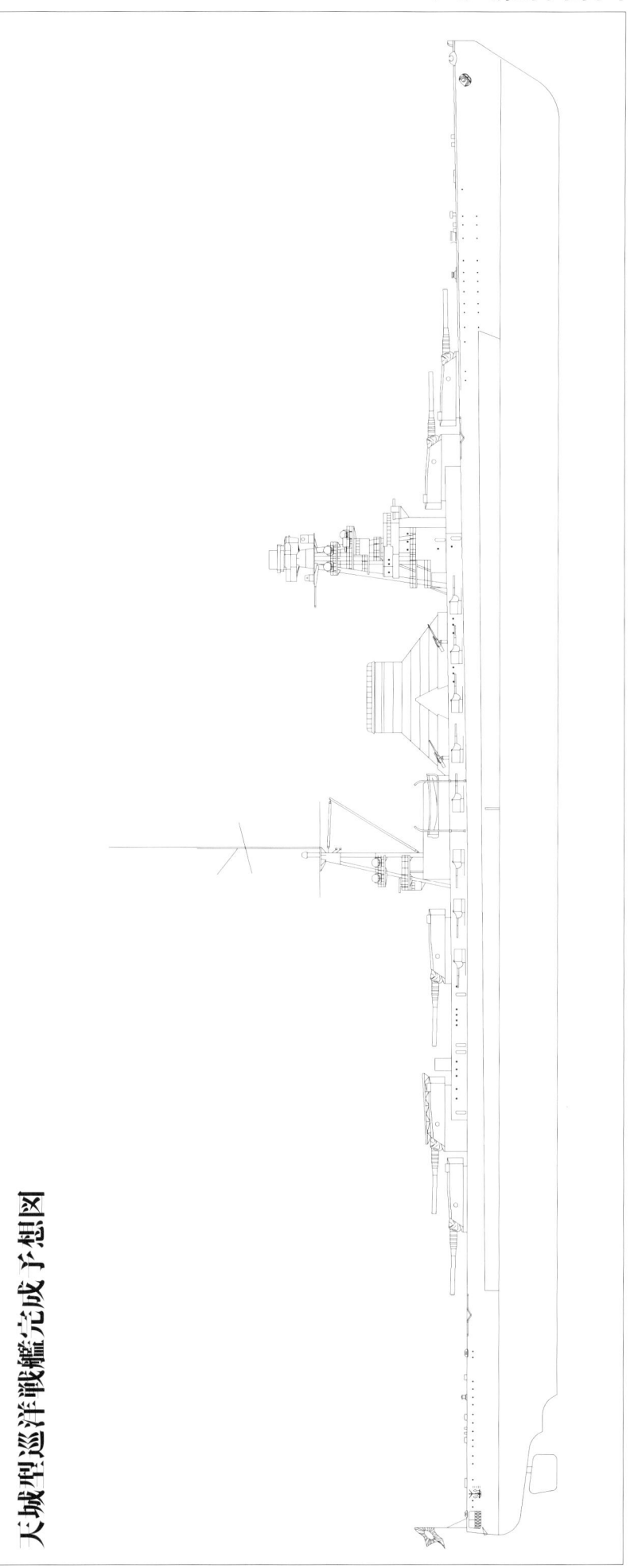

天城型巡洋戦艦完成予想図

より進化した高速戦艦は
八八艦隊の中核を担う

紀伊型戦艦
紀伊、尾張、十一号艦、十二号艦

■軍縮条約により着工ならず

　大正に入ってから、日本海軍は八四艦隊計画、八六艦隊計画と漸次その艦隊整備を進めてきたが、いよいよ集大成として八八艦隊の整備に取りかかった。これは艦齢8年未満の戦艦8隻、巡洋戦艦8隻を中核とし、さらに補助艦艇として巡洋艦22隻、駆逐艦約75隻、潜水艦約80隻という堂々たる大艦隊の建設を目指すもので、その完成は大正17年(昭和3年)を目処としていた。

　このような大艦隊建造の背景には、明治末以来の「帝國国防方針」の所要兵力を満たすということのほかに、仮想敵国であるアメリカの海軍戦力の大増勢に対応する意味もあった。

　この八八艦隊の中核となる戦艦のうち、九〜十二号艦に当るのが紀伊型である。八八艦隊の建設にあたって最初に建造されたのは長門型戦艦であるが、この時点では扶桑型、伊勢型の4隻も第一線戦力に数えられていた。しかし、これら旧式戦艦は順次艦齢8年を越えるため（扶桑は大正12年に艦齢8年に達する）、これらと交代する新型艦として紀伊型は建造されることになったのである。

　そしてまず2隻の建造が予定され、九号艦「紀伊」、十号艦「尾張」は大正7年度計画において着工が決定し、大正10年に建造訓令が発令された。

　ところが、日本のみならず、加熱する建艦競争に列強各国の国家財政は逼迫し、軍縮への道が模索されはじめる。そして、紛糾の末にようやくワシントン海軍軍縮条約が締結され、戦艦の新規建造は禁止されることとなった。

　こうして、大正13年4月14日に建造取りやめが発令され、紀伊型戦艦は着工されることなく机上プランのみの存在に終わったのである。

■防御力を重視した天城型の準同型艦

　紀伊型は歴とした戦艦ではあるが、竣工時期を早める必要があったことなどから、巡洋戦艦である天城型の設計を流用している。このため、多くの部分で類似しており、ある意味、天城型と準同型艦といえた。

　最大の相違点は防御力にあり、巡洋戦艦の天城型に比べて、全般的に重装甲となっている。

　舷側装甲については傾斜角12度で292ミリ、水平装甲は118ミリである。煙路に対する防御は加賀型ほど徹底してはいないものの、それなりに考慮されており、全体的に見た場合、加賀型よりも一段進んだ防御力を有することになったと思われる。

　兵装については加賀型、天城型と同様、45口径40.6センチ砲5基10門で、配置は天城型に準じている。

　ただし、紀伊型の主砲については、設計時点においてアメリカ海軍のサウスダコタ級戦艦の性能が伝わってきたことから、これに対抗するためにさらなる大火力が求められる一幕があった。すなわち、40.6センチ砲のまま長砲身の50口径とする案、連装砲塔を三連装砲塔に変更して4基とし、合計12門に火力を増大させる案、あるいは一気に主砲口径を46センチに引きあげる案などである。

　しかし、いずれも開発に時間がかかることから、紀伊型の兵装については天城型と同等に決定されている。

　そして、可能であれば紀伊型の3番、4番艦にあたる、十一号艦以降でこれを実施することとした。このため、十一号艦以降を紀伊型の準同型艦として、別のグループに分類する資料もある。

　副砲についてはやはり天城型と同様、50口径14センチ単装砲16門で、すべて舷側のケースメートに納められている。加賀型よりは4門減少しているが、紀伊型の副砲はすべて上甲板に装備されており、それより下の船体部分を水密化している。つまり、副砲火力を若干犠牲にして防御力の向上に務めているのである。

■戦艦と巡洋戦艦を統合した高速戦艦

　機関についても天城型と同様で、機関出力は13万1200馬力だが、装甲増のために1400トンほど排水量が増加したため、速度は若干減少して29.5ノットとなっている。

　ただし、舷側および水平甲板の装甲増加が本当に1400トンで収まったかどうかは疑問であり、実際にはかなりの重量増加になったのではないかと推測される。また、吃水についても天城型より深くなっているはずである。このため、計画ほどの速力は期待できず、また航洋性もやや劣ることになった可能性は高い。

　一般に、紀伊型は高速戦艦とされることが多く、長門型や加賀型に比べれば、おそらく優速ではあっただろう。また、同世代の諸外国の戦艦に比べても勝るとも劣らない性能になったであろうことは間違いない。

　そういう意味では、重武装・重防御だがやや低速の戦艦と、武装はほぼ戦艦と同程度ながら防御を犠牲にして速度を重視した巡洋戦艦という二つの艦種は、ここにきてほぼ統合されてきたといえる。

　実際には軍縮条約によって戦艦の新規建造が停止されたためにこの統一が図られることはなかったが、もし軍縮条約が締結されなければ、いずれは戦艦と巡洋戦艦は統一されていた可能性は高いといえる（それ以前に国家財政が破綻していなければの話だが）。

　その意味においては、紀伊型はその先鞭となる高速戦艦となったはずである。

紀伊型戦艦各艦要目

艦名	紀伊	艦名	尾張	艦名	十一号艦（駿河）	艦名	十二号艦（近江）
建造	呉工廠（予定）	建造	横須賀工廠（予定）	建造		建造	
艦籍		艦籍		艦籍		艦籍	
計画	大正5年度	計画	大正6年度	計画		計画	
起工	着工されず	起工	着工されず	起工	着工されず	起工	着工されず

第六章 ● 八八艦隊計画

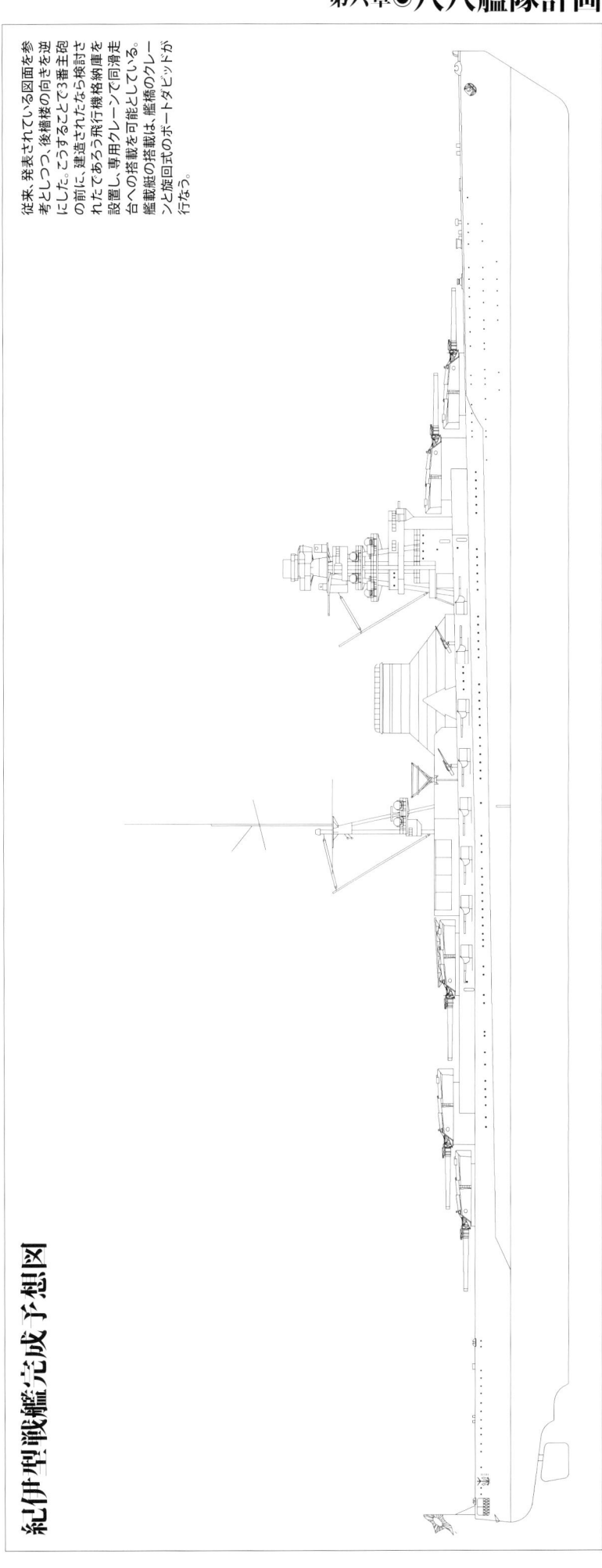

従来、発表されている図面を参考としつつ、後檣楼の向きを逆にした。こうすることで3番主砲の前に、建造されたなら飛行機格納庫を設置してあろう飛行機格納庫で同滑走台への搭載を可能としている。艦載艇の搭載は、艦橋のクレーンと旋回式のボートダビットで行なう。

紀伊型戦艦竣工時予想図

紀伊型戦艦要目

新造時

常備排水量	42,600t
全長	252.37m
最大幅	31.36m
平均吃水	9.74m
主機	技本式ギヤード・タービン×4
主缶	ロ号艦本式重油専焼缶×11　ロ号艦本式混焼缶×8
出力	131,200hp
軸数	4
速力	29.75kt
航続力	14ktで8,000浬
兵装	45口径40cm連装砲×5、50口径14cm単装砲×16、45口径12cm単装高角砲×4、61cm魚雷発射管×8
装甲	舷側292mm（水線部）、甲板118mm+70mm、司令塔330mm、主砲塔前盾（不明：加賀型と同じ305mmか？）
乗員数	不明

十三号型巡洋戦艦の想像図。完成していれば、このような姿になるはずだった?

46センチ砲搭載は幻だった?

十三号型巡洋戦艦

十三号戦艦、十四号戦艦、十五号戦艦、十六号戦艦

■ 46センチ砲を搭載?

　十三号型は艦名を与えられることなく計画中止となった、八八艦隊計画最後の巡洋戦艦である。
　数々の文献で十三号型は46センチ砲を搭載される予定であった、と伝えられるが、試案の一部であった。
　これは『平賀譲遺稿集』の年表に、
1. 大正9年9月4日「八八艦隊」掉尾4艦を計画。18インチ砲搭載計画
2. 大正10年2月11日「八八艦隊」掉尾4艦として、47,500トン・18インチ主砲8門、30ノット戦艦を着想

とあり、ほかのいくつかの平賀著作でも18インチという文言が確認できる。
　とはいえ、当時の日本海軍は46センチ砲が完成しておらず、基礎となる計画も中断されていた。
　つまり46センチ砲搭載案は、何かしらの理由であたかも当初からの計画のように定着したといえそうだ。
　福井静夫氏も『日本の軍艦』で本艦を「主砲18吋連装砲塔四基八門という巨艦であった」と記しており、これも46センチ砲搭載説を後押ししたと推測できる。
　さらに十三号型は予算上の仮称艦名として巡洋戦艦「第八号」「第九号」「第十号」「第十一号」と呼ばれていた。
　しかし戦後、先述の福井著作などで「八・八艦隊の第一三番艦以降」が認められ、このため「十三号型」が定着したと考えられる。本稿でも、あえて十三号の名称を用いている。

■ 謎多き十三号艦の実像とは

　では、それ以外はいかなる艦となる計画があったのだろうか?
　まず謎の多い主砲だが、これも平賀案によれば、46センチ砲以外には40センチ砲12門〜16門が予定されていた。40センチ砲は連装、3連装、4連装の組み合わせ案が14案も遺されている。
　他の平賀文書には3連装4基12門という記述があるが、いずれにせよ紀伊型の性能向上を狙ったものと思われる。
　装甲に関しては、「舷側防御は戦闘距離12,000mで、水兵防御20,000で16吋弾を均衡するもの」という記述が平賀文書「新型艦ニ就テ」などで確認できる。
　しかし福井著作では「防御力は耐十八吋砲弾とし」とされており、いよいよ混乱してくる。
　また、舷側装甲は305ミリという説もあり、実現していればサウスダコタ級戦艦の16インチ砲すら跳ね返したことであろう。
　全長、最大幅はそれぞれ278.3メートル、31.36メートルが想定されていたが、46センチ砲連装4基8門や、40センチ砲を最大で16門搭載するならば、大和型よりも大きな船体となるはずである。
　速力は15万馬力の機関によって、30ノットが計画されていた。
　もし、もしもであるが以上のすべてが実現すれば、大火力、重防御、高速と、大和型戦艦を優越した主力艦となったことは間違いない。
　仮に艦隊決戦の機会がなくても、30ノットの高速は空母機動部隊への随伴を可能としたため、太平洋戦争でも相当に活躍した可能性はある。

十三号型巡洋戦艦各艦要目

艦名	第十三号巡洋戦艦	艦名	第十四号巡洋戦艦
建造	横須賀工廠（予定）	建造	呉工廠（予定）
計画	大正7年度	計画	大正7年度
起工	着工されず	起工	着工されず

艦名	第十五号巡洋戦艦	艦名	第十六号巡洋戦艦
建造	三菱長崎造船所（予定）	建造	川崎造船所（予定）
計画	大正7年度	計画	大正7年度
起工	着工されず	起工	着工されず

十三号型巡洋戦艦要目

新造時

常備排水量	47,500 t
全長	278.30 m
最大幅	31.36 m
平均吃水	9.74 m
主機	技本式ギヤード・タービン×4
主缶	ロ号式艦本式重油専燃缶×14
出力	150,000hp
軸数	4
速力	33.0kt
航続力	不明
兵装	45口径46cm連装砲×4、50口径14cm単装砲×16、45口径12cm連装高角砲×4、61cm魚雷発射管×8
装甲	舷側330mm、甲板約127mm
乗員数	不明

十三号型巡洋戦艦完成予想図

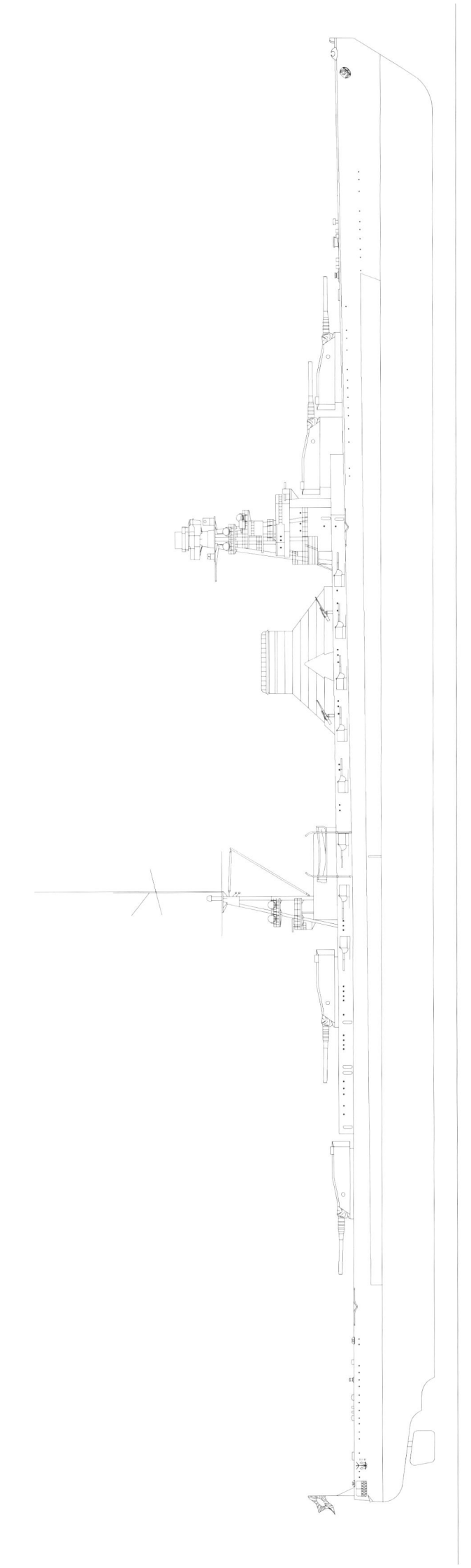

column ⑥

幻の水雷戦隊旗艦、超甲巡

夜戦を重視した日本海軍は、第2艦隊をその主力と考えていた。
そして旗艦予定の金剛型戦艦の老朽化により、代艦が計画される。

夜戦を指揮する大型巡洋艦

「超甲巡」は、日本海軍末期の建造計画に予定されていた大型巡洋艦であった。

かねてより日本海軍は夜戦を重視しており、とりわけ仮想敵であるアメリカとの戦争計画、漸減邀撃作戦にも深く関わっている。

漸減邀撃作戦では、まず潜水艦や基地航空機が進撃してくる米艦隊を襲い、夜戦を仕掛けてアメリカ主力艦の数を「漸減」する。そして主力艦がほぼ同数になったところで、日本側の主力艦も出撃、雌雄を決するというのが大まかな骨子であった。

ここで大きな期待がかけられていたのが、巡洋艦と駆逐艦をもってする夜戦である。

これは第2艦隊が行なうものとされ、秘密裏に球磨型軽巡洋艦「大井」「北上」を、4連装魚雷発射管10基の重雷装艦に改装するほどの力の入れようであった。2隻で片舷40射線から発射される、無航跡の酸素魚雷は米艦隊に大損害を与えるものと期待されていたのだ。

この夜戦を指揮する第2艦隊旗艦には、高速戦艦である金剛型が予定されていた。夜戦は思わぬ混戦が予想され、これを統制・指揮するには、沈みにくい金剛型が最適と思われたからである。

しかし、金剛型は大正初期の竣工であり、すでに老朽化の観は否めなかった。

そこで計画されたのが、昭和16年度⑤計画における「超甲巡」である。

「超甲巡」は金剛型の代役だけに、その性能も近いものが予定された。

主砲は31センチ3連装砲3基、速力は33ノット。装甲配備や艦橋は大和型戦艦に酷似しており、金剛型をバランスよくリニューアルした感がある。この性能ゆえ、「超甲巡」を巡洋戦艦とすることもあるが、いずれにしても「主力艦」とする資格は充分にある。

そして「超甲巡」は⑤計画で2隻、続く⑥計画では4隻の建造が計画されていた。しかし、いずれも太平洋戦争開戦に伴い、中止となっている。

ちなみにアメリカ軍も大型巡洋艦であるアラスカ級大型巡洋艦を6隻計画し、うち「アラスカ」「グアム」は竣工したものの、残る4隻は未完成となった。「超甲巡」もアラスカ級も、建造理由の一つとして、日米双方が大型巡洋艦を計画していると伝えられた点があった。

しかし、アラスカ級は失敗作という評価が一般的であり、もし「超甲巡」が建造されても、太平洋戦争の推移を考えると活躍の余地はほとんどなかったと考えられる。

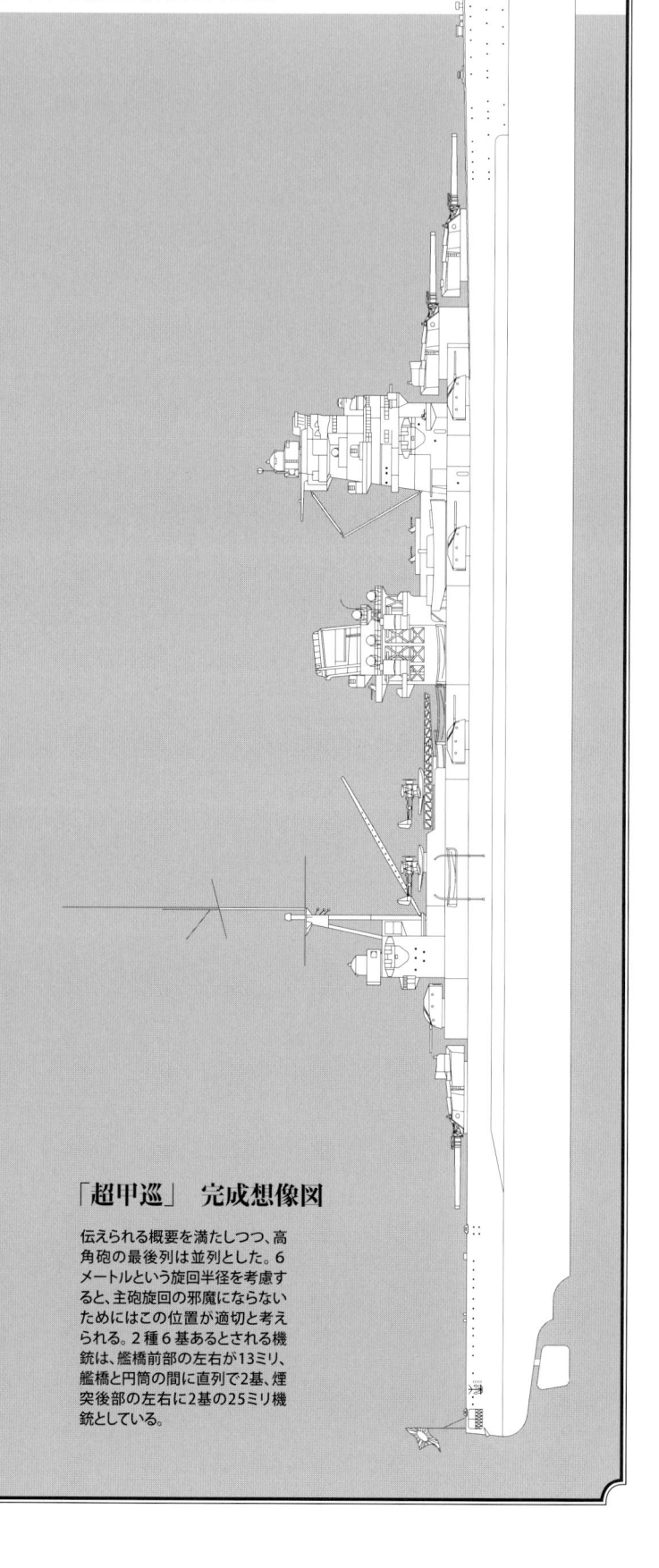

「超甲巡」 完成想像図

伝えられる概要を満たしつつ、高角砲の最後列は並列とした。6メートルという旋回半径を考慮すると、主砲旋回の邪魔にならないためにはこの位置が適切と考えられる。2種6基あるとされる機銃は、艦橋前部の左右が13ミリ、艦橋と円筒の間に直列で2基、煙突後部の左右に2基の25ミリ機銃としている。

第七章

最強の主力艦登場

明治以来、躍進した日本海軍は、世界最強の巨大戦艦を建造するまでに成長した。
だが、艨艟たちの最後も訪れようとしていた。

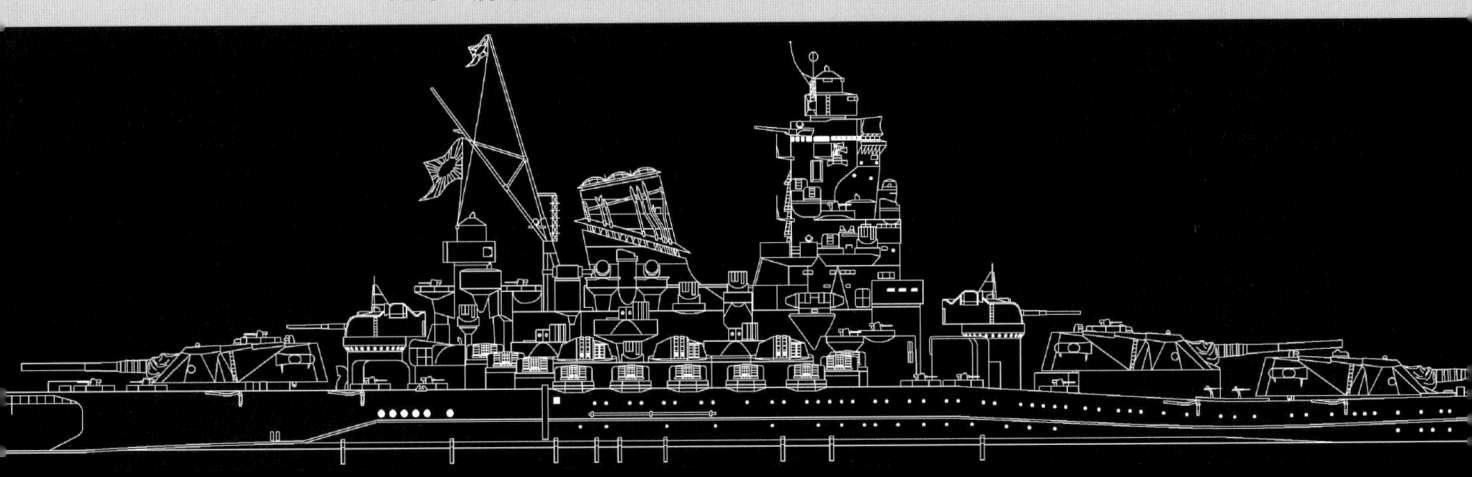

昭和16年10月30日、宿毛湾を全力公試運転中の「大和」。速力は27.3ノットを記録した。ここから約1ヶ月半後、すでに太平洋戦争が始まった12月16日に完成した。

世界最大最強の戦艦
ついにその真価は発揮されず

大和型戦艦

大和、武蔵

無条約時代の新戦艦

　日本海軍最後の戦艦となった大和型の設計は、昭和9年より開始された。この頃はまだワシントン・ロンドン軍縮条約の期間内であったが、すでに条約からの脱退を視野に入れ、次世代戦艦の準備に取りかかったのである。

　そして、この設計と時を同じくして、大和型建造のために各種施設の建設や改造も行なわれた。大和型は船体長、幅ともに今までの戦艦のサイズを遥かに凌駕したものであり、それまでの施設では到底建造が不可能だったからだ。

　まずは横須賀と佐世保に巨大ドックが建設されたほか、呉のドックは渠底を約1メートル掘り下げ、ガントリー・クレーンも増設した。

　こうしてさまざまな準備を整えたうえで、実際に大和型の建造は昭和12年度の第三次補充計画（③計画）によって認められ、「大和」は呉工廠において昭和12年11月4日に起工し、「武蔵」は昭和13年3月29日に三菱長崎造船所において起工した。

　なお、3番艦の「信濃」は横須賀工廠で起工されたが、のちに空母へと改造され、4番艦の第一一一号艦は呉工廠で起工されたものの、のちに解体されている。

　大和型戦艦の主砲はすべて呉工廠で製造されており、長崎で建造される2番艦のため、主砲の運搬を目的として、新たに給兵艦「樫野」を三菱長崎造船所で建造している。

　また大和型戦艦の建造は、諸外国はもとより、国内においても極秘であった。そのため、軍はさまざまな手段を講じてこれを隠匿し続けた。たとえば在外公館も多い長崎では、ソ連公館から建造中の船台が見えてしまうため、わざわざその中間に目隠しのためだけに倉庫を建てた。同じく長崎造船所では船台の周りをすべてシュロ縄で覆い隠したが、その量が膨大だったために近隣のシュロ縄が暴騰し、漁師が困る騒ぎが起きている。

　さらに、建造現場内での機密保持も厳格で、仮に図面が盗難にあったりしても全体が把握できないように、細かく細分化されていた。このため最高機密である軍機図面89枚を筆頭に、大和型建造のために必要な全図面の合計は3万1368枚に及んでいたのである。

量より質を追求

　大和型戦艦の最大の特徴は、なんといってもその巨大な主砲である。45口径46センチという主砲は、日本の戦艦は言うに及ばず、世界の戦艦を探しても唯一無二といって過言ではない。

　この主砲口径の選定にあたっては、仮想敵国だった米国の事情が大きく作用している。当時、米国はイギリスと並んで世界トップクラスの海軍国であり、その潜在能力まで加味すれば、日本が建艦競争をしても勝てる相手ではなかった。

　だが唯一、米国に付け入る隙があるとすれば、大型艦を建造できる施設がほとんど東海岸に偏っていること、そしてそれを西海岸に回航するためにはパナマ運河を通過する必要があることだった。

　この当時のパナマ運河の最狭部は34メートルであり、これを勘案すると米国が新造する戦艦の主砲口径は最大で40センチだろうと日本海軍では判断した。

　そして事実、この判断は正しかったのだが、大和型の設計にあたっては、これを凌駕する主砲を搭載することが求められたのである。たとえ

第七章 ● 最強の主力艦登場

戦艦「武蔵」の前檣楼。手前は２番主砲の15メートル測距儀、その奥には写真では見えないが最上型軽巡の主砲を副砲に転用した15.5センチ３連装砲塔がある。

大和型戦艦各艦要目

艦名	大和
建造	呉工廠
計画	昭和12年度③計画
起工	昭和12年11月4日
進水	昭和15年8月8日
竣工	昭和16年12月16日
沈没	昭和20年4月7日
除籍	昭和20年8月31日

艦名	武蔵
建造	三菱長崎造船所
計画	昭和12年度③計画
起工	昭和13年3月29日
進水	昭和15年11月1日
竣工	昭和17年8月5日
沈没	昭和19年10月24日
除籍	昭和20年8月31日

隻数は少なくとも質で勝る戦艦を建造し、敵の機先を制すれば自ずと戦いに勝利できるという目算であった。

こうして、大和型の主砲は46センチに決定し、これを三連装砲塔に納め、前部に２基、後部に１基配置した。従来の連装砲塔をやめて、初の試みとなる三連装砲塔を採用したのには、大和型の防御と密接な関りがある。

大和型の設計にあたっては徹底した集中防御方式が採用され、三連装砲塔にすることでヴァイタル・パートにあたる１番砲塔から３番砲塔までの区画を短くしている。そして機関室、戦闘司令所、弾火薬庫など、最重要施設はすべてこの範囲に収められたのである。

このため、一般には大和型戦艦は「超巨大」と思われがちであるが、じつはこれだけの重武装・重防御のわりにはコンパクトにまとめられた戦艦であった。このことは設計の優秀さを示しているといえよう。

新機軸てんこ盛り

大和型の特徴は数多くあるが、設計時にはまだ大艦巨砲主義全盛だったこともあり、当然、将来は連合艦隊の旗艦となることが考えられていた。そのため、当初から旗艦となるべくその設備なども設計に盛り込まれていたが、工事もだいぶ進んだ昭和16年の春ごろになって、突如司令部設備の拡充が連合艦隊司令部より示達された。しかも、出師準備と絡んで、完成自体も半年の繰り上げを要求された。

「大和」に関してはほとんど完成に近づいていることもあり、半年の繰り上げを受け入れる代わりに、要求された司令部設備の拡充は最低限に止め、「武蔵」については要求どおり拡充することとした。しかし、そのために「大和」は開戦直後の昭和16年12月16日に竣工したが、「武蔵」は昭和17年8月5日までずれ込むことになる。

また、「大和」は新型戦艦だけあって射撃・指揮装置も充実しており、前檣楼の最上部には15メートル測距儀と98式方位盤改を備え、第一次改装時には測距儀のすぐ上に21号電探（レーダー）を設置した。

主機には当初、新開発のディーゼル機関を採用する予定だったが、これは技術的な問題が解決されず、結局従来どおりの蒸気タービンが採用された。主缶は艦本式ロ号で12缶あり、１缶あたりの出力は１万２５００馬力を誇った。この主缶からの排熱のための煙路が集約された結果、煙突は１本のみとなっており、これが後方へ傾斜する独特の形状をなしている。また、砲弾や爆弾の被弾を考慮して、この煙路のある水平装甲板は蜂の巣装甲という穴の開いた装甲となっていて、これも大和型の特徴だった。

そのほか、巨大な球状船首や主砲の爆風対策のために高角砲、対空機銃などがシールドに覆われている点、同じく爆風対策のために搭載艇や搭載機が艦尾に収用されるなど、これまでの日本戦艦に比べて多くの特異点が挙げられる。そういう意味でも、大和型はまさに最新鋭戦艦にして、日本海軍の造艦技術の粋を極めて建造された最強戦艦であった。

大艦巨砲の終焉

だが、どんなに強い戦艦といえども、弱点は存在する。大和型でよく言われる弱点は、装甲の薄い副砲と、艦首・艦尾部の装甲だろう。

副砲はもともと最上型巡洋艦に搭載していた15センチ三連装砲塔を流用したもので、主砲塔の装甲厚に

前檣楼から臨む「武蔵」の艦首。46センチ主砲は秘匿のため九四式40センチ砲と呼称され、正しい口径を知らない将兵も少なくなかった。

昭和16年9月20日、呉で艤装工事が進む「大和」。

レイテ沖海戦で、空襲により命中弾を受けた「大和」。しかし、戦闘航海に支障はなかった。

比べて、防御力はなきに等しかった。このため、主砲塔に隣接した副砲塔に直撃弾があった場合、弾火薬庫への引火による被害拡大が指摘されていた。のちに、舷側に設置されていた3番、4番副砲塔は撤去されたが、1番、2番副砲塔はそのままだったために根本的な解決はなされないままだった。

その副砲撤去の跡には対空兵装が増強され、数次にわたる小改装によって大和型はハリネズミのように高角砲や機銃を搭載した。しかし、対空兵装の数は増加したものの、その射撃指揮に関しては旧態依然としており、効果的な対空戦闘はできなかったと言われている。

また、艦首・艦尾部の装甲については、集中防御方式を採用していたために当然薄かったが、これは水密区画の数を増し、また注排水装置によって艦の平衡を保つように設計されていたが、結果的に艦の前後に対する被雷によって想定以上の浸水を被り、これが沈没に至る大きな要因となったといわれている。

とはいえ、やはり大和型の防御力が高かったことは事実である。

開戦以来、戦闘に参加することなくトラック島にただ停泊していた「大和」と「武蔵」は、その居住性の良さから「大和ホテル」「武蔵屋旅館」などと揶揄されていたが、昭和18年12月、陸軍将兵を乗せてトラック島に向かっていた「大和」は米潜の攻撃を受けて被雷、3番主砲塔下の艦底部に損傷を受けた。

破口から大量の浸水があったものの、就寝中の陸兵は被雷したことにも気づかなかったという。

そんな不沈戦艦ぶりを見せつけた両艦だったが、昭和19年10月のレイテ沖海戦で「武蔵」はシブヤン海で大量の米機の集中攻撃を受けて沈没した。残った「大和」も昭和20年4月の沖縄への水上特攻の途上、やはり米艦上機の猛攻を受けて沈没した。

最強の不沈戦艦を沈めたのは航空機であり、この事実はまさに戦艦時代の終焉を意味するものだったといえるだろう。

戦艦「武蔵」 昭和17年竣工時

両舷の副砲前後から機銃を撤去した状態が、戦艦「大和」の昭和16年竣工時状態となる。

大和型戦艦要目

新造時

常備排水量	
基準排水量	64,000t
公試排水量	69,100t
全長	263m
最大幅	38.90m
平均吃水	10.40m
主機	艦本式ギヤード・タービン×4
主缶	ロ号艦本式専焼缶×12
出力	150,000hp
軸数	4
速力	27.0kt
航続力	16ktで7,200浬
兵装	45口径46cm三連装砲×3、60口径15.5cm三連装砲×4、40口径12.7cm連装高角砲×6、25mm三連装機銃×8（武蔵：×12）、13mm連装機銃×2
搭載機	水偵×7
装甲	舷側410mm（水線部）、甲板230mm、司令塔500mm、主砲塔前盾650mm
乗員数	2,500名

戦艦「武蔵」 昭和19年最終時

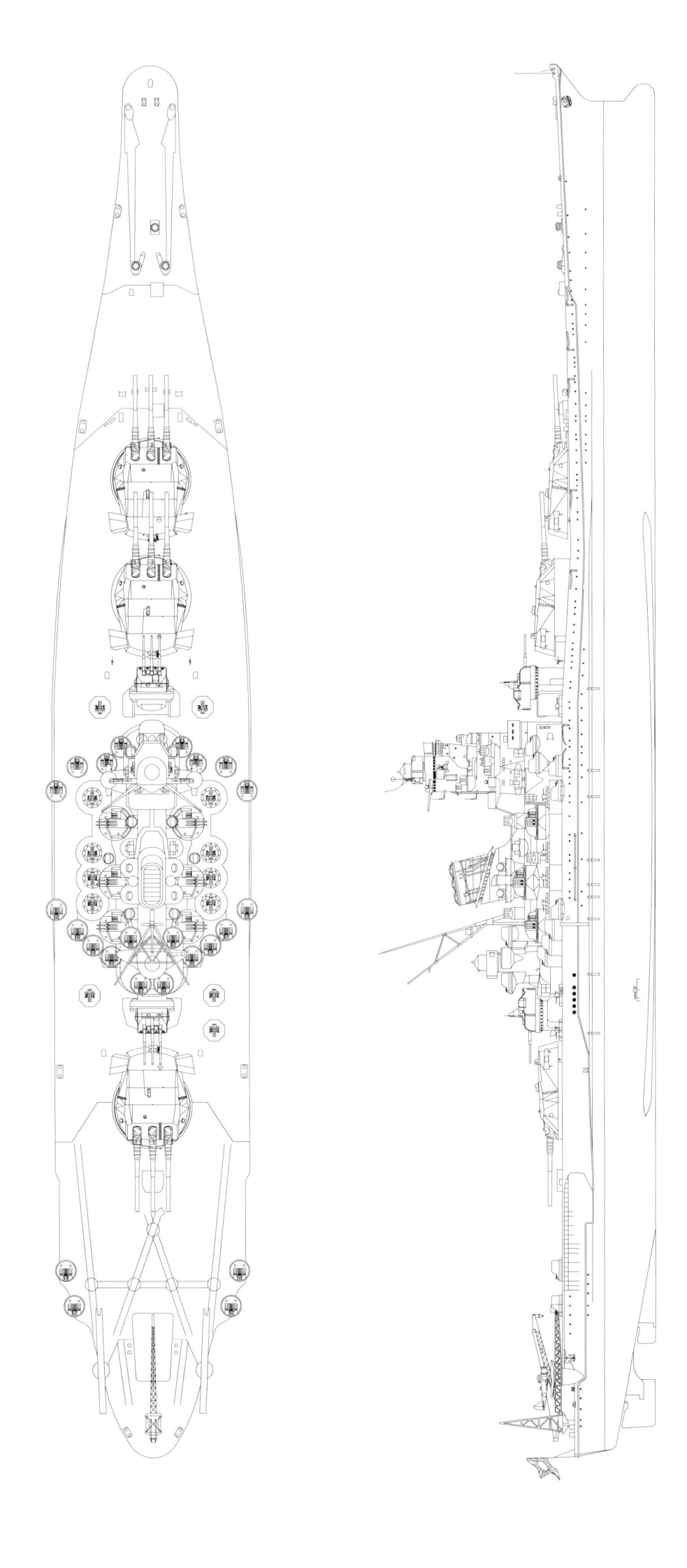

戦艦「大和」 昭和20年最終時

大和型戦艦をマイナーチェンジ
理想の最終形態をめざす

改大和型戦艦
（第七九七号艦）
信濃、第一一一号艦、第七九七号艦

■ **実現しなかった改良型**

　大和型戦艦の同型艦は4隻が計画され、3番、4番艦は昭和14年度の第四次海軍備充実計画（④計画）において建造が決定、それぞれ第一一〇号艦、第一一一号艦と呼称された。

　第一一〇号艦はミッドウェー海戦の4空母喪失による影響で空母へと改造され、「信濃」と命名された。

　第一一一号艦は昭和15年11月7日に呉工廠で起工されたが、昭和17年3月に工事進捗度30パーセントの段階で建造中止となって解体された。

　これら2隻のほかにもう1隻、第七九七号艦と呼ばれる計画艦があった。同艦は昭和17年度の第五次海軍備充実計画（⑤計画）で建造が決まったもので、大和型の改良版と呼べる存在であったが、結局は設計のみに終っている。

　一般には、この第七九七号艦をもって改大和型とすることも多いが、第一一〇号艦、第一一一号艦も大和型から種々の改良を行なっていることから、本稿ではこれら3艦をまとめて改大和型としている。

　大和型との最大の相異は、装甲厚の変更だろう。大和型の装甲で過大な部分を削減、浮いた分を艦底部分の装甲に回し、従来二重底だったものを三重底に改訂している。

　兵装面では主砲はまったく同一のものを採用しているが、舷側部の副砲は当初から廃止している。第一一〇、一一一号艦ではこの撤去部分に12.7ミリ高角砲を設置する予定だったが、本来は最新の長10センチ高角砲とする計画だった。

　第七九七号艦に関しては、設計段階から長10センチ高角砲を搭載することになっていた。

　計画だけに終った艦艇だけに不明点も多く、新たな資料でも発見されない限りは永遠に謎のままだろう。

改大和型戦艦各艦要目

艦名	信濃
建造	横須賀工廠
計画	昭和14年度④計画
起工	昭和15年5月4日
進水	昭和19年10月8日
竣工	昭和19年11月19日
沈没	昭和19年11月29日

艦名	第111号艦
建造	呉工廠
計画	昭和14年度④計画
起工	昭和15年11月7日

艦名	第797号艦
建造	起工せず
計画	昭和17年度⑤計画

改大和型戦艦要目

新造時	
基準排水量	64,000t
公試排水量	69,100t
全長	262m
最大幅	38m
平均吃水	10m
主機	艦本式ギヤード・タービン×4
主缶	ロ号艦本式専焼缶×12
出力	150,000hp
軸数	4
速力	27.0kt
航続力	16ktで7,200浬
兵装	45口径46cm3連装砲×3、60口径15.5cm三連装砲×2、40口径12.7cm連装高角砲×6（第797号艦：65口径10cm連装高角砲×10、25mm3連装機銃×8（第797号艦：多数）、13mm連装機銃×2
搭載機	水偵×7
装甲	舷側400mm（水線部）、甲板190mm、司令塔500mm、主砲塔前盾650mm
乗員数	不明

戦艦「第七九七号艦」

作図に際しては現存資料を参考のうえ、主砲は50口径、副砲を全廃。副砲用測距儀を外し、九八式四式高射装置を増設し、九八式65口径10センチ連装高角砲を10基搭載としている。

大和型を凌駕する強力無比な新型戦艦
机上プランに終わる

超大和型戦艦
（第七九八号艦）
第七九八号艦、第七九九号艦

世界一の巨砲

③計画および④計画によって大和型戦艦の建造が進められていた昭和16年、米国では世界情勢の緊迫化に伴って海軍軍備の増強が図られていた。これを推し進めたのが昭和15年に成立した両洋艦隊法案（スタークス・プラン）であり、アイオワ級戦艦4隻が建造されることになった。

このアイオワ級に続いてさらに強力な戦艦——場合によっては46センチ主砲の搭載艦——を建造することも考えられた。

このため、隻数では対抗できない日本はさらにその上をいく、50.8センチ砲を搭載した新戦艦の建造を、昭和17年度の第五次海軍軍備充実計画（⑤計画）で決定したのである。

これが超大和型戦艦で、第七九八、七九九号艦の建造が決まっていた。

主砲の50.8センチ砲は早くも昭和16年6月から呉工廠の造兵部で試作が製作され、「試製甲砲」と呼ばれていた。搭載方法は検討の結果、連装3基6門搭載ということになり、船体長、排水量ともに大和型とほぼ同じに収める設計となったのである。

こうして超大和型の設計は進められ、第七九八号艦は昭和18年に呉工廠で、第七九九号艦は新設予定の大分県大神のドックで建造される予定であった。しかし、太平洋戦争では戦艦の出番はなきに等しく、建造は中止となった。

超大和型の主要なスペックは大和型、改大和型と似通っているが、防御に関しては遠距離からの50センチ砲弾に耐えられるよう要求されていた。これには1枚あたりの装甲をやや薄くした二段防御が考えられていた。もっとも、改大和型が水線装甲を減少させたりしているので、最終的にどうなったかはわからない。あるいは、重量増加を嫌って大和型と同等とした可能性も捨て切れないだろう。

仮に戦争が起らず、④、⑤計画で予定されていた改大和型、超大和型がすべて建造されたとすると、すべての艦が竣工するのは昭和23年ごろの予定だった。

超大和型戦艦各艦要目

艦名	第798号艦
建造	起工せず
計画	昭和17年度　⑤計画

艦名	第799号艦
建造	起工せず
計画	昭和17年度　⑤計画

超大和型戦艦要目

新造時

常備排水量	
基準排水量	64,000t
公試排水量	69,100t
全長	262m
最大幅	38.90m
平均吃水	10.40m
主機	艦本式ギヤード・タービン×4
主缶	ロ号艦本式専焼缶×12
出力	150,000hp
軸数	4
速力	27.0kt
航続力	16ktで7,200浬
兵装	45口径50.8cm連装砲×3、65口径10cm連装高角砲×10、25mm三連装機銃×多数
搭載機	水偵×7
装甲	舷側400mm（水線部）、甲板190mm、司令塔500mm、主砲塔前盾650mm
乗員数	不明

戦艦「第七九八号艦」

計画案の一つとして、九八式10センチ65口径連装高角砲を12基搭載を再現、これを実現するため、副砲を再薬庫ごと撤廃し、艦橋および後部艦橋を移動している。ちなみに第七九八号艦は46センチ砲搭載で、50.8センチ砲は七九九号艦のみだったという説もある。

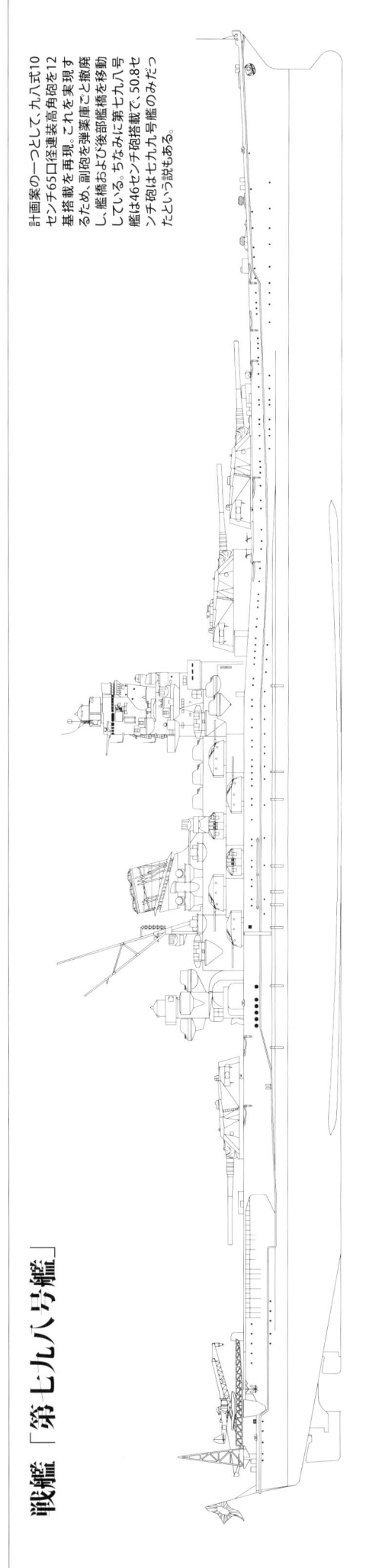

藤本案と平賀案は
大和型戦艦に集約？

金剛代艦

■軍縮による代艦建造

19世紀末ごろから徐々にエスカレートしはじめた列強各国の建艦競争は、第一次世界大戦ごろにはピークに達していた。この未曽有の大戦争によって欧州各国は、勝者も敗者も疲弊したが、それでも軍備増強の速度はなかなか止まらなかった。

しかも、戦争で直接被害を被っていない日米両国は、太平洋を挟んでさらなる軍備増強に邁進するかに見えた。そして、米国に対抗するために、日本は八八艦隊の建造を開始した（第六章参照）。

その一方で、その時にはすでに日本の財政もまた破綻寸前であり、現実問題として戦艦の大量建造は現実的でないことは明らかであった。

また、日本よりは余力のある米国にしても、財政的に厳しいことに変わりはない。さらに、世界一の海洋国と自負してきたイギリスにしても、日米両国のこれ以上の海軍力増強は望ましくないところであった。

こうしたそれぞれの思惑もあり、列強各国は大正11年にワシントン海軍軍縮条約を締結するに到る。この結果、戦艦の保有数に制限が設けられたほか、新艦の建造も禁止されることになった。

ただし、一定の条件下に、旧式化した戦艦を廃棄して、その代艦を建造することは認められていた。代艦の建造にあたっては、艦齢20年以上のものを対象とし、条約の制限である基準排水量3万5000トン以下、主砲口径16インチ（40.6センチ）で10門以下という内容であった。

そして金剛型戦艦の竣工は大正2年（1913年）であり、昭和8年（1933年）には建造から20年を迎える。このため、海軍では昭和3年ごろより金剛型戦艦の代艦建造を検討することになったのである。

■藤本案と平賀案 二種類の設計案

「金剛」は昭和8年に艦齢20年に達するが、代艦の建造についてはその前から実施することができる。具体的には、「金剛」の起工から20年後にあたる昭和6年より開始することができるのである。

そのため、これに先立って軍令部は艦政本部に対して、代艦建造の要求を提出し、これに基づいて艦政本部設計主任であった藤本大佐は基本計画をまとめた。その要目は当然、条約の制約の範囲内に納められたもので、基準排水量3万5000トン、主砲は40.6センチ三連装砲3基9門というものだった。

そしてこの藤本案はさっそく海軍高等技術会議において審査されることになるが、この時、平賀造船中将も独自に私案としてまとめた金剛代艦案を提出した。これは異例のことであり、当時海軍技術研究所所長という閑職に追いやられていた平賀中将が、どのような思惑で私案を提出したのか定かではない。

しかし、ともあれこの二案が俎上に上ることになったのである。

藤本案と平賀案の大きな違いは、主砲の搭載数と配置にある。主砲口径こそ同じだが、平賀案では三連装砲塔と連装砲塔各1基をそれぞれ前後に均等配置するというもので、主砲門数は合計10門とされた。また、藤本案では副砲（15センチ）は連装砲塔とし、艦首部に2基、艦尾部に4基の合計12門だったのに対して、平賀案では舷側部に連装砲塔を2基ずつ配置するほか、従来通りのケースメートに単装砲として8基、合計16門を装備していた。

そして、この兵装の違いは、そのまま防御方式の違いでもあった。平賀案に比べて藤本案のレイアウトはやや余裕のある配置だが、平賀案は徹底した集中防御方式を採用し、そのため副砲もすべて舷側部に配置するようになっていたのである。この結果、艦全体におけるヴァイタル・パートの比率は、藤本案の53パーセントに対し、平賀案は43パーセントに抑えられていた。

結果的に、この二案のどちらが優れていたのかはわからない。ただ、どちらかというと藤本案は手堅くまとめられており、平賀案のほうが挑戦的だったように思われる。そういう意味では、平賀中将の起死回生の設計だったのかもしれない。

この金剛代艦は検討され、昭和4年度に策定された新補充計画でも4隻の建造が盛り込まれていたものの、昭和5年に締結されたロンドン軍縮条約の結果、廃案となった。代艦の起工を5年間先送りしなければならなくなったからである。

とはいえ、金剛代艦のために払った努力は、まったく無駄になったわけではない。大和型の設計にあたっては金剛代艦の設計が大いに活かされたと言われている。たしかに、残されている金剛代艦案の図面を見ると、小型の大和型に見えなくもない。主砲レイアウトは藤本案に近く、一方ヴァイタル・パートの考え方は平賀案に近いといえる。そういう意味では、この両者の良いとこどりの結果、大和型の誕生に結びついたと言えるのではないだろうか。

金剛代艦要目

藤本案	
基準排水量	35,000t
全長	237m
最大幅	32m
主機	不明
主缶	減速タービン
出力	73,000shp
軸数	4
速力	26kt
航続力	不明
兵装	40cm 三連装砲×3、15cm 連装砲×6
搭載機	2
装甲	不明
乗員数	不明

平賀案	
基準排水量	35,000t
全長	232m
最大幅	32m
主機	不明
主缶	減速タービン
出力	不明
軸数	3
速力	26.5kt
航続力	不明
兵装	40cm 三連装砲×2、40cm 連装砲×2、15cm 連装砲×2、15cm 単装砲×16
搭載機	2
装甲	不明
乗員数	不明

第七章●最強の主力艦登場

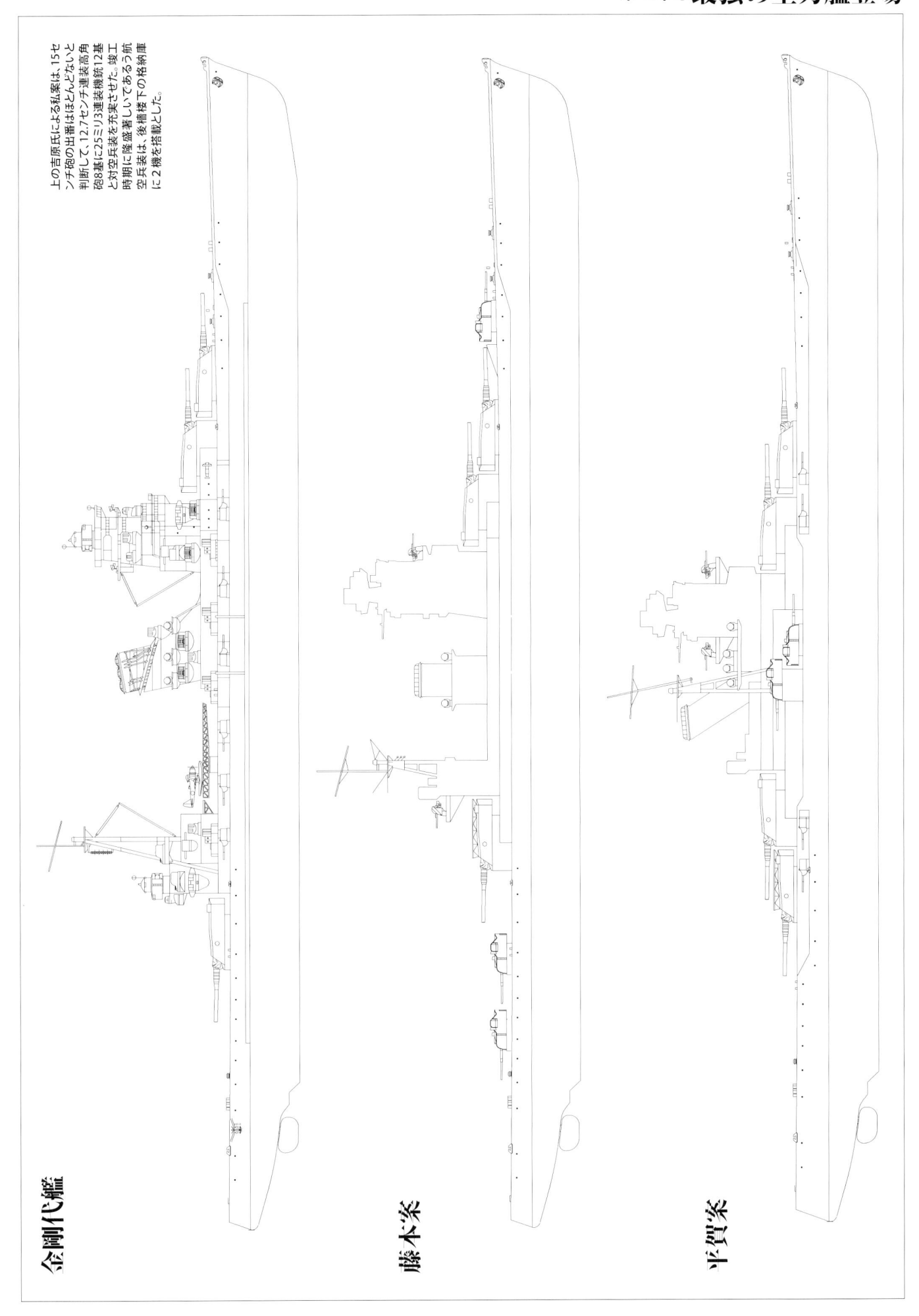

金剛代艦

上の吉原氏による私案は、15センチ砲の出番はほとんどないと判断して、12.7センチ連装高角砲8基に25ミリ3連装機銃12基と対空兵装を充実させた。竣工時期に隆盛著しいであろう航空兵装は、後檣楼下の格納庫に2機を搭載とした。

藤本案

平賀案

133

薩摩藩が明治新政府に献納した「春日丸」。宮古湾海戦などに参加した。

日本海軍主力艦の系譜

衣島尚一

❖主力艦とは

　主力艦（しゅりょくかん。Capital ship）とは、海軍における戦闘力を有する艦船の中でその中核をなす艦艇を指し、各国の海軍力を比較する場合や、技術上の優勝劣敗を比較するうえでの良い指標であり、主力艦と目された艦船の性格を検証することで、その国の海洋覇権に対する考え方を推し測ることができると言えよう。

　19世紀末に全鋼製の軍艦が登場するまで、列強各国の主力艦は、艦隊決戦の際戦列に加わって雌雄を決する強力な攻撃力を持つことが必須条件であった。一例としてイギリス海軍の等級制度搭載を参考にすれば、搭載している大砲の数による等級分けにより、100門以上の砲門を持つ一等艦、80門から98門の砲を持つ二等艦、64門から78門の砲を持つ三等艦によって艦隊の戦列が構成されたことにより「戦列艦」と呼称し、その中で中心となる一等戦列艦を「主力艦」としたが、文献によっては戦列（バトルライン）を構成する艦はすべて「主力艦」とするものもあり、これら主力艦についての考え方は公式に定義された概念ではない。

　19世紀後半になって船舶用の蒸気機関が登場し、洋上で縦横無尽の行動力が得られ、また舷側の防御に鋼鈑が用いられると、従来の主力艦を推し量っていた大砲の門数だけでは比較対象が困難となり、海軍力を有する列強各国を比較する際に、その国の海軍に対する思想や、工業力をも併せて考慮する必要が生じてくるのである。

❖幕末から明治初年の主力艦

　1853年（嘉永6年）、アメリカのペルリ（ペリー）艦隊による黒船来航時において、当時江戸幕府の御船方（水軍）における主力艦といえるのは推定排水量僅か100トンの海御座船「天地丸」で、ペルリの旗艦「サスケハナ」（総トン数2450トン）とは比較にすらならなかった。

　すでに西欧の列強各国は産業革命を経て蒸気機関による機械工業の勃興をみていたが、鎖国下にあった日本では機械工業は未発達であった。

　当時日本を統治していた徳川幕府は、黒船の出現で海防の必要性に気付き、唯一国交のあったオランダの援助により蒸気走軍艦の整備を開始するとともに、オランダより寄贈された「観光丸」（原名スムビン）を練習艦として海軍の建設を開始した。

　また、鎖国政策を維持するため、諸国各藩に強いていた「大船建造禁止令」を解除したことにより、列藩は競って洋式の軍艦を建造、あるいは入手するのである。

　徳川幕府も1857年（安政4年）に蒸気軍艦「咸臨丸」（625トン）、翌年には同型艦の「朝陽丸」を入手するとともに、「開陽丸」（2730トン）をオランダに発注した。

　さらに、薩摩藩や長州藩を中心とした倒幕の動きに対抗して、幕府は装甲蒸気軍艦「甲鉄」（1850トン）を米国より購入し海軍力の拡充を図ろうとしたが、大政奉還、ついで1868年（慶応4年）1月、鳥羽・伏見の戦いから始まった戊辰戦争によって徳川政権は崩壊し、天皇親政による明治政府が成立する。

　旧幕府軍の一部は新政府軍に降るのを快しとせず、一方で5月に奥羽越列藩同盟が成立。江戸開城直前まで江戸湾にあった旧幕府海軍は旗艦「開陽丸」以下の艦艇がこれに加わって東北に拠点を求めたが、主力となるはずの「甲鉄」は徳川政権の崩壊近しと判断した米国が引き渡しを保留したためこれに加われなかった。

　米国は明治政府の成立を見て局外中立を撤廃、「甲鉄」の引き取りを明治政府に打診する。財政的には苦しかったものの、その戦力は捨てがたいものがあり、1869年（明治2年）2月、「甲鉄」は明治政府海軍の主力艦に加わったのである。

　越後、会津で破れた旧幕府軍は、榎本武揚を中心として北海道の五稜郭を占拠し、北海道共和国の成立を目指すが、1869年（明治2年）5月、明治政府軍は五稜郭を陥落させ、旧幕府勢力は壊滅する。この戦闘の勝敗を決したのは海軍力で、すでに前年、江差で主力艦の「開陽」を失っていた榎本艦隊は、「甲鉄」を主力とする明治政府艦隊に圧倒され、箱館湾海戦で全滅、5月18日に至って旧幕府軍は全面降伏した。

　この時点での明治政府は組織としての海軍を持っていたわけではな

甲鉄コルベット艦として建造された初代「扶桑」。のち日本海軍初の「戦艦」となる。

く、各藩に所属する艦艇が集まって行動をともにしていただけで、当時の主力艦と言えるのは「甲鉄艦（のちの『東』、排水量1358トン、装甲艦、13ノット、6門）」「春日艦（排水量1015トン、外輪式蒸気船、16ノット、6門：薩摩藩所有）」「陽春艦（排水量530トン、蒸気内車280馬力、6門：秋田藩所有）」「冨士山艦(排水量1000トン、三檣バーク、木造スループ、12門：旧幕府軍艦)」などであった。

❖艦隊の編成と主力艦の拡充

1870年（明治3年）7月28日、明治政府は「太政官布告」を発し、兵部省所属の軍艦をもって小艦隊三隊を編成、「横浜」「兵庫」「長崎」「函館」各港に配備して開港場警備を実施した。これが日本海軍における艦隊編成の嚆矢だといえる。

翌年5月、小艦隊三隊は「日進」「甲鉄」「乾行」「第二丁卯」からなる一隊と、「龍驤」「富士山」「第一丁卯」および運送船の「東京丸」「大阪丸」からなる一隊の二隊に再編され、10月には「海軍規則並諸官俸給」でそれぞれの指揮官の等級を定めるとともに、一等軍艦から七等軍艦までの類別等級も定められた。

当時の主力艦として最有力は装甲コルヴェット艦「龍驤（初代）」（排水量2571トン：熊本藩献納）で、他に佐賀（鍋島）藩献納のスループ艦「日進（初代）」（排水量1468トン）、薩摩藩献納のスクーナー「春日（初代）」（排水量1289トン）や、コルベット艦「筑波（初代）」（排水量1878トン）。

そして前出の装甲艦「甲鉄」「春日」が主なところであったが、西欧列強の主力艦に比べると二流・三流の艦艇ばかりであった。

1878年（明治11年）に至り明治海軍は英国で竣工した新鋭艦の甲鉄コルベット艦（のちに戦艦に類別）「扶桑（初代）」（3777トン）、および装甲帯コルベット艦「比叡（Ⅰ）」「金剛（Ⅰ）」（2250トン）を艦隊に加え、明治初年に主力艦であった「春日」は練習艦になるなど、世代交代が急速に進行している。すでに英国では航洋型砲塔艦の「デヴァステーション」（9330トン）が出現し、前装ながら30.5センチセンチの連装砲を2基4門装備して14ノットの快速を発揮しているが、近代化したばかりの日本海軍にとっては24センチ連装砲2基、速力13ノット、3700トン弱の装甲コルベットでも充分過ぎる主力艦であった。

隣国の清国もまた1869年（明治2年）より本格的に近代的な海軍戦力の充実を図っていったが、国力に勝る清国は、日本に先駆けて欧米より優秀艦を購入し、1875年には装甲艦8隻、1880年には鐵甲艦（甲鉄砲塔艦／戦艦の中国的な名称）4隻を購入して北洋水師（海軍）の戦力強化を着々と強化していた。1883年（明治16年）明治海軍は隣国清国の海軍力増強に対抗して再び外国より艦艇を購入することとし、チリから巡洋艦「筑紫」(1350トン）を購入するとともに、イギリスに巡洋艦「浪速」「高千穂」（ともに3709トン）、フランスに「畝傍」(3615トン）の建造を発注した（「畝傍」は回航途中に遭難し行方不明となっている）。

資金的に勝る清国は30.5センチ連装砲2基を有する7200トンの甲鉄砲塔艦「定遠」「鎮遠」を主力艦としていたが、国力に乏しい日本海軍では3600トン、26センチ砲2門の「浪速」級を導入するのが精一杯であった。1889年（明治22年）艦隊条例が発布され、「常備艦隊」と「演習艦隊」が編成され、明治海軍の曙に参画した諸艦艇のうち「東（元・甲鉄）」（1358トン）、「冨士山」（1000トン）、「摂津」（920トン）、「清輝」（897トン）などかつての主力艦は新鋭艦艇の投入により除籍されたり、事故で失われたりして艦籍から姿を消している。

翌年（明治23年）、我が国初の天皇統監による、陸海軍連合大演習が伊勢湾一帯で行なわれ、演習後神戸港で海軍の諸艦艇を親閲する「海軍観兵式」が挙行された。

この日参加した艦艇はお召し艦となった巡洋艦「高千穂」以下、「扶桑」「大和」「葛城」「八重山」「高雄」「浪速」および高等水兵練習艦「武蔵」、航海練習艦「日進」と「金剛」「天龍」「海門」「磐城」「鳳翔」「愛宕」「摩耶」「筑紫」および航海練習艦「比叡」の18隻、合計32285トンで、これが当時の海軍の主力艦艇だと言える。

日清戦争時の連合艦隊旗艦である防護巡洋艦「松島」。艦首に黄海海戦での大破口がみえる。

❖日清戦争当時の主力艦

　1894年（明治27年）、朝鮮半島の覇権を巡って8月1日に日清戦争が勃発した。日本では開戦時までに苦しい国家予算をやりくりして軍隊の近代化を終えており、海軍は軍艦28隻（約576000トン）、水雷艇24隻（約1400トン）を保有していたが、なかでも30.5センチ砲搭載の清国主力艦「定遠」「鎮遠」に対抗するため日本海軍が用意した主力艦は、「松島」「厳島」「橋立」の28センチ単装砲搭載海防艦（竣工当時は巡洋艦）で、3隻が一隊となってこれに当たるとされていた。

　だが、勝敗を決した黄海海戦で「松島」以下28センチ砲搭載の主力艦は決定力に欠け、勝利を呼び込んだのは20センチ以下の中・小口径の速射砲を装備した快速巡洋艦隊であった。

　1896年（明治29年）11月25日には横須賀軍港で日清戦争の戦利艦である「鎮遠」「済遠」らの天覧が行なわれ、のちに常備艦隊の主力に編入されたが、1898年（明治31年）3月21日には英国で建造していた日本初の一万トン超最新鋭戦艦「富士」「八島」（12,533トン 30センチ連装砲2基4門、15センチ単装砲×10門、速力18.3ノット）が舳先を揃えて横須賀に来着し、常備艦隊に編入される。

　この新鋭艦の編入により勢力を増した海軍は、次なる脅威であったロシアの南下政策に対抗すべく、さらに新鋭主力艦の建造を進めていく。

❖六六艦隊の建造と完成

　日清戦争により、極東地域での「清国」の威信は大きく低下し、清国最大の軍事集団である北洋軍閥が潰滅したため、この地域のパワーバランスが崩壊、軍事的空白が生じてしまった。

　このような事態の発生は、列強の対中国政策を根底から揺るがすもので、特に不凍港を求めて南下政策を採っていたロシアは三国干渉によって遼東半島の日本への割譲を阻止すると、弱体化した清国の東北部を手に入れ、さらに南下政策を推進し、朝鮮半島を飲み込もうとした。南下政策をとるロシアの脅威が迫るなか、明治政府は「皇国ノ興亡ハ偏ニ海上権ノ確保ニアリ」という国防理念のもとで仮想敵国をロシアと定め、戦備の充実を図ることとし、海上覇権の確保のためには列強に互すことの出来る近代的な海軍力を増勢するため、最新鋭の戦艦6隻、装甲巡洋艦6隻を基幹とする通称六六艦隊建造に全勢力を注ぐこととなる。

　すでに戦艦は1893年（明治26年度）計画により建造された日本初の甲鉄戦艦「富士」と「八島」が、日清戦争後の1897年に英国で竣工しており、海軍はこの2隻をベースに、1896年（明治29年）より第一期拡張計画を展開、まず英国に当時世界最強を謳われた戦艦「フォーミダブル」を下敷きにした、当時世界最大の40口径30.5センチ連装砲を搭載し、舷側装甲にハーヴェイ鋼を使用した「敷島」を発注した。

　引き続き、1897年（明治30年）からの第二次拡張計画により敷島と同大の戦艦「初瀬」「朝日」「三笠」の3隻も英国に発注し、これに「富士」と「八島」を加えた戦艦6隻による第1戦隊が編成された。

「敷島」以下4隻の主力艦は当時の列強海軍に互すことのできる最新鋭・最強の戦艦で、この主力部隊に加え、20センチ砲搭載の装甲巡洋艦「八雲」「吾妻」「浅間」「常磐」「出雲」「磐手」の6隻が計画され、1901年（明治34年）3月の「磐手」竣工により、戦艦6隻・装甲巡洋艦6隻の主力艦からなる六六艦隊が成立、ロシア太平洋艦隊に拮抗する戦力の整備が完成したのであった。

❖日露戦争と主力艦

　南下政策を強行し、極東に覇を得んとするロシアは、太平洋艦隊の増強を図り、旅順港を基地として当時の最大級艦である戦艦「ツェザレウィッチ」以下6隻の主力艦からなる第1極東艦隊を編成し、装甲巡洋艦も「グロモボイ」以下4隻の新鋭艦を中心として送り込んできた。

　危険を感じた日本政府は、ロシアに対して満州撤兵の履行、満州・朝鮮半島における相互権益の承認等について交渉を開始したが、ロシアは誠意を示さず、明治38年1月13

進水する戦艦「三笠」。現在も横須賀にその姿を保つ。

日に提案した日本の最終案に対して交渉打ち切りを通告し、軍事行動による威嚇を顕著なものとした。日本政府は1904年（明治37年）2月4日、日露開戦を閣議決定し、6日夕刻、「日本の独立行動の採用と国交断絶」の公文を通告。この通告を受けてロシアは2月9日、対日宣戦布告を行ない、翌10日には日本も対露宣戦布告をした。

当時ロシアの海軍兵力は、ロシア太平洋艦隊、バルティック艦隊、黒海艦隊を併せると、戦艦22隻（内太平洋艦隊7隻・以下同じ）、装甲巡洋艦7隻（4隻）、装甲海防艦20隻（なし）、巡洋艦10隻（7隻）、駆逐艦53隻（27隻）、合計約80万トン（約20万トン）に対し、日本艦隊は戦艦6隻、装甲巡洋艦8隻、装甲海防艦8隻、巡洋艦18隻、駆逐艦27隻の合計約26万トンであり、ロシア太平洋艦隊のみでも日本艦隊と互角の戦力であった。

日露戦争で日本海軍は旅順口封鎖作戦で主力戦艦の「八島」と「初瀬」がロシア海軍の敷設した機雷に触れて撃沈されたが、旅順艦隊の多くは海軍陸戦重砲隊の28センチ砲による砲撃と、黄海海戦によって壊滅的な打撃を受け、この窮状を救わんとしてロシア本国で編成された第2／第3太平洋艦隊も1905年5月27日に対馬海峡で壊滅した。

日本艦隊の主力艦で失われたものは1隻もなく、バルチック艦隊は主力艦の大半を沈められるか捕獲されるという日本艦隊の一方的な圧勝であった。これにより戦争は終結に向かい、セオドア・ルーズベルト米国大統領の斡旋により、同年9月には日露講和条約（ポーツマス条約）が締結され、ここに日露戦争は終結したのである。

日露戦争中に日本海軍は主力艦2隻（「春日」と「日進」）を編入し、2隻（「初瀬」と「八島」）を失ったが、旅順港で閣座していたロシア太平洋艦隊の主力艦や日本海海戦で捕獲した主力艦を整備して、その勢力は太平洋地域で最強となった。

戦利艦として加わったのは戦艦「石見（元アリヨール）」「壱岐（元インペラトール・ニコライ1世」「相模（元ペレスウェート）」「丹後（元ポルタワ）」「肥前（元レトウィザン）」「周防（元ポビエダ）」二等海防艦「沖島（元ゲネラル・アドミラル・グラーフ・アプラクシン）」「見島（元アドミラル・セニャーウィン」、一等巡洋艦「阿蘇（元バーヤン）」などで、これに日露戦争開戦直前の第三期拡張案で建造された戦艦「鹿島」（16400トン）と「香取」（15950トン）が戦争終結後に日本へ回航され、さらに旅順港外で失われた戦艦「初瀬」と「八島」の代艦として国産初の大型艦である装甲巡洋艦「筑波」（13750トン）「生駒」（13750トン）も加わって日本艦隊は世界有数の戦力を誇る海軍に成長したのであった。

だが、日本海海戦における日本艦隊の勝因は、連合艦隊主力戦艦部隊の12インチ（30.5センチ）砲による集中射撃と、ロシア艦を上回る艦隊速力がその一因であると分析した英国海軍は、その戦訓を真っ先に取り入れ、単艦での大口径砲の統一集中と、高速力を兼ね備えた主力艦の建造を企画し、早くも1905年10月にはそれまでの主力艦の常識を打ち破る新鋭戦艦「ドレッドノート」（18110トン）の建造に着手、翌1906年12月に竣工させた。

日露戦までの各国主力艦は、30センチ前後の大砲を連装として砲塔に納め、艦首尾に各1基を装備して主砲とするとともに、砲戦距離は10000メートル以下と想定して、15〜20センチクラスの速射砲を中間砲として舷側に多数配置し、速力も石炭炊きのレシプロエンジンで18ノット前後というものが標準的であった。

列強の主力艦を一夜にして旧式艦に追いやった「ドレッドノート」は、日本海海戦の戦訓から艦隊決戦における砲戦距離は今後拡大するものと想定して、射程の短い中間砲を全廃し、12インチ（30.5センチ）連装砲を主砲として5基10門を装備、そのうちの3基を首尾線上に配置することで4基8門を片舷に指向出来るという画期的なレイアウトを採用し、これにより、全周に多数の射線を確保することが可能となり、従来の戦艦の約2.5倍の戦闘力を持つことに成功したのである。

また、主機に大型艦としては初めて、蒸気タービン機関を使用することで、従来の主力艦を遥かに凌駕する21ノットの高速力を得ることが

明治に建造された戦艦群。たなびく黒煙はまさしく「わだつみの龍」といったところ。

可能となった。

「ドレッドノート」は従来の列強主力艦を旧態化させるとともに、以降建造された主力艦の基準となり、「弩級」「超弩級」という新語の語源となったのである。

英国海軍は、それまでの主力戦艦の代替として引き続いてド級艦の建造に全力を注ぎ、「ベレロフォン」級（18800トン）3隻、「セントビンセント」級（19500トン）3隻、「コロッサス」級（20225トン）2隻などを1911年までに建造、一挙に近代化が進んでいく。

日露戦争終結後、英国より引き渡された「香取」「鹿島」とロシアからの戦利艦による戦艦12隻、戦時中に取得した「日進」「春日」を含め装甲巡洋艦8隻で編成されていた日本海軍は、明治末期には国産戦艦「薩摩」（19370トン）「安芸」（19800トン）装甲巡洋艦「筑波」「生駒」「鞍馬」（14636トン）「伊吹」（14636トン）などを主力とする艦隊を編成して、戦力更新を図っていたが、「ドレッドノート」の登場によりすべての艦が一挙に時代遅れとなってしまった。

ようやく薩摩型や鞍馬型などの主力艦を国産化できるまでに育っていた日本海軍であったが、列強によるド級艦建造の潮流に乗り遅れまいとして、1912年（明治45年）にはド級戦艦の思想を取り入れた国産初の20000トン級戦艦「河内」と「摂津」（いずれも20600トン）を竣工させるとともに、再び英国の最新艦艇建造技術を習得するため巡洋戦艦「金剛」（27500トン）を英国に発注することとした。

すでに列強海軍の主力艦は、主砲の口径が13.5インチ（34.3センチ）砲から14インチ（36センチ）砲へと大口径化しており、これを首尾線上に搭載する超弩級戦艦の建造へと移っていたのである。そのため日本海軍はド級戦艦の建造は「河内」型のみで打ち止めとし、1910年（明治43年）に成立した艦隊補充計画により14インチ（36センチ）砲搭載の巡洋艦「金剛」を再び英国に発注。これの建造によって英国の最先端技術を学びながら「比叡」以降の3隻と戦艦4隻を国内で建造して、超弩級艦建造の技術を確立していくこととなる。

❖ド級艦から超弩級艦へ

英国はすでに「ドレッドノート」級をさらに発展させ、13.5インチ（34.3センチ）砲をすべて首尾線上に置く超弩級戦艦の「オライオン」（22000トン）級4隻を1912年から13年にかけて建造しており、引き続きこれを上回る本格的な超ド級艦、15インチ（38センチ）砲搭載の戦艦「クィーン・エリザベス」（27500トン）級や巡洋戦艦「ライオン」（26270トン）級の建造に着手していた。

新興海軍国である米国もまた14インチ（35.6センチ）砲10門を搭載した戦艦「ニューヨーク」（27000トン）級と、「ネヴァダ」（27500トン）級の建造に着手しており、英国と新たな覇権を争っていたドイツ帝国も15インチ砲搭載戦艦バイエルン（28600トン）級の建造に取り掛かるなど、列強すべてが「ドレッドノート」級を凌駕する「超弩級戦艦」の整備に全力を傾注するなど、全世界的な建艦競争が始まっていた。

日本海軍は金剛型巡洋戦艦の建造で海外からの技術導入を集大成することとし、英国で建造中の「金剛」、横須賀海軍工廠で建造中の「比叡」を追うように、3番艦「榛名」を神戸川崎造船所で、4番艦「霧島」を長崎三菱造船所でそれぞれ数ヶ月ずつずらしながら建造することで、技術情報を伝達しつつ、民間造船所の育成を図ることとした。

1912年（明治45年）には、呉海軍工廠で「金剛」型と同じ14インチ砲を搭載する戦艦「扶桑」（30600トン）を起工した。同型艦の「山城」は予算の関係から着工が遅れ、1913年（大正2年）11月20日に横須賀海軍工廠で建造が開始されたが本型は世界初の30000トンを超えた大型艦で、引き続き準同型艦の「伊勢」（31260トン）「日向」の建造が進められた1919年（大正8年）には36センチ砲搭載の超弩級戦艦4隻、超弩級巡洋戦艦4隻の主力艦隊が完成する。

練習戦艦時代の「比叡」。国産の超弩級戦艦時代を迎えていた。

　第一次世界大戦後の海洋覇権を狙った日本海軍は、さらなる海軍勢力の拡張を意図して、40センチ砲搭載の長門型（33800トン）、土佐型（39900トン）、紀伊型（42600トン）などの戦艦8隻と、天城型（41200トン）、高雄型（41200トン）、十三号艦型（47500トン）などの巡洋戦艦8隻を基幹とした八八艦隊建造に着手する。

　これらの艦艇が就役した段階で36センチ砲搭載の諸艦は第二線兵力となる計画であった。

　しかし、連合国側の勝利に終わった第一次世界大戦のあと、列強間においてワシントン海軍軍縮条約が締結され、日本海軍が夢見ていた八八艦隊は長門型2隻を残して露と消えてしまい、扶桑型、伊勢型各2隻と金剛型4隻の合計10隻のみが主力艦として保有を認められた（「比叡」は練習戦艦として装甲や主砲の門数を減じて保有が許された）だけで、以降世界最大の46センチ砲9門を備える戦艦大和（69100トン）型を建造するまでは、日本海軍主力艦の歴史はペーパープランの中だけで存在するのである。

　第二次世界大戦の勃発まで、世界各国ともに共通認識では、大艦巨砲主義の象徴である戦艦と巡洋戦艦こそが主力艦と見なされており、大型艦とはいえ航空母艦は主力艦として見なされてはいなかった。

　日本海軍空母機動部隊によるハワイ真珠湾攻撃は、航空打撃力の強力さを全世界に知らしめ、これにより航空母艦が主力艦の先頭に躍り出た。

　だが、その先鞭を付けた日本海軍は、ミッドウエー海戦で主力空母の「赤城」（34364トン）「加賀」（33693トン）「蒼龍」（18800トン）「飛龍」（20165トン）と多数の搭乗員を失ったあと、有効な戦力補充ができず、工業生産力と搭乗員の充足力に勝る米国に圧倒されていく。

　残された正規空母「翔鶴」（29800トン）「瑞鶴」に、最新鋭空母「大鳳」（34200トン）の就役を待って再建成った空母部隊もマリアナ沖海戦で壊滅し、かつての主力艦であった戦艦部隊もガダルカナルで「比叡」「霧島」、事故で「陸奥」が沈没し、レイテ沖海戦で巨艦「武蔵」（69100トン）と「扶桑」「山城」、潜水艦の雷撃で「金剛」が失われてしまい、米軍の沖縄上陸に立ち向かった唯一の主力艦「大和」も米空母部隊の艦上機による攻撃の前にむなしく潰え去ったのである。

　終戦時国内にあった主力艦の戦艦「長門」「榛名」と、航空戦艦に改造されていた「伊勢」「日向」は米艦上機の空襲により傷つき行動不能であり、原子爆弾の標的と化してビキニに沈んだ「長門」以外は解体されて日本が保有する主力艦は霧散してしまったが、終戦から9年を経て海上自衛隊が発足する。

　当初は米軍から供与された大戦中のパトロールフリゲイトを中心とした戦力で、主力艦といえるものは皆無であったが、設立と同時に建造が開始された国産護衛艦（当時の呼称は警備艦）が自衛艦隊の中核をなす主力艦として、極東地区の安定に役立ってきた。

　発足から50年を過ぎ、最初の国産護衛艦「はるかぜ」（1700トン）から発達していった護衛艦は現在、対空・対潜・対艦・ヘリコプター搭載と一通りの能力をもった汎用護衛艦の「あきづき」（5000トン）型をはじめ、イージスシステム搭載のミサイル護衛艦「あたご」（7700トン）型、ヘリコプター搭載護衛艦（実際にはヘリ空母）ひゅうが（13950トン）型など、現代の海軍力として充分主力艦として通用する艦隊を整備するに至っている。

　21世紀初頭の海上戦力としては、航空母艦と弾道ミサイル潜水艦が最強の主力艦として存在している。なかでも米海軍は100機近い航空機を運用可能な大型原子力機関で推進する航空母艦を複数保有し、他国を圧する勢力を誇っており、強襲揚陸艦も他国海軍が保有する軽空母に匹敵するだけの性能を有している。

　弾道ミサイル潜水艦は、核抑止の一部を担う新たな主力艦だと言え、米英ともかつての主力艦に付けられたものと同様の命名を行なっている。その意味から言うと海上自衛隊の「ひゅうが」型こそが主力艦の地位を引き継ぐものなのではないだろうか。

日本海軍主力艦要目

掲載P	艦名		排水量	全長	最大幅	平均吃水	速力	航続力	兵装（主砲、副砲）
6	電流丸		300t	49.1m	8.2m	不明	不明	不明	砲×10（詳細不明）
7	萬里丸		447t	72.0m	9.0m	不明	不明	不明	不明
8	千歳丸		459t	38.2m	7.9m	4.2m	不明	不明	12ポンド砲×2ほか
12	乾行丸		552t	55.3m	7.2m	3.1m	不明	不明	砲×9（詳細不明）
13	一番八雲丸		337t	54.0m	8.1m	不明	不明	不明	不明
14	二番八雲丸		167t	45.0m	8.1m	不明	不明	不明	不明
16	開陽丸		2590t	72.08m	13.04m	6m	10kt		16cm砲×18ほか
17	和泉丸		140t	不明	不明	不明	不明	不明	不明
18	陽春丸		530t	56.2m	8.4m	不明	不明	不明	砲×6（詳細不明）
19	春日丸		1015t	73.64m	8.93m	3.51m	16kt (9kt)		100ポンド砲×1ほか
20	富士山艦		1000t	63.09m	10.36m	3.35m	13kt		30ポンド砲×3ほか
21	武蔵艦		350t	42.0m	8.1m	3.4m	12.0kt	不明	不明
22	摂津艦		920t	51.5m	8.7m	4.5m	12.0kt	不明	砲×8（詳細不明）
23	延年丸		300t（推定）	41.8m	8.2m	2.7m	7.0kt	不明	砲×8
24	甲鉄艦（東）		1390t	56.92m	9.91m	4.34m	10.8kt	8kt/1,200浬	300ポンド砲×1ほか
25	千代田形		138t	29.67m	4.88m	2.03m	5kt		30ポンド砲×1ほか
26	龍驤		1,429t	6.5m	10.5m	5.3m	9kt	不明	16.5cm砲ほか
27	日進艦		1,468t	62.0m	9.7m	4.9m	9.0kt	不明	17.8cm砲×1ほか
28	第一丁卯丸		236t	36.58m	6.40m	2.29m	5kt		5.9インチ砲×1ほか
29	第二丁卯丸								6.5インチ砲×2
30	鳳翔		321t	36.7m	7.4m	2.4m	7.0kt	不明	100ポンド砲×1
31	孟春		357t	44.5m	6.6m	2.5m	12.0kt	不明	砲×4（詳細不明）
32	雲揚		245t	37.0m	7.5m	不明	不明	不明	16cm砲×1、14cm砲×1
33	筑波		1,947t	58.2m（垂）	10.6m	5.5m	10.0kt	不明	16cm砲×8
34	浅間		1,422t	69.7m（垂）	8.8m	4.3m	11.0kt	不明	17cm砲×8、11.4cm砲×4
35	清輝		897t	61.2m（垂）	9.3m	4.0m	9.5kt	不明	15cm砲×1、12cm砲×1、6ポンド砲×1
36	雷電		370t	42.2m	6.4m	3.2m	7.7kt	不明	12ポンド砲×10、6ポンド砲×2
37	金剛		2,250t	67.1m	12.5m	5.3m	13.7kt	不明	17cm単装砲×3、15cm単装砲×6
	比叡								17cm単装砲×3、15cm単装砲×6
38	扶桑		3,717t	68.5m	14.6m	5.5m	13.0kt	10kt/4,500浬	24cm単装砲×4、217cm単装砲×2
40	磐城		656t	46.94m	7.62m	3.89m	10.0kt	不明（石炭42t）	15cm単装砲×1、12cm単装砲×1
41	筑紫		1,350t	64m	9.8m	4.1m	16.4kt	不明（石炭300t）	25.4cm単装砲×2、12cm単装砲×4
42	海門		1,381t	64.3m	9.8m	5.0m	12.0kt	不明（石炭180t）	17cm単装砲×1、12cm単装砲×6
43	天龍		1,547t	67.4m	9.8m	5.0m	12.0kt	不明（石炭256t）	17cm単装砲×1、15cm単装砲×1
44	浪速		3,709t	91.4m	14.1m	5.8m	18.0kt	13kt/9,000浬	26cm単装砲×2、15cm単装砲×6
	高千穂		3,709t	91.4m	14.1m	5.8m	18.0kt	13kt/9,000浬	26cm単装砲×2、15cm単装砲×6
45	畝傍		3,615t	98.0m	13.1m	5.7m	18.5kt	7kt/4、15cm単装砲×7	
46	摩耶		622t	46.94m	8.23m	2.95m	10.25kt	不明（石炭74t）	15cm単装砲×2、4.7cm砲×1、25mm 4砲身機砲×2
	鳥海		622t	46.94m	8.23m	2.95m	10.25kt	不明（石炭74t）	
	愛宕		622t	46.94m	8.23m	2.95m	10.25kt	不明（石炭74t）	
	赤城		622t	46.94m	8.23m	2.95m	10.25kt	不明（石炭74t）	
47	高雄		1,770t	70m	10.4m	4.0m	15.0kt	不明（石炭300t）	15cm単装砲×4、12cm単装砲×1
48	葛城		1,502t	61.4m	10.7m	4.6m	13.0kt		17cm単装砲×2、12cm単装砲×5、
	大和		1,502t	61.4m	10.7m	4.6m	13.0kt		17cm単装砲×2、12cm単装砲×2
	武蔵		1,502t	61.4m	10.7m	4.6m	13.0kt		
49	八重山		1,600t	96.0m	10.5m	4.0m	20.0kt	不明（石炭197t）	12cm単装砲×3
50	千代田		2,439t	92.0m	13.0m	4.3m	19.0kt	不明	12cm単装速射砲×10
51	和泉		2,950t	82.3m	12.8m	5.6m	18.0kt	不明（石炭600t）	25.4cm単装砲×2、12cm単装速射砲×6
52	松島		4,278t	90.0m	15.54m	6.05m	16.0kt		32cm単装砲×1、12cm単装砲×12
	厳島		4,278t	90.0m	15.54m	6.05m	16.0kt		32cm単装砲×1、12cm単装砲×11
	橋立		4,278t	90.0m	15.54m	6.05m	16.0kt		
54	吉野		4,216t	109.73m	14.17m	5.18m	23.0kt	10kt/4,000浬	15cm単装砲×4、12cm単装砲×8
	高砂						22.5kt		
	高砂	改装時	4155t						20cm単装砲×2、12cm単装砲×10
55	秋津洲		3,150t	91.8m	13.1m	5.3m	19.0kt	不明（石炭490t）	15cm単装砲×4、12cm単装砲×6
	秋津洲	明治41年							15cm単装砲×4、12cm単装砲×6
56	富士		12,533t	114.0m（垂）	22.25m	8.08m	18.25kt	10kt/7,000浬	30.5cm連装砲×2、15.2cm単装砲×10
	八島		12,320t	113.39m	22.46m	8.00m			
58	三笠		15,140t	131.67m	23.23m	8.28m	18.0kt	10kt/7,000浬	30.5cm連装砲×2、15.2cm単装砲×14
60	敷島		14,850t	133.5m	23.1m	8.31m	18.0kt	10kt/7,000浬	30.5cm連装砲×2、15.2cm単装砲×14
	朝日		15,200t	129.6m	22.9m				
	初瀬		15,000t	134.0m	23.5m	8.23m			
62	浅間		9700t	134.72m	20.5m	7.4m	21.5kt	10kt/7,000浬	20.3cm連装砲×2、15cm単装砲×14
	常磐								
63	八雲		9,695t	124.7m（垂）	19.6m	7.2m	20.5kt	10kt/7,000浬	20.3cm連装砲×2、15cm単装砲×12
	八雲	練習艦時代							20.3cm連装砲×2、15cm単装砲×8
64	吾妻		9,326t	135.9m	18.1m	7.2m	20.0kt	10kt/7,000浬	20.3cm連装砲×2、15cm単装砲×12
	吾妻	大正10年							20.3cm連装砲×2、15cm単装砲×12
65	出雲		9,773t	123m	20.9m	7.4m	20.8kt	10kt/7,000浬	20.3cm連装砲×2、15cm単装砲×14
	磐手								
66	春日		7,700t	104.9m（垂）	18.7m	7.3m	20.0kt	10kt/5,500浬	25.4cm単装砲×1、20.3cm連装砲×1、15.2cm単装砲×14
	日進		7,700t	104.9m（垂）	18.7m	7.3m			25.4cm単装砲×1、20.3cm連装砲×2、15.2cm単装砲×14
67	鎮遠	日本海軍時	7,220t	91.0m（垂）	18.29m	6.38m	14.5kt	10kt/4,500浬	30.5cm連装砲×2、15cm単装砲×4
68	壱岐	日本海軍時	9,672t	101.6m	20.42m	7.8m	15.5kt	10kt/4,900浬	30.5cm単装砲×1、15cm単装砲×6
69	丹後	日本海軍時	10,960t	108.6m（垂）	21.34m	7.77m	16.2kt	10kt/3,000浬	30.5cm連装砲×2、15cm連装砲×4、15cm単装砲×4

排水量：排水量についてはデータのあるものは常備排水量を、場合によっては基準排水量を表記し（基）とした。明治期の艦艇は総トン数と考えられたい。
竣工：（　）で示したのは鹵獲艦などで日本海軍籍にはいった年月を表す。

装甲	乗員数	建造	竣工	沈没	除籍	売却
		シーヒプス・アンド・サンズ造船所（蘭）	安政5年			明治4年6月売却解体
不明	不明	造船所不明（仏）	不明	不明	不明	不明
なし	50名	造船所不明（英）	不明	大正2年	明治4年	不明
なし	不明	建造所不明（英）	安政6年7月		明治14年9月	明治22年売却解体
不明	不明	造船所不明（米）	不明	慶応4年	不明	不明
不明	不明	造船所不明（米）	不明	慶応4年	不明	不明
	429名	ヒップス・エン・ゾーネン造船所（蘭）	慶応2年9月	明治元年		
不明	不明	造船所不明（英）	慶応2年		不明	不明
なし	不明	造船所不明（米）	元治1年	不明	不明	明治3年
	138名	ジョン・ホワイト造船所（米）	文久3年		明治27年2月	明治35年
	134名	ウエストヴェルト&ソン造船所（米）	慶応2年		明治22年5月	明治29年8月
不明	不明	ジョン・A・ロボ造船所（米）	元治元年8月	明治2年2月	明治2年10月	不明
なし	不明	ウエスターヴェルト造船所（米）	安政3年		明治19年2月	明治21年売却解体
なし	不明	造船所不明（英領香港）	安政3年		不明	明治2年
舷側・砲廊 114mm	135名	アルマン・ブラザーズ造船所（仏）	元治元年11月		明治21年1月	
	51名	石川島造船所	慶応3年2月		明治21年1月	明治44年解体
水線部 114mm	275名	ホールラッセル社（英）	明治2年		明治29年	明治41年
なし	250名	ギブス社（蘭）	明治2年4月		明治25年5月	明治26年8月
	85名	ロンドン	慶応3年	明治8年8月		
			慶応3年	明治18年4月		
なし	90名	造船所不明（英）	明治3年		明治32年3月	明治40年4月
なし	不明	造船所不明（英）	慶応2年		明治20年10月	明治20年10月
なし	不明	ハル社（英）	明治元年	明治9年10月	明治9年	明治10年5月
なし	301名	造船所不明（英領ビルマ）	嘉永7年		明治38年	明治39年
なし	不明	グリーン造船所（英）	明治元年		明治24年3月	明治29年12月
	不明	横須賀製鉄所	明治9年6月	明治21年12月	不明	
なし	58名	グリーン造船所（英）	安政3年		明治22年1月	明治22年／明治30年解体
舷側部 137mm	286名	アールス造船会社ハル造船所（英）	明治11年1月		明治42年7月	
		ミルフォード・ヘブン造船会社（英）	明治11年2月		明治44年4月	
舷側 231mm、砲郭 203mm	250名	サミューダ・ブラザーズ社（英）	明治11年4月		明治41年4月	明治43年売却解体
不明	111名	横須賀造船所	明治13年7月		明治40年7月	明治45年
不明	177名	アームストロング社エルジック工場（英）	（明治16年6月購入）		明治39年5月	明治44年12月廃船
不明	230名	横須賀造船所	明治17年3月	明治37年7月	明治38年5月	明治43年
不明	214名	横須賀造船所	明治18年3月		明治39年10月	明治45年
水平：平坦部 51mm 傾斜部 76mm	357名	アームストロング社ロー・ウォーカー造船所（英）	明治19年2月	明治45年7月	大正元年8月	大正2年6月
水平：平坦部 51mm 傾斜部 76mm	357名	アームストロング社ロー・ウォーカー造船所（英）	明治19年4月	大正3年10月	大正3年10月	
甲板：64mm	400名	ル・アーヴル造船所（仏）	明治19年10月	不明	明治20年10月	
不明	111名	小野浜造船所	明治21年1月		明治41年5月	大正7年／昭和7年解体
不明	111名	石川島平野造船所	明治21年12月		明治41年4月	明治44年／明治45年解体
不明	111名	横須賀造船所	明治22年3月	明治37年11月	明治38年6月	
不明	111名	小野浜造船所	明治23年8月		明治44年4月	明治45年／昭和28年解体
不明	222名	横須賀造船部	明治22年11月		明治44年4月	明治45年
不明	230名	横須賀造船所	明治20年11月		大正2年4月	大正2年
不明	231名	神戸小野浜造船所	明治20年11月	昭和20年9月	昭和10年4月	
不明	231名	横須賀造船所	明治21年2月		昭和3年4月	
不明	217名	横須賀海軍造船所	明治23年3月		明治44年4月	明治45年3月
クローム鋼装甲帯 82mm〜92mm	350名	トムソン社グラスコー造船所（英）	明治24年1月	昭和2年8月	昭和2年2月	
甲板水平12mm、傾斜部25mm	300名	アームストロング社エルジック造船所（英）	明治17年7月	明治27年12月取得	明治45年4月	大正2年1月
上甲板39.7mm、主甲板38〜51mm（水平）、75mm（傾斜）、主砲防盾100mmほか	360名	フォルジ・エ・シャンティエ社（仏）	明治25年4月	明治41年4月	明治41年7月	
		フォルジ・エ・シャンティエ社（仏）	明治24年9月		大正15年3月	昭和14年／昭和15年解体
		横須賀海軍造船所	明治27年6月			昭和2年解体
甲板水平部45mm、傾斜部114mm、司令塔102mm	360名	アームストロング社エルジック造船所（英）	明治26年9月	明治37年5月	明治38年5月	
	380名	アームストロング社エルジック造船所（英）	明治31年5月	明治37年12月	明治38年6月	
甲板水平部63mm、傾斜部114mm		—	—	—	—	—
防盾114mm、司令塔114mm、甲板傾斜部76mm	304名	横須賀造船部	明治27年3月		昭和2年1月	昭和2年7月
ハーヴェイ甲鈑舷側 457mm	726名	テームズ鉄工所（英）	明治30年8月	昭和20年7月	昭和20年11月	昭和23年8月解体
	741名	アームストロング社エルジック造船所（英）	明治29年2月	明治37年5月	明治38年6月	
KS鋼舷側 229mm（最厚部）	859名	バロー・イン・ファーネス造船所（英）	明治35年3月		大正12年9月	
舷側 229mm（最厚部）	836名	テムズ鉄工造船所（英）	明治33年1月		昭和20年11月	昭和23年解体
		ジョン・ブラウン社クライドバンク造船所（英）	明治32年3月	昭和17年5月	昭和17年6月	
		アームストロング社エルジック造船所（英）	明治34年1月	明治37年5月	明治38年5月	
舷側 178mm（最厚部）	661名	アームストロング社エルジック造船所（英）	明治32年3月		昭和20年11月	昭和22年解体
	643名	アームストロング社エルジック造船所（英）	明治32年5月		昭和20年11月	昭和22年解体
クルップ甲鈑舷側 178mm	648名	シュテッティン・フルカン（独）	明治33年6月		昭和20年10月	昭和22年解体
		—	—	—	—	—
舷側水線部 178mm	644名	ラ・ロワール製作造船所（仏）	明治33年7月		昭和19年2月	昭和20年
		—	—	—	—	—
	648名	アームストロング社（英）	明治33年9月	昭和20年7月	昭和20年11月	昭和22年解体
		アームストロング社（英）	明治34年3月	昭和20年7月	昭和20年11月	昭和22年解体
舷側水線部152mm、甲板78mm、司令塔119mm	562名	アンサルド社（伊）	明治37年1月	昭和20年7月	昭和20年11月	昭和23年解体
	568名	アンサルド社（伊）	明治37年1月	昭和10年9月	昭和10年4月	昭和12年解体
複合甲鈑水線 355mm	407名	フルカン社（独）	（明治28年3月）		明治44年4月	明治45年売却解体
複合甲鈑舷側 356mm	625名	サンクトペテルブルク フランコ=ルースキイ工場	（明治38年6月）	大正4年10月	大正4年5月	大正5年5月
クルップ甲鈑舷側 368mm	668名	サンクトペテルブルク ニュー・アドミラルティ海軍造船所	（明治38年8月）		大正5年4月	大正13年解体

掲載P	艦名		排水量	全長	最大幅	平均吃水	速力	航続力	兵装（主砲、副砲）
70	相模	日本海軍時	12,674t	129.2m	21.93m	7.82m	18kt	10kt/10,000浬	25.4cm連装砲×2、15.2cm単装砲×7
71	周防	日本海軍時							
72	肥前	日本海軍時	12,700t	113.4m（垂）	22.0m	7.55m	18.0kt	10kt/8,300浬	30.5cm連装砲×2、15cm単装砲×12
73	石見	日本海軍時	13.516t	114.6m（垂）	23.16m	7.96m	18.0kt	10kt/8,500浬	30.5cm連装砲×2、20.3cm単装砲×6
74	見島	日本海軍時	4,500t	79.4m（垂）	15.6m	5.4m	16kt	10kt/2,500浬	25.4cm連装砲×2、15.2cm単装砲×4
75	沖島	日本海軍時	4,126t	79.2m	15.6m	5.1m	15.4kt	10kt/2,500浬	25.4cm連装砲×1、同単装砲×1、12cm単装砲×4
78	香取		15.950t	128.0m	23.77m	8.23m	18.5kt	10kt/10,000浬	30.5cm連装砲×2、25.4cm単装砲×4、15.2cm単装砲×12
	鹿島		16,400t	129.5m	23.81m	8.12m			
80	薩摩		19,372t	137.1m（垂）	25.48m	8.38m	18.25kt	不明（石炭：2,860t、重油：377t）	30.5cm連装砲×2、25.4cm連装砲×6、12cm単装砲×12
81	安芸		19.800t	140.2m（垂）	25.48m	8.38m	20.0kt	不明（石炭3,000t、重油172t）	30.5cm連装砲×2、25.4cm連装砲×6、15.2cm単装砲×8
82	筑波		13,750t	134.1m	22.8m	7.95m	20.5kt	不明	30.5cm連装砲×2、15.2cm単装砲×12、12cm単装砲×12
	生駒		13,750t	134.1m	23m	8m	20.51kt	不明（石炭1,911t、重油160t）	
84	鞍馬		14,636t	137.2m	23.0m	7.97m	21.25kt	不明（石炭2,000t、重油218t）	30.5cm連装砲×2、20.3cm連装砲×4、12cm単装砲×14
	伊吹		14,636t	137.16m		7.97m	22.5kt	不明（石炭1,868t、重油288t）	
86	河内		20,823t	152.4m（垂）	25.65m	8.23m	20.0kt	不明（石炭2300t、重油400t）	50/30.5cm連装砲×2、45/30.5cm連装砲×4、15.2cm単装砲×10
	摂津		21,443t			8.47m			
90	金剛	新造時	27,500t	214.6m	28.04m	8.4m	27.5kt	14kt/8,000浬	36cm連装砲×4、15cm単装砲×16、7.62cm単装砲×8、53.3cm魚雷発射管×6
	比叡	新造時	27,500t	214.6m	28.04m	8.38m	27.5kt	14kt/8,000浬	
	榛名	新造時	27,500t	214.6m	28.04m	8.38m	27.5kt	14kt/8,000浬	
	霧島	新造時	27,500t	214.6m	28.04m	8.38m	27.5kt	14kt/8,000浬	
	金剛	第2次改装	31,720t（基）	219.34m	31.04m	9.60m	30.3kt	18kt/9,800浬	36cm連装砲×4、15cm単装砲×14、12.7cm連装高角砲×2
	比叡	第2次改装	32,156t（基）	222m	31.97m	9.37m	29.7kt		
	榛名	第2次改装	32,156t（基）	222.05m	31.02m	9.72m	30.5kt	18kt/100,00浬	
	霧島	第2次改装	32,156t（基）	219.61m	31.01m	9.73m	29.8kt	18kt/9,850浬	
96	扶桑	新造時	30,600t	205.13m	28.65m	8.69m	22.5kt	14kt/8,000浬	36cm連装砲×6、15cm単装砲×16、単7.6cm単装砲×12
	山城	新造時	30,600t	205.13m	28.65m	8.69m	22.5kt	14kt/8,000浬	
	扶桑	第2次改装	34,700t	212.75m	33.22m	9.72m	24.7kt	16kt/11,800浬	36cm連装砲×6、15cm単装砲×16、短7.6cm単装砲×12
	山城	第2次改装	34,500t	212.75m		9.76m	24.5kt	16kt/10,000浬	
100	伊勢	新造時	31,260t	208.18m	28.65m	8.73m	23.0kt	14kt/9,680浬	36cm連装砲×6、14cm単装砲×20、7.6cm単装高角砲×4
	日向	新造時	31,260t	208.18m	28.65m	8.73m	23.0kt	14kt/9,680浬	
	伊勢	第2次改装	35,800t（基）	213.5m	31.75m	9.45m	25.4kt	16kt/11,100浬	36cm連装砲×6、14cm単装砲×18、12.7cm連装高角砲×4
	日向	第2次改装	36,000t（基）	213.36m	31.70m	9.21m	25.3kt	16kt/7870浬	
	伊勢	航空戦艦時	35,350t（基）	219.62m	33.83m	9.03m	25.3kt	16kt/9,449浬	36cm連装砲×4、12.7cm連装高角砲×8
	日向	航空戦艦時	35,200t（基）	219.62m	33.83m	9.03m	25.1kt	16kt/9,000浬	
106	トルグート・レイス	新造時	10,013t	115.7m	19.5m	7.8m	16kt	10kt/4,500浬	28cm連装砲×2、28cm連装砲×1、10.5cm単装砲×6、8.8cm単装砲×8
107	ナッソー	新造時	18,873t	146.1m	26.9m	8.67m	19.5kt	10kt/9,400浬	28cm連装砲×6、15cm単装砲×12
108	オルデンブルグ	新造時	22,808t	167.2m	28.5m	8.81m	20.3kt	18kt/3,600浬	30.5cm連装砲×6、15cm単装砲×14
110	長門	新造時	33,800t	215.80m	28.96m	9.14m	26.5kt	16kt/5,500浬	40cm連装砲×4、14cm単装砲×20、7.6cm単装高角砲×4
	陸奥	新造時	33,800t	215.80m	28.96m	9.14m	26.5kt	16kt/5,500浬	
	長門	第2次改装	39,130t（基）	224.94m	34.6m	9.49m	25.0kt	16kt/10,600浬	40cm連装砲×4、14cm単装砲×18、12.7cm連装高角砲×4
	陸奥	第2次改装	39,050t（基）	224.5m		9.46m	25.3kt	16kt/10,090浬	
	長門	最終時	39,130t（基）	224.94m	34.6m	9.49m	25.0kt	16kt/10,600浬	40cm連装砲×4、14cm単装砲×18、12.7cm連装高角砲×4
	陸奥	最終時	39,050t（基）	224.5m		9.46m	25.3kt	16kt/10,090浬	
114	加賀	計画完成時	39,900t	234.9m	31.36m	9.37m	26.5kt	14kt/8,000浬	40cm連装砲×5、14cm単装砲×20、7.6cm単装高角砲×4
	土佐	計画完成時	39,900t	234.9m	31.36m	9.37m	26.5kt	14kt/8,000浬	
116	天城	計画完成時	41,200t	252.37m	31.36m	9.45m	30.0kt	14kt/8,000浬	40cm連装砲×5、14cm単装砲×16、12cm連装高角砲×4
	赤城	計画完成時							
	愛宕	計画完成時							
	高雄	計画完成時							
118	紀伊	計画完成時	42,600t	252.37m	31.36m	9.74m	29.75kt	14kt/8,000浬	40cm連装砲×5、14cm単装砲×16、12cm単装高角砲×4、61cm魚雷発射管×8
	尾張	計画完成時	42,600t	252.37m	31.36m	9.74m	29.75kt	14kt/8,000浬	
	十一号艦（駿河）	計画完成時	42,600t	252.37m	31.36m	9.74m	29.75kt	14kt/8,000浬	
	十二号艦（近江）	計画完成時	42,600t	252.37m	31.36m	9.74m	29.75kt	14kt/8,000浬	
120	十三号艦	計画完成時	47,500t	278.30m	31.36m	9.74m	33.0kt	不明	46cm連装砲×4、14cm単装砲×16、12cm連装高角砲×4
	十四号艦	計画完成時							
	十五号艦	計画完成時							
	十六号艦	計画完成時							
124	大和	新造時	64,000t（基）	263m	38.90m	10.40m	27.0kt	16kt/7,200浬	46cm三連装砲×3、15.5cm三連装砲×4、12.7cm連装高角砲×6
	武蔵	新造時	64,000t（基）	263m	38.90m	10.40m	27.0kt	16kt/7,200浬	
	大和	改装後	64,000t（基）	263m	38.90m	10.40m	27.0kt	16kt/7,200浬	46cm 3連装砲×3、15.5cm三連装砲×2、12.7cm連装高角砲×12
	武蔵	改装後	64,000t（基）	263m	38.90m	10.40m	27.0kt	16kt/7,200浬	46cm 3連装砲×3、15.5cm三連装砲×2、12.7cm連装高角砲×6
130	信濃	計画完成時	64,000t（基）	262m	38.90m	10.40m	27.0kt	16kt/7,200浬	46cm三連装砲×3、15.5cm三連装砲×2、12.7cm連装高角砲×6
	第111号艦	計画完成時	64,000t（基）	262m	38.90m	10.40m	27.0kt	16kt/7,200浬	
	第797号艦	計画完成時	64,000t（基）	262m	38.90m	10.40m	27.0kt	16kt/7,200浬	46cm三連装砲×3、15.5cm三連装砲×2、10cm連装高角砲×10
131	第798号艦	計画完成時	64,000t（基）	262m	38.90m	10.40m	27.0kt	16kt/7,200浬	50.8cm連装砲×3、10cm連装高角砲×10
	第799号艦	計画完成時	64,000t（基）	262m	38.90m	10.40m	27.0kt	16kt/7,200浬	
132	金剛代艦	藤本案	35,000t	237m	32m	—	26kt		40cm三連装砲×3、15cm連装砲×6
		平賀案	35,000t	232m	32m	—	26.5kt		40cm 三連装砲×2、40cm連装砲×2、15cm単装砲×2、15cm単装砲×16

装甲	乗員数	建造	竣工	沈没	除籍	売却
ハーヴェイ甲鈑舷側229mm	787名	ニューアドミラリティ工廠（露）	明治34年6月	大正6年1月	大正4年4月	
		バルチック造船所（露）	明治35年7月		大正11年4月	
クルップ甲鈑舷側229mm	796名	クランプ造船所（米）	(明治38年9月)	大正12年9月	大正13年7月	
Kc甲鈑舷側最大194mm	806名	サンクトペテルブルク海軍ガレルニ造船所（露）	(明治40年11月)	大正13年7月	大正13年7月	
複合甲鈑舷側最大254mm	400名	バルチック造船所（露）	(明治38年6月)	昭和11年9月	昭和10年10月	
ハーヴェイ・ニッケル甲鈑舷側最大216mm	400名	ニューアドミラリティ工廠（露）	(明治38年6月)		大正11年4月	昭和14年解体
Ks鋼舷側最大229mm	864名	ヴィッカース社バロー・インファーネス工場（英）	明治39年5月		大正12年9月	大正14年1月解体
		アームストロング社エルジック工場（英）	明治39年5月		大正12年9月	大正13年11月解体
KS鋼 舷側229mm、甲板76mm、砲塔防盾254mmほか	887名	横須賀海軍工廠	明治43年3月	大正13年9月	大正12年9月	
KS鋼舷側229mm、甲板76mm、砲塔防盾254mmほか	931名	呉海軍工廠	明治44年3月	大正13年9月	大正12年9月	
Kc甲鈑 舷側178mm、甲板76mm、主砲防盾178mmほか	879名	呉海軍工廠	明治40年1月	大正6年1月	大正6年9月1日	大正8年解体
		呉海軍工廠	明治41年3月		大正12年9月	大正14年解体
Ks鋼舷側178mm、甲板76mm、砲塔防盾178mmほか	844名	横須賀海軍工廠	明治44年2月		大正12年9月	大正13年1月解体
		呉海軍工廠	明治42年11月		大正12年9月	大正13年12月解体
KC甲鈑 舷側305mm、甲板76mm、主砲防盾280mmほか	999名	横須賀海軍工廠	明治45年3月	大正7年7月		
	986名	呉海軍工廠	明治45年7月	昭和20年7月		昭和22年解体
舷側203mm（水線部）、甲板32mm、司令塔254mm、主砲塔前盾254mm	1221名	ヴィッカース社バーロー造船所	大正2年8月	昭和19年11月	昭和20年1月	
		横須賀海軍工廠	大正3年8月	昭和17年11月	昭和17年12月	
		川崎造船所	大正4年4月	昭和20年7月	昭和20年11月	昭和21年7月解体
		三菱長崎造船所	大正4年4月	昭和17年11月	昭和17年12月	
舷側203mm+25mm（水線部）、甲板102mm、司令塔254mm、主砲塔前盾254mm	1437名	—	—	—	—	—
	1222名	—	—	—	—	—
	1437名	—	—	—	—	—
	1440名	—	—	—	—	—
舷側305mm（水線部）、甲板64mm、司令塔302mm、主砲塔前盾280mm	1193名	呉海軍工廠	大正4年11月	昭和19年10月	昭和20年8月	
			大正6年3月	昭和19年10月	昭和20年8月	
		—				
舷側305mm、甲板53mm+30mm、司令塔356mm、主砲防盾305mm	1360名	川崎造船所	大正6年12月	昭和20年7月	昭和20年11月	昭和22年7月解体
		三菱長崎造船所	大正7年4月	昭和20年7月	昭和20年11月	昭和22年7月解体
甲板135mm+32mm、舷側・司令塔・主砲防盾同上	1385名	—	—	—	—	—
	1376名	—	—	—	—	—
同上	1463名	—	—	—	—	—
同上		—	—	—	—	—
舷側400mm、甲板60mm、司令塔300mm、主砲防盾120mm	568名	A・G・ヴルカン／シュティティン造船所	明治27年6月	—	受領せず	明治43年トルコに売却／昭和13年解体
舷側300mm、甲板80mmほか	1008名	ヴィルヘルムスハーフェン海軍工廠	明治42年10月	—	受領せず	大正10年解体
舷側300mm、甲板80mmほか	1113名	シーヒャウ社	大正元年7月	—	受領せず	大正9年6月／大正10年解体
舷側305mm、甲板70mm+76mm、司令塔356mm、主砲防盾305mm	1333名	呉工廠	大正9年11月	昭和21年7月	昭和20年9月	
	1333名	横須賀工廠	大正10年11月	昭和18年6月	昭和18年9月	
舷側司令塔同上、甲板125mm+51mm、主砲防盾500mm	1368名	—	—	—	—	—
	1368名	—	—	—	—	—
同上	1368名	—	—	—	—	—
同上	1368名	—	—	—	—	—
舷側279mm、甲板102mm+76mm、司令塔356mm、主砲防盾305mm	-	川崎造船所		昭和17年6月	昭和17年8月	
	-	三菱長崎造船所		大正14年2月		
舷側254mm（水線部）、甲板95m、司令塔330mm		横須賀工廠				大正9年解体
		呉工廠	昭和2年3月	昭和17年6月	昭和17年9月	
		—			大正14年4月	
		—			大正4年	
舷側292mm（水線部）、甲板118mm+70mm、司令塔330mm、主砲防盾（不明：加賀型と同じか？）	-	呉工廠（予定）	—	—	—	—
		横須賀工廠（予定）	—	—	—	—
		—	—	—	—	—
舷側330mm、甲板約127mm	不明	—				
		—				
		—				
		—				
舷側410mm、甲板230mm、司令塔500mm、主砲防盾650mm	2500名	呉工廠	昭和16年12月	昭和20年4月	昭和20年8月	
		三菱長崎造船所	昭和17年8月	昭和19年10月	昭和20年8月	
同上		—	—	—	—	—
同上		—	—	—	—	—
舷側400mm（水線部）、甲板190mm、司令塔500mm、主砲塔前盾650mm		横須賀工廠	昭和19年11月	昭和19年11月		
		呉工廠	—			
		起工せず				
舷側400mm、甲板190mm、司令塔500mm、主砲塔前盾650mm		起工せず				
		起工せず				
		—				
		—				

【執筆陣】

井出　倫（いで・りん）
昭和36年生まれ。大叔父が海軍の砲術士官だったことで艦艇好きに。本書では第3章と4章を担当。激動の明治期、主力艦の変容が興味深い。

小岸　元（こぎし・はじめ）
職歴多数、本職不明で大日本帝国海軍万歳な人。今回は幕末維新から明治の戦艦を担当。この時期の技術革新を再度確認して驚愕中。

衣島尚一（きぬしま・しょういち）
昭和20年生まれ、1970年代より模型誌で執筆活動を開始。模型誌や艦船誌で艦船模型を中心とした評論や解説を継続している艦艇模型界のシーラカンス。

堀場　亙（ほりば・わたる）
本業はミリタリーライター。帝國陸海軍関連を中心とした執筆活動を行なうほか、小説、ゲームシナリオ、漫画原作なども手がける。

松田孝宏（まつだ・たかひろ）
ミリタリーをメインに文芸、娯楽も手がけるフリーランスの編集者兼ライター。本書ではいくつかの艦艇とコラムを担当。

The Battle Ship of The Imperial Japanese Navy

日本海軍の戦艦
主力艦の系譜 1868-1945

発行日	2012年5月26日　初版　第1刷
	ネイビーヤード編集部編
写真	潮書房光人社 / 齋藤義朗 / 本多伊吉コレクション /U.S.Navy
本文艦型図	吉原幹也
装丁	梶川義彦
デザイン	竹歳明弘、斎藤ひさの（株式会社スタジオビート）
デザイン協力	カネオヤサチコ
編集担当	松田孝宏（オールマイティー）/ 後藤恒弘 / 吉野泰貴
発行人	小川光二
発行所	株式会社 大日本絵画 〒 101-0054 東京都千代田区神田錦町 1 丁目 7 番地 TEL.03-3294-7861（代表） http://www.kaiga.co.jp
編集人	市村 弘
企画／編集	株式会社アートボックス 〒 101-0054 東京都千代田区神田錦町 1 丁目 7 番地 錦町一丁目ビル 4 階 TEL.03-6820-7000（代表） http://www.modelkasten.com/
印刷／製本	大日本印刷株式会社

Copyright © 2012 株式会社 大日本絵画
本誌掲載の写真、図版、記事の無断転載を禁止します。
ISBN978-4-499-23082-7 C0076

内容に関するお問合わせ先：03（6820）7000 （株）アートボックス
販売に関するお問合わせ先：03（3294）7861 （株）大日本絵画